18.4.

K. Stern · P. M. A. Tigerstedt
Ökologische Genetik

Ökologische Genetik

Von

Prof. Dr. Klaus Stern †,
Lehrstuhl für Forstgenetik und Forstpflanzenzüchtung
der Universität Göttingen, und

Prof. Dr. Peter M. A. Tigerstedt,
Department of Plant Breeding, University of Helsinki

Unter Mitarbeit von
Prof. Dr. Diether Sperlich,
Institut für Biologie, Lehrstuhl für Genetik
an der Universität Tübingen

53 Abbildungen

 Gustav Fischer Verlag · Stuttgart
1974

Der Beitrag von Prof. Dr. P. M. A. TIGERSTEDT
wurde aus dem Englischen übersetzt von
Priv.-Doz. Dr. K. WÖHRMANN, Institut für Biologie
an der Universität Tübingen

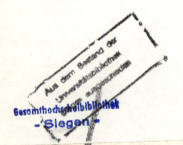

ISBN 3-437-30180-2

© Gustav Fischer Verlag · Stuttgart · 1974
Alle Rechte vorbehalten
Satz und Druck: Bücherdruck Wenzlaff, Kempten/Allgäu
Einband: Großbuchbinderei Sigloch, Künzelsau
Printed in Germany

Vorwort

Unter Botanikern ist auch heute noch Turessons Unterteilung der Ökologie in Autökologie, Synökologie und Genökologie gebräuchlich. Ökologische Genetik ist sicher mehr als «Rassenökologie» (das Wort Genökologie ist abgeleitet von genos = Rasse). Ford (1964) schreibt im Vorwort der ersten Auflage seines Buchs *Ecological Genetics*: ‹This book describes the experimental study of evolution and adaptation, carried out by means of combined field work and laboratory genetics›. Er umreißt damit sowohl die Ziele als auch die Methoden der ökologischen Genetik, die von ihm also nicht als ein besonderes Fach oder als eine neue Disziplin aufgefaßt wird. Auch wir wollen das im folgenden nicht tun, sondern uns mit gemeinsamen Fragen der Ökologie und der Genetik auseinandersetzen, wie sie bei der experimentellen Arbeit im Feld entstehen.

Man könnte der Meinung sein, daß diese Fragen seitens der Genetik durch die Populationsgenetik abgedeckt werden, der in der Reihe «Grundlagen der modernen Genetik» des G. Fischer Verlages ein eigener Band gewidmet wurde. Diese Meinung ist nicht unbegründet, denn die Genetik hat für die Zusammenarbeit mit der Ökologie vor allem, wenn auch nicht ausschließlich, Methoden der Populationsgenetik anzubieten. Auch die Meinung, Genetiker und Ökologen könnten mit Vorteil ihre gemeinsamen Probleme im Rahmen der Populationsbiologie am besten lösen, hat viel für sich (Lewontin, 1967), denn Gegenstand der Populationsgenetik wie der Ökologie sind als Einheiten der Evolution und Anpassung Populationen. In noch weiterer Fassung würde es dann um die Evolution ganzer Ökosysteme gehen, und man könnte dann in Analogie von Ökosystembiologie sprechen.

Andererseits hat die Erfahrung gelehrt, daß es oft eher hinderlich ist, einen bestimmten Problemkreis mit einem besonderen Terminus zu bezeichnen, wie etwa mit Hinblick gerade auf die ökologische Genetik Lerner (1963) hervorhebt. Wir verzichten deshalb darauf, nach einer Definition o. dgl. zu suchen, und wollen als Arbeitsfeld der ökologischen Genetik in Übereinstimmung mit Ford experimentelle Arbeiten über Evolution und Anpassung von Populationen an die Bedingungen bestimmter Ökosysteme verstehen. Solche Arbeiten sind oft allein der Klärung wissenschaftlicher Probleme gewidmet; mindestens ebenso häufig werden sie aber auch mit praxisbezogenen Fragestellungen ausgestattet. Bei der Bewirtschaftung von Wäldern, von Seen und von Wildbeständen und im Naturschutz, aber auch bei der Bewirtschaftung von Wiesen und Weiden der Landwirtschaft sind Kenntnisse bestimmter ökologisch-genetischer Zusammenhänge unentbehrlich und werden die Ergebnisse der ökologischen Genetik ebenso selbstverständlich verwendet wie bei der Klärung bestimmter Fragen der Abstammungslehre, der Vegetationskunde oder anderer Wissenschaften. Es ist also gerechtfertigt, eine eigene, auf genetische Probleme realer Ökosysteme ausgerichtete Monographie herauszubringen.

Da wir beim Leser Kenntnis der wesentlichen Methoden und Ergebnisse der Populationsgenetik voraussetzen können, haben wir zur Einführung lediglich eine (sehr vereinfachte) Darstellung des Ökosystems gebracht. Es folgen einige Kapitel, die mehr speziellen Problemen und Methoden gewidmet sind, und am Schluß des Bandes findet der Leser zwei allgemein gehaltene Kapitel über Beiträge der ökologischen Genetik zur Gestaltung von Ökosystemen und zu wenigstens einem Problem der Abstammungslehre.

Göttingen, im April 1973   KLAUS STERN

It must be emphasized that we have viewed the field of ecological genetics in a wider perspective than is usual. Thus within the scope of population genetics, quantitative genetics, population biology and ecology we may have included topics that some of our readers would not regard as rightly part of ecological genetics. We consider our own classification justified by the close interaction between disciplins in almost all fields of modern biology. A wide grasp of ecological genetics was required, but in seeking this, we were struck by the inadequacy of the information available, particularly in the interdisciplinary areas of research.

We have of course also felt another kind of inadequacy, namely that of ourselves. The advances in the fields covered in this book have been so rapid, that we have always been a few steps behind. We may even have overlooked some of the more important papers in this field in recent publications. We have set out to present a general coverage of ecological genetics whereby particularities have sometimes had to be sacrificed.

A particularly heavy blow has been the death of the senior author, KLAUS STERN, just at the last stages of the preparation of the manuscript. It must be emphasized that without his wide knowledge and ingenuity the writing of this book would have been impossible. By the same token, the reader may find that the book sometimes contains unnecessary repetitions or quotations of items that could have been integrated better within the pages of this book. Such weaknesses are entirely due to the writing of the junior author.

To bring this work to completion the junior author has relied heavily upon discussions and exchange of ideas that had accumulated during years of contact with the senior author.

Fortunately, during the last crucial phases of completion, there have been helping hands without which the junior author would have felt completely at a loss. I thank Dr. DIETHER SPERLICH in Tübingen for his reading of the manuscript as well as Dr. K. WÖHRMANN for his translation into German.

Helsinki in June 1973   PETER M. A. TIGERSTEDT

Inhalt

Vorwort V

1. Das Ökosystem als Rahmen für die Umweltbeziehungen von Populationen und ihrer Evolution 1
   1.1 Das Ökosystem als physikalisches System 2
   1.2 Populationen als adaptive Untersysteme im Ökosystem 5
   1.3 Das Konzept der ökologischen Nische 8
2. Genetische Systeme 12
   2.1 Genetische Systeme als Informationssysteme von Populationen 13
   2.2 Das genetische System als Untersystem des adaptiven Systems Population 16
3. Anpassungen 25
4. Fitnessmaße 35
   4.1 Der Selektionskoeffizient 35
   4.2 Fitness des Genotyps 38
   4.3 Der Anpassungswert einer Population 46
   4.4 r- und K-Auslese 50
5. Genetische adaptive Strategien 56
   5.1 Feinkörnige Umwelt 56
   5.2 Grobkörnige Umwelt 61
   5.3 Anwendungen der «Strategie Analyse» 66
6. Genetische Polymorphismen 75
   6.1 Überdominanz im Merkmal Fitness 75
   6.2 Epistase und Kopplung 77
   6.3 Assortative Paarung 83
   6.4 Dichte-abhängige Auslese 85
   6.5 Häufigkeits-abhängige Auslese 89
   6.6 Alters- und stadienspezifische Auslese 91
   6.7 Umweltheterogenität 95
   6.8 Transiente Polymorphismen 105
   6.9 Wie häufig sind genetische Polymorphismen und die verschiedenen Typen genetischer Polymorphismen in der Natur? 107
7. Noch einmal genetische adaptive Strategien 109
   7.1 Kurzzeit- und Langzeit-Anpassungen 111
   7.2 Geographische genetische Variationsmuster 118
   7.3 Biochemischer Polymorphismus 129

8.	Koevolution im Ökosystem	134
	8.1 Konkurrenz	134
	8.2 Wirt-Parasiten-Systeme	151
9.	Ökologisch-genetische Probleme bei der Bewirtschaftung von Ökosystemen	158
	9.1 Pflanzen- und Tierzucht	159
	9.2 Forst- und Landwirtschaft	183
10.	Die ökologische Genetik der Fische	188
Literatur		192
Autorenverzeichnis		204
Stichwortverzeichnis		208

1. Das Ökosystem als Rahmen für die Umweltbeziehungen von Populationen und ihrer Evolution

Anpassungen von Populationen einer Organismenart an die besonderen Umweltbedingungen bestimmter Biotope sind seit langem bekannt. Schon frühzeitig untersucht wurden Klimaanpassungen von Tier- und Pflanzenarten, Anpassungen von Tieren an die besonderen Anforderungen spezialisierten Nahrungserwerbs, von Pflanzen an bestimmte Böden u. a. Beobachtungen hierüber bildeten das experimentelle Beweismaterial für DARWINS Theorie der Evolution durch Auslese, aber auch für TURESSONS Genökologie mit ihrem Konzept des ‹Ökotyps›, der verstanden wird als Anpassung einer Population einer weit verbreiteten Art an einen spezifischen Biotop.

Aber auch die vielfältigen Beziehungen der verschiedensten Organismenarten untereinander, die im gleichen Biotop vorkommen, sind den Biologen seit langem bekannt. Sie haben immer wieder Versuche zur Bildung theoretischer Modelle herausgefordert, mit deren Hilfe man zumindest eine befriedigende Beschreibung, oft aber auch Möglichkeiten für kausale Erklärungen erreichen wollte. MAJOR (1969) gibt einen historischen Überblick über die Entwicklung dieses Wissensgebiets. Wir wollen uns im folgenden an den Vorstellungen TANSLEYS (1935) orientieren, dessen «Ökosystem» die deutlichsten Bezüge zu den modernen Verfahren aufweist, mit deren Hilfe komplexe Situationen analysiert, beschrieben und erklärt werden sollen.

TANSLEY setzt sich in dem genannten Aufsatz zunächst kritisch mit den älteren Versuchen auseinander, biotische Gesellschaften zu beschreiben und mit wissenschaftlichen Namen zu belegen, welche auch die Beziehungen der beteiligten Organismen untereinander irgendwie kennzeichnen. Er kommt zu dem Schluß, daß ein fundamentales Konzept nicht nur den Komplex der Organismen, sondern auch den Komplex physikalischer Faktoren einschließen muß, der als Umwelt der Gesellschaft aufzufassen ist. Beide Komplexe zusammen können nach seiner Meinung als ein System im Sinne der Physik aufgefaßt werden. Solche Systeme sind aus der Sicht des Ökologen die ‹basic units on the face of earth›. Natürliche menschliche Vorurteile führten dazu, die Organismen (im Sinne des Biologen) als bedeutendste Teile solcher Systeme aufzufassen, aber die nicht-organischen Faktoren sind ebenso Bestandteile eines solchen Systems, weil sie Voraussetzungen für die Existenz des biotischen Komplexes sind und weil ein ständiger Austausch auf verschiedenen Ebenen nicht nur zwischen Organismen, sondern auch zwischen Organismen und nichtorganischer Umwelt existiert.

Solche Systeme mögen Ökosysteme genannt werden. Sie können verschiedener Art und Größe sein, und sie bilden eine Kategorie der vielfältigen physikalischen Systeme des Universums, die vom ganzen Universum (als System) bis hinunter zum Atom (als System) reichen. Unter Berufung auf andere Autoren weist TANSLEY darauf hin, daß man durch diesen Sachverhalt gezwungen sei, definierte Systeme zu abstrahieren, zu isolieren und zu studieren. Tatsächliche Gegenstände der Forschung seien dann Reihen von isolierten und nach irgendwelchen Regeln zu klassifizierenden Systemen. Artifizielle Isolate könnten etwa sein: das Sonnensystem, ein Planet, eine Gesellschaft von Pflanzen oder Tieren, ein individueller Organismus oder ein organisches Molekül. Solche isolierten Systeme seien immer Bestandteile umfassenderer Systeme. Außerdem würden sie überlappen und interagieren. Die Isolierung sei deshalb in der Tat wenigstens teilweise eine rein artifizielle, doch bliebe die isolierte Betrachtung einzelner Systeme die einzige Möglichkeit für wissenschaftliche Untersuchungen.

Wir kommen auf die besonderen Eigenschaften von Ökosystemen noch einmal zurück, soweit sie für die ökologische Genetik von Bedeutung sind. Zuvor müssen wir jedoch einen Exkurs in die allgemeine Systemtheorie unternehmen. Denn zweifellos liegt der größte Vorteil des Ökosystemkonzepts darin, den Anschluß an die moderne Entwicklung der Systemforschung hergestellt und damit die endgültige Abkehr von dialektischen Modellen und dem Denken in fixen dialektischen Kategorien auch in der Ökologie vollzogen zu haben. Aus der Systemtheorie entlehnte Modelle sind heute auch in der Biologie unentbehrlich geworden, wie eine Flut von Veröffentlichungen beweist. Der Leser sei für eine Orientierung verwiesen auf: MESAROVIC (1968) zu den Anwendungen der Systemtheorie in der Biologie allgemein und auf WATT (1966), PATTEN (1971) und VAN DYNE (1969) zu Anwendungen der Systemtheorie auf Probleme der Ökologie.

1.1 Das Ökosystem als physikalisches System

Die Bezeichnung System kann in der Umgangssprache und in der Wissenschaft sehr verschiedene Inhalte annehmen. Sie mögen mit bedingt sein durch den besonderen Gegenstand, den man als System zu bezeichnen oder zu behandeln wünscht, durch besondere Umstände oder ganz einfach durch subjektive Anschauung. Probleme, Methoden, Konzepte usw. zur Beschreibung und Analyse von Systemen liefert die allgemeine Systemtheorie (vgl. z.B. KLIR, 1972, für moderne Aspekte). Ganz allgemein wird es sich stets darum handeln, irgendeinen komplexen Gegenstand in bestimmte Komponenten zu zerlegen und die Beziehungen zwischen diesen Komponenten so zu beschreiben, daß daraus Schlußfolgerungen abgeleitet werden können über das Verhalten des gesamten «Systems», eben jenes komplexen Gegenstandes, oder über bestimmte Eigenschaften des Systems, die nur aus der Interrelation der Komponenten zu erklären sind.

Im Falle des Ökosystems (wie fast jeden anderen biologischen Systems) könnte man etwa wie folgt vorgehen:
1. Man beschreibt die Komponenten und spezifiziert ihre Ausprägungen.
2. Man versucht die Interrelationen zwischen den Merkmalen zu erklären und findet im Idealfall die so erhaltene konstruktive Spezifikation des Systems durch einen Satz mathematischer Gleichungen darstellbar (vgl. Beispiel im folgenden Abschnitt).
3. Damit werden gleichzeitig und als Folge der konstruktiven Spezifikation auch Eigenschaften des Systems selbst beschrieben.
4. Die so abgeleiteten Eigenschaften des Systems können nun mit beobachteten biologischen Phänomena in Verbindung gebracht und interpretiert werden.

Eine voll befriedigende Darstellung des Systems setzt fast immer die Konstruktion eines Satzes mathematischer Gleichungen voraus. Betrachten wir diesen Punkt deshalb noch einmal gesondert. Gegeben seien n Komponenten, die im System unterschieden werden können oder aus denen das System besteht. Jede Komponente kann mehrere Ausprägungen annehmen; die Menge der Ausprägungen der k-ten Komponente etwa kann dann mit V_k bezeichnet werden. Das System S, bestehend aus den n Komponenten und ihren Interrelationen, kann unter diesen Voraussetzungen aufgefaßt werden als Teilmenge aus dem kartesischen Produkt der Mengen $V_1, \ldots, V_n$. Es wird

$$S \subseteq V_1 \times V_2 \times \ldots \times V_n$$

Jedes der uns interessierenden Systeme läßt sich weiter als ein Eingabe–Ausgabe-*(input–output-)*System auffassen. Man kann also jeweils bestimmte Komponenten zu einem Eingabe-Objekt X und andere zu einem Ausgabe-Objekt Y zusammenfassen. Das könnte – formal – etwa wie folgt aussehen:

$$X = V_1 \times \ldots \times V_k$$
$$Y = V_{k+1} \times \ldots \times V_n$$

Mit dieser Unterteilung in Ein- und Ausgabeobjekt lassen sich sehr viele, wenn nicht die meisten, der in der Literatur zu findenden Ökosystemmodelle charakterisieren. Die Energiebilanz, die Wasserbilanz, die Nährstoffbilanz u. a. eines Ökosystems sind typische Beispiele hierfür.

Dabei interessiert fast immer der sogenannte «globale Zustand» des Ökosystems. S wird in einer Eingabe-Ausgabe-Darstellung gegeben:

$$S \subseteq X \times Y$$

Aber S ist als allgemeine Relation leider mehrdeutig und keine Abbildung. Andererseits kann es als Vereinigung von Abbildungen dargestellt werden. Jede der Abbildungen muß eine Teilmenge aus S sein, und sie ist also die Definition für einen globalen Zustand von S. Vernünftig ist diese Operation realiter natürlich nur dann, wenn sie an eindeutige kausale Zusammenhänge angeschlossen wird. Hierfür sind begründete Annahmen bezüglich S, X und Y erforderlich. Auch dazu ein Beispiel: Untersucht man die Eingabe und Ausgabe eines Ökosystems etwa im Nährelement Stickstoff, so hat man offenbar von einem bestimmten Zeitpunkt auszugehen und den Zustand des Systems für diesen Zeitpunkt anzugeben. Es sind Annahmen zu machen über den «Zustandsraum» usw. Dabei mag es für einen bestimmten Zweck genügen, nur die Eingabe und die Ausgabe in Abhängigkeit von bestimmten Variablen zu messen und anzugeben, alles das, was dazwischen liegt aber als «Schwarzen Kasten» oder als «Kompartiment» zu formalisieren. Oder es mag erwünscht sein, anhand der Eingabe- und Ausgabe-Relationen nach den Mechanismen im «Kompartiment» zu fragen, dieses selbst anzugehen und zu erklären. Wir finden hier unsere eingangs dieses Abschnitts erwähnte Vermutung bestätigt, daß systemanalytische Näherungen hochgradig subjektiv, d.h. vom speziellen Interesse des Forschers oder des Forschungszwecks bestimmt sind.

Diese Willkür des experimentell arbeitenden Ökologen, Bodenkundlers o. ä. ist verständlich und, wenn man diese Bemerkung an dieser Stelle gestattet, auch verzeihlich. Denn es geht um ein begrenztes (und trotzdem natürlich vernünftiges) Ziel, eben um die Beschreibung des Eingabe-Ausgabe-Verhaltens des Ökosystems. Und der zu untersuchende Sachverhalt läßt sich mit hinreichender Präzision modellieren. Aber es gibt daneben auch Aussagen über Ökosysteme, die, weil sie sehr oft wiederholt worden sind und obendrein auch noch intuitiv einleuchten, nahezu axiomatischen Charakter besitzen und nichtsdestoweniger kaum beweisbar, was aber noch schlimmer ist, kaum experimentell angreifbar sind. Dazu gehört etwa die Annahme, jedes Ökosystem würde mit zunehmender «Reife» immer mehr «Diversität» erwerben und immer «stabiler» werden. Im nächsten Kapitel werden wir hierauf noch einmal zurückkommen, dort werden wir uns mit der Information und dem Informationsgehalt eines Ökosystems auseinandersetzen.

Ganz allgemein wird hier offenbar angenommen, jedes Ökosystem sei von vornherein angelegt als ein teleologisches, ein Ziel-suchendes *(goal-seeking)* System. Ziele dieses teleologischen Systems wären dann also etwa hohe Diversität und Stabilität –

was auch immer darunter zu verstehen ist. Wir müssen uns deshalb fragen, welche Eigenschaften ein System ausmachen, das als teleologisches System aufzufassen wäre. Und wir betrachten wiederum ein Eingabe-Ausgabe-System, dessen Generalität in der Natur wir schon mehrfach betont haben. Hier muß nun offenbar während der Evolution des Ziel-suchenden Ökosystems in jedem Stadium eine Entscheidung getroffen werden, z. B. vor dem Hintergrund von Diversität und/oder Stabilität. Dies bedeutet, daß in jedem Stadium nach Eingabe-Ausgabe-Situationen gefragt wird, welche derartige Entscheidungen überhaupt erst möglich machen. Im Prinzip geht es also darum, eine konstruktive Spezifikation (s. o.) des Ökosystems zu finden, die gleichzeitig auch die Absicht, das Ziel einschließt.

Nehmen wir an, M sei das Entscheidungsobjekt, d. h. die Menge der zu treffenden Entscheidungen. M gehört klarerweise zur Eingabe in das System. Eine weitere Menge von möglichen Eingaben bezeichnen wir mit U. $M \times U$ sind dann ein zusammengesetztes Eingabeobjekt, das gewissermaßen Ziel und Voraussetzungen umfaßt. Y sei das Ausgabe-Objekt. Die Menge der möglichen oder der unterstellten Ziele sei Q, und die Abbildung, welche diese Ziele beschreibt, ist dann

$$G : X \times Y = M \times U \times Y \to Q$$

Um aus der Menge der zu treffenden Entscheidungen M eine bestimmte auswählen zu können, wird eine weitere Abbildung vorgegeben:

$$T : M \to P(Q)$$

$P(Q)$ ist hier die Potenzmenge von Q.

Ein bestimmtes Eingabe-Ausgabe-Paar (x, y) ermöglicht unter diesen Umständen eine Entscheidung $m \epsilon M$ unter der Voraussetzung eines existierenden $u \epsilon U$. Es ist also jeweils $x = (m, u)$ und weiter $G(m, u, y) \epsilon T(m)$. Die Menge aller (x, y), hier also (m, u, y), bildet dann das System $S \subset X \times Y$, das durch die Entscheidungskomponente jeder Eingabe ein teleologisches System ist.

Übertragen wir diese Überlegung auf eine Population einer Organismenart in einem Ökosystem, von dem angenommen wird, daß es einen inhärenten Mechanismus besitzt, der ihm Stabilität garantiert, so müßte demnach jede Eingabe $x = (m, u)$ der Population in das Gesamtsystem in $m \epsilon M$ eine entsprechende Information enthalten, welche das Ziel «Stabilität» sicherstellt und in $u \epsilon U$ jeweils auch die Voraussetzungen zur Realisierung dieser Information mitbringen. Wir werden noch sehen, daß es beim derzeitigen Stand des Wissens nicht ganz einfach ist sich vorzustellen, wie so etwas in der Natur funktionieren soll oder kann.

Im folgenden Absatz wird eine Population einer Organismenart in einem Ökosystem als adaptives System beschrieben. Ziel der Anpassung ist es in jedem Fall der Population dauerndes Überleben zu ermöglichen. Hier sind zwei verschiedene Typen von Systemen möglich, das regulierende und das adaptive System. Jedes System gehört zu einem der beiden Typen, die ein zentrales Konzept innerhalb der Systemtheorie darstellen. Der Unterschied zwischen beiden Systemtypen liegt, grob gesagt, darin, daß ein regulierendes System immer wieder in einen fixen Zustand zurückkehrt, während ein adaptives System durch Änderungen der Transformation adaptiert.

Auch das adaptive System kann als Eingabe-Ausgabe-System dargestellt werden. Es ist wieder $S \subset X \times Y$. Die konstruktive Spezifikation von S ist hier durch eine adaptive Funktion gegeben, die wieder als Abbildung aufzufassen ist:

$$A : X \to P(Y)$$

Jeder Eingabe X ist ein bestimmter Bereich A(x) aus der Menge möglicher Ausgaben zugeordnet, innerhalb dessen Anpassung stattfinden kann. Solche Anpassungsfunktionen werden wir noch kennenlernen.

Hier stellt sich nun die Frage, ob man das Ökosystem als ein regulierendes oder als ein adaptives System auffassen soll. Für jede einzelne Population (Komponente des Ökosystems) war diese Frage schon beantwortet worden: Im Gegensatz zum einzelnen Organismus, der auf Herausforderungen der Umwelt durch Regulation reagiert, reagiert die Population auch durch Änderungen der genetischen Information. Sie ist deshalb ein adaptives System. Der gleiche Sachverhalt gilt dann aber natürlich auch für das ganze Ökosystem. Auch das Ökosystem reagiert über kürzere, bestimmt aber über lange Zeiträume wie ein adaptives System. Der Unterschied zwischen dem Modellansatz TANSLEYS und der Auffassung eines Ökosystems als «Organismus» läßt sich jetzt auf eine einfache Formel bringen: TANSLEYS Ökosystem gehört zur Gruppe der adaptiven Systeme, die holistischen Modelle gehörten zur Gruppe der regulierenden Systeme.

Auch heute noch werden – und dies mit Recht – die Regulationsmechanismen besonders in hoch komplexen Ökosystemen in jedem Lehrbuch der Ökologie betont. Ihre Existenz wird auch hier nicht bestritten. Entscheidend für die Evolution ganzer Ökosysteme und für ihre Reaktion auf Umwelteinflüsse sind jedoch Prozesse, die als Anpassungsprozesse im Sinne unserer obigen Definition des Ökosystems zu interpretieren sind.

1.2 Populationen als adaptive Untersysteme im Ökosystem

Die Anregung, Populationen als adaptive Systeme aufzufassen, stammt von LEVINS (1961). In der Tat kann man in TANSLEYS Ökosystem jede Population als ein Untersystem auffassen, das einerseits mit eigenen Regeln ausgestattet ist, zum anderen aber nur existieren kann, wenn laufend Informationen über andere Komponenten des Ökosystems gesammelt und gespeichert werden. Das Attribut ‹adaptiv› erhält ein solches Untersystem, weil es den Ansprüchen genügen muß, die wir im vorhergehenden Abschnitt in groben Umrissen formal skizziert haben.

Man findet in der Literatur viele Beispiele von Populationen, die sich in ein Systemmodell übersetzten ließen. Aber nur in wenigen Fällen ist dies einigermaßen vollständig versucht worden. Eines dieser Beispiele ist das von COULMAN, REICE und TUMMALA (1972), das noch dazu den Vorteil besitzt, einen relativ einfachen Organismus und seine Umweltbeziehungen darzustellen: *Hyalella azteca* SAUSARE, ein frei schwimmender Krebs, der in der Hauptsache von Bakterien und Pilzen lebt. Jedes Individuum der Art durchläuft eine Reihe diskreter Entwicklungsstadien. Dabei ist die Entwicklungsrate jeweils temperaturabhängig. Die Tiere werden lebend geboren. Ihre Nachkommenzahl ist abhängig von ihrer Körpergröße in jedem Stadium nach Erreichen der Geschlechtsreife. Eine Funktion der Körpergröße ist auch die Wahrscheinlichkeit, von Fischen gefressen zu werden; größere Tiere werden häufiger genommen als kleinere.

Eine Population von *Hyalella* ist zu jedem Zeitpunkt, sagen wir an jedem Tag, beschrieben durch die Zahl der Individuen in jeder Klasse (= Entwicklungsstadium) und durch die bei bestimmter Temperatur bekannten Geburts-, Wachstums- und Todesraten in jeder Klasse. Populationswachstum und Klassenstruktur müssen deshalb bei bekannter Anfangsverteilung der Individuen auf die Klassen und unter kontrollierten Temperaturbedingungen voraussagbar sein. Ebenso muß es möglich sein, anhand des

Systemmodells verschiedene Populationen der Art miteinander zu vergleichen und Ursachen für etwaige Unterschiede herauszuarbeiten. Ein Schema des Systemmodells gibt Abb. 1.2.1.

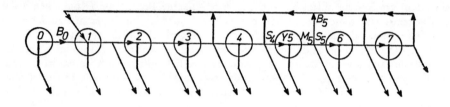

Abb. 1.2.1: Eine Population des Krebses *Hyalella azteca* als Systemmodell. Das System wird mit der Klasse 0 begonnen. Die Tiere machen nacheinander 7 Häutungen durch. Jedes dieser Stadien bezeichnet eine Klasse. Die nach unten gerichteten Pfeile stehen für Todesfälle, je einer für Abgänge durch Räuber und für ‹natürlichen› Tod. Nach der dritten Häutung erreichen die Tiere Reproduktionsreife. Die Neuzugänge (nach oben gerichtete Pfeile) bilden jeweils die Klasse 1. Weitere Erklärungen im Text (nach COULMAN et al., 1972).

Für das Systemmodell sind nur sieben Stadien relevant. Sie sind in Abb. 1.2.1 von links (Geburt) nach rechts numeriert. Jedes Stadium ist von dem direkt vorgeschalteten durch eine Häutung abgegrenzt. Zur ersten Klasse unseres Modells sind mehrere Häutungsstadien zusammengefaßt, nämlich alle der Geschlechtsreife vorausgehenden. Man muß das nicht unbedingt tun, und es entstehen Ungenauigkeiten hieraus, doch mag diese Darstellung für unsere Zwecke genügen. Die nach oben gerichteten Pfeile bezeichnen Geburten. Sie laufen deshalb im ersten Stadium zusammen; das Stadium 0 bezeichnet den Anfangszustand des Systems. Nach unten gerichtete Pfeile bezeichnen Todesfälle. Sie sind am häufigsten durch Feinde verursacht, wenn die Tiere frisch gehäutet sind. Zwischen diesen Zuständen gibt es aber auch ‹natürliche› Todesfälle.

Bezeichnen wir nun mit Y die Populationsgröße, mit Y_i die Zahl der Individuen in der i-ten Klasse (Entwicklungsstadium), mit B_i die Zahl der Geburten in dieser Klasse, mit D_i die Zahl natürlicher Todesfälle, mit P_i die Zahl durch Feinde verursachter Todesfälle, mit M_i die Zahl der zur Reife kommenden Individuen, mit S_i die Zahl der Zugänge; n stehe für den Tag, an dem die Populationsschätzung vorgenommen wird, p_i für den Anteil durch Feinde getöteter Tiere, d_i für den Anteil eines natürlichen Todes gestorbener und b_i für das Verhältnis der Zahl junger zur Zahl erwachsener Tiere. Dann kann die Modellstruktur der Population durch 6 Gleichungen beschrieben werden (in der Zeit diskretes Modell):

$$Y_{i(n+1)} = Y_{i(n)} + S_{i-1(n)} - P_{i(n)} - M_{i(n)} \qquad (1.2.1)$$

Die Gleichung gibt an, welche Änderung in der i-ten Klasse am auf den n-ten folgenden Tag eingetreten ist.

$$P_{i(n)} - p_{i(n)} Y_{i(n)} \qquad (1.2.2)$$

bezeichnet die Zahl der am n-ten Tag in der i-ten Klasse durch Feinde verloren gegangener Tiere.

$$M_{i(n)} = \sum_{j=0}^{n(T)-1} [1-p_i(n-j)] \; S_{i-1}[n-\eta(T)] \qquad (1.2.3)$$

(T) steht hier für die Zeit in Tagen in der i-ten Klasse; die Zahl der in die Klassen einwachsenden Individuen zur Zeit $n-\eta(T)$ ist $S_{i-1}[n-\eta(T)]$, und die Zahl der reifenden Individuen im Zeitraum n sind natürlich die überlebenden über die letzten $\eta(T)$ Tage. Dies bedeutet, daß die Neuzugänge mehrerer Tage am gleichen Tag zur Reife kommen können. Da p_i und T umweltabhängig sind, wird über diese beiden Größen das System an die Umwelt angeschlossen. Die folgenden drei Gleichungen bedürfen keiner Erklärung:

$$D_{i(n)} = d_{i(n)} M_{i(n)} \qquad (1.2.4)$$
$$S_{i(n)} = M_{i(n)} - D_{i(n)} \qquad (1.2.5)$$
$$B_{i(n)} = b_{i(n)} S_{i(n)} \qquad (1.2.6)$$

Für die Anfangspopulation, hier bestehend aus überwinternden Erwachsenen, gelten die beiden folgenden Gleichungen:

$$Y_{0(n+1)} = Y_{0(n)} - P_{0(n)} \qquad (1.2.7)$$
$$B_{0(n)} = b_0 Y_{0(n)} \qquad (1.2.8)$$

Und für die Klasse der Neugeborenen gilt (k = Zahl der Klassen):

$$S_{0(n)} = \sum_{i=0}^{k} B_{i(n)} \qquad (1.2.9)$$

Hyalella hat natürlich eine vergleichsweise einfache Lebensgeschichte, und die Zahl der auf die Populationen wirkenden Einflüsse ist nicht groß, sie sind überschaubar. Trotzdem ist die Übereinstimmung von Voraussagen und Feldbeobachtungen der Autoren überraschend gut. Sie dürfte es in mehr komplexen Situationen nur dann sein, wenn man zusätzliche Komponenten in das Modell einführt. Theoretisch ist dies möglich.

Der Prozeß der Anpassung einer Population an die Bedingungen eines Ökosystems hat ein befriedigendes Ergebnis offenbar erreicht, wenn die Population dauernd zu überleben in der Lage ist, wenn also die Fluktuationen der Populationsgröße Y nie zum Wert Y = 0 führen. Mit dieser Feststellung ist eine Minimalforderung erhoben worden, die an jede ‹angepaßte› Population gestellt werden muß. Es ist hingegen noch nichts ausgesagt über die Güte der Anpassung der Population, denn es könnte ja durchaus Populationen mit besserer oder weniger guter Anpassung geben. Solche Feststellungen, die Möglichkeiten zur Messung der Güte der Anpassung voraussetzen und damit eine Quantifizierung des Anpassungswertes an irgendeiner Skala, sind problematisch, wie wir noch sehen werden. Aber irgendwelche Kriterien hierfür muß es doch geben.

Mit welchen Mitteln erreicht nun eine Population Anpassung, d. h. wie erwirbt sie die Voraussetzungen für dauerndes Überleben in einem bestimmten Ökosystem? Eines unserer Hauptaxiome über das Ökosystem ist die Feststellung, daß jedes Ökosystem das Ergebnis DARWINscher Evolution sein muß, deren Verlauf insgesamt von der Koevolution (= Evolution der Organismen in gegenseitiger Abhängigkeit) der im Ökosystem vertretenen Organismenarten unter den Bedingungen der abiotischen Umwelt bestimmt wird. Wir können deshalb unsere Frage präzisieren, indem wir nach den Möglichkeiten fragen, die eine Population prinzipiell besitzt, um sich an die Bedingungen des Ökosystems anzupassen. Damit sind wir beim Konzept der ‹ökologischen Nische› angelangt, dem der nächste Absatz dieses Kapitels gewidmet ist.

1.3 Das Konzept der ökologischen Nische

Die Umwelt eines Individuums oder einer Population kann in viele voneinander unabhängige oder interkorrelierte Komponenten aufgegliedert werden. Selbst bei Betrachtung der nur wirklich relevanten Umweltfaktoren dürfte ‹die Umwelt› in den allermeisten Fällen eine große Zahl solcher Komponenten einschließen. Will man ein Modell zur Beschreibung einer solchen komplexen Umwelt konstruieren, in der eine Population dauernd überleben, d. h. auch reproduzieren kann, so muß dies für alle relevanten Umwelvariablen die Bereiche angeben, innerhalb derer die Voraussetzungen für Überleben und Reproduktion existieren. Sie ergeben zusammen die ökologische Nische der Population, die also zunächst nichts anderes als ein abstraktes Modell der Umwelt ist. Wir wollen es im folgenden in enger Anlehnung an HUTCHINSON (1958) skizzieren.

Bezeichnen wir nun die Umweltvariablen wie Temperatur, Licht, Feuchte usw. mit X_i. Insgesamt gibt es n solcher Variabler X_i, die in einem konkreten Fall jedoch nicht alle bekannt sind, oder von denen man nur jeweils einige in die Untersuchungen einbeziehen will oder kann, weil andernfalls die Experimente zu umfangreich würden. Für die erste dieser Variablen, sagen wir für X_1, gibt es einen unteren Grenzwert X_1', unterhalb dessen die Population nicht mehr existieren kann und einen oberen Grenzwert X_1'', oberhalb dessen sie nicht mehr lebensfähig oder reproduktionsfähig ist. X_1 könnte etwa für den Umweltfaktor Temperatur stehen, X_1' und X_1'' bezeichnen dann die minimale Temperatur, bei der die Population noch überlebt bzw. die Maximaltemperatur, die sie noch erträgt. Nehmen wir an, daß in der betreffenden Umwelt die Temperatur der allein entscheidende Faktor sei, so genügt es, die Nische der Population durch Angabe von X_1' und X_1'' zu beschreiben. Sie liegt zwischen diesen beiden Werten und kann angegeben werden als Abschnitt auf einer eindimensionalen Skala, in diesem Falle auf der Temperaturskala in Zentigrad o. dgl.

Beziehen wir nun eine zweite Variable X_2 mit in unser Experiment ein. Für sie gilt natürlich das gleiche: X_2' und X_2'' bezeichnen die untere bzw. obere Grenze für die Population und zwischen beiden Werten liegt die ökologische Nische, nun bezogen allein auf die Umweltvariable X_2. Will man die Nische gleichzeitig für X_1 und X_2 angeben, kann man dies offenbar in einem rechtwinkligen Koordinatensystem mit den beiden Variablen als Koordinaten tun. Die Senkrechten auf den Achsen in den vier Punkten X_1', X_1'', X_2' und X_2'' begrenzen ein Rechteck, das die Menge von Punkten enthält, die sämtlich der Anforderung genügen, sowohl in der Nische X_1' bis X_1'' als auch in der Nische X_2' bis X_2'' enthalten zu sein. Die Einführung der zweiten Umweltvariablen hatte also die Konsequenz, eine zweite Dimension in die geometrische

Darstellung des Nischenraumes einzuführen. Noch deutlicher wird dies vielleicht bei Einführung einer dritten Umweltvariablen X_3. Hier ist die Nische in geometrischer Darstellung ein Kubus in einem dreidimensionalen Koordinatensystem (Abb. 1.3.1).

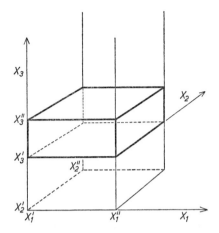

Abb. 1.3.1: Modell einer dreidimensionalen, fundamentalen ökologischen Nische. Für jede der drei Nischendimensionen X_1, X_2 und X_3 existiert je ein unterer und ein oberer Grenzwert, unterhalb bzw. oberhalb dessen die Population nicht dauernd zu überleben vermag. Die Nische ist dann in den stark gezeichneten Kubus eingeschlossen.

Erweitern wir unser Modell auf n Umweltvariable, so wird der Nischenraum n-dimensional und die Nische selbst zum n-dimensionalen Hyperraum (Punktmenge) innerhalb des Nischenraums. Man hat deshalb die einzelnen Umweltvariablen auch als Nischendimensionen bezeichnet, und wir wollen diese Bezeichnung im folgenden übernehmen, um jeweils klarzustellen, was wir korrekterweise darunter zu verstehen haben.

Fassen wir jetzt unser Konzept der ökologischen Nische noch einmal zusammen: Unter der ökologischen Nische einer Population verstehen wir denjenigen Hyperraum (Punktmenge) in einem n-dimensionalen Raum, der von den minimalen und maximalen Werten X_i'; X_i'' begrenzt wird. Die n Dimensionen des Nischenraums entsprechen den n zur Konstruktion der Nische verwendeten Umweltvariablen.

Natürlich bedarf dieses Modell einiger Erläuterungen. Zunächst einmal kann es Interaktionen zwischen den Nischenvariablen geben. Bei höherer Temperatur etwa mögen die minimalen Feuchtigkeitsansprüche andere sein als bei geringerer. In solchen Fällen liegt die Nische zwar innerhalb des durch die Minimal- und Maximalwerte begrenzten Hyperraum, aber sie ist nicht mit diesem identisch. Zum zweiten wird die Population nicht an allen Stellen der Nische gleiche Eignung haben. Es ist vielmehr anzunehmen, daß es innerhalb der Nische optimale Bereiche gibt, daß also die mittlere Eignung der Population in verschiedenen Teilen der Nische verschieden ist.

Die ökologische Nische, die wir jetzt als fundamentale Nische bezeichnen wollen, kann also als Punktmenge im Nischenraum verstanden werden. Überall, wo die Bedingungen erfüllt sind, welche an den Koordinaten des Nischenraums vorgegeben werden, kann die Population existieren. Doch sind in einem spezifischen Biotop, in dem eine Population vorkommt, in der Regel nicht alle Möglichkeiten der fundamentalen Nische realisiert. Wir sprechen deshalb und unter Bezugnahme auf jeweils einen ganz bestimmten Biotop von der realisierten Nische der Population. Ein solcher Biotop mag ‹unvollständig› für die Population (oder Art) sein, wenn er keine räumlichen Ausschnitte enthält, in denen sie existieren kann, oder ‹teilweise vollständig› für die Population, wenn er Ausschnitte enthält, die wenigstens mit einem Teil der Punkte in der fundamentalen Nische korrespondieren, oder aber er ist ‹vollständig› für die Population und enthält dann korrespondierende Ausschnitte zu allen Punkten der fundamentalen Nische.

Bis hierher haben wir eine Umwelt vorausgesetzt, die in allen ihren Komponenten konstant ist. Das würde bedeuten, daß die Werte an allen Nischendimensionen für den Biotop einer Art in der Zeit und im Raum gleich bleiben sollen. In Ausnahmefällen mag eine solche homogene Umwelt tatsächlich vorkommen, etwa als Umwelt aquatischer Organismen in den Tropen oder auch in terrestrischen Biotopen der gleichen Klimazone, doch ist die homogene Umwelt die große Ausnahme: Als Regelfall müssen Umwelten gelten, in denen einige oder alle Nischenvariablen in der Zeit und/oder im Raum heterogen sind.

Betrachten wir zuerst die langfristigen Mittelwerte der Klimavariablen entlang geographischer Gradienten. Die Temperaturen etwa entlang eines Nord-Süd-Querschnitts werden in nördlicher Richtung abnehmen. Die Tageslängen im Sommer nehmen in gleicher Richtung zu, die Tageslängen im Winter nehmen ab. Die Länge der Vegetationsperiode für die meisten Pflanzen nimmt nach Norden ständig ab, ebenso die Länge der jährlichen Periode bester Umwelt für die meisten Tiere. Entlang eines Altitudinalquerschnitts an Gebirgshängen gilt ähnliches (mit Ausnahme der Tageslänge, die hier konstant bleibt). Hinzu kommen in der Regel zunehmende Niederschläge und höhere Luftfeuchtigkeit mit zunehmender Höhenlage. Entlang von Ost-West-Querschnitten über die großen Kontinente gibt es Gradienten der Kontinentalität des Klimas (was auch immer darunter zu verstehen ist) und vieles andere mehr. Wesentlich für uns ist hier die Feststellung, daß es eine ‹kontinuierliche› Variation der Umwelt im Raum gibt, an die Arten mit großem Verbreitungsgebiet angepaßt sein müssen. Die Anpassung führt hier zu den geographischen Gradienten parallelen Trends der Ausbildung für die Anpassung wesentlicher Merkmale. Auf die Bedeutung dieser Trends hat unter den älteren Autoren besonders eindrucksvoll LANGLET (1936) hingewiesen. HUXLEY (1940) hat sie Kline genannt.

Neben dieser kontinuierlich geographischen Variation von Umweltvariablen gibt es eine diskontinuierliche geographische Varation. Dies ist oft der Fall für die Bodentypen, die abhängig vom Grundgestein u. a. sein mögen, und deshalb mosaikartig verteilt sind. Aber auch Klimavariable mögen solche mosaikartige Verteilung oder wenigstens einzelne «Flecken» *(patches)* mit extremer Abweichung vom generellen Trend zeigen, wie die sogenannten Frostlöcher in Senken, Trockeninseln u. dgl. Der Prozeß der Anpassung durch natürliche Auslese führt dann zu weniger einheitlichen geographisch-genetischen Variationsmustern oder gar zu unübersichtlichen, diskontinuierlichen Mustern. Es entstehen Lokalrassen, Standortrassen, oder, wenn auf größere geographische Gebiete bezogen, Ökotypen (TURESSON, 1923 und früher). Von Ökotypen sollte man allerdings nur dann sprechen, wenn die verschiedenen geographischen Herkünfte der Art auch morphologisch deutlich voneinander verschieden sind. Der Populationsgenetiker würde in solchen Fällen wahrscheinlich von polytypischen Arten sprechen (MAYR 1963), der Taxonom und Systematiker wahrscheinlich von Unterarten.

Nun können sowohl entlang geographischer Gradienten als auch innerhalb größerer Umwelt-Patches die zahlenmäßigen Werte für die einzelnen Nischenvariablen von Jahr zu Jahr erheblich variieren. In der Tat können die jährlichen Schwankungen größer sein als die Differenzen der Mittelwerte der gleichen Nischenvariablen selbst über größere Distanzen entlang eines geographischen Gradienten. Weiter können innerhalb eines Biotops auf kleinstem Raum unterschiedliche Ausprägungen einzelner Nischendimensionen oder von Komplexen von Nischendimensionen vorliegen. Ein polyphages Insekt etwa mag an den Früchten verschiedener Pflanzenarten fressen, die ganz verschiedene Nährstoffkombinationen und -konzentrationen anbieten; ein Sämling einer Baumart mag in einer kontinuierlich regenerierenden Waldgesellschaft auf einer großen Lücke stehen und dementsprechend viel Lichtenergie zur Verfügung haben oder aber in einer kleinen Bestandeslücke aufwachsen, wo ihm nur begrenzte Lichtenergie geboten wird. Ein erwachsenes Insekt oder ein anderes Tier mag gar im Verlaufe seines Lebens die verschiedensten Nahrungsquellen ausnutzen und gewissermaßen über alle verfügbaren Nahrungsressourcen einen gewogenen Mittelwert bilden. Kurz, die Spannweiten und die zeitlichen wie räumlichen Muster der Umweltheterogenität können verschieden sein. Wir benötigen deshalb Modelle, um die Umweltheterogenität für unsere Zwecke hinreichend zu beschreiben und zu messen.

LEVINS und MACARTHUR (1966) führen hierfür den Begriff der Körnigkeit der Umwelt ein. Eine Umwelt ist feinkörnig für ein Individuum, wenn es die verfügbaren Ressourcen zu den Anteilen nutzt, in denen sie im Lebensraum des Individuums vorkommen.

Sie ist grobkörnig, wenn es gezwungen ist, sich auf die Nutzung einer der verfügbaren Ressourcen zu beschränken. Statt Ressourcen können wir unbedenklich ‹Nischen› sagen, wenn wir jeweils eine bestimmte Nischendimension und ihre spezifische Ausbildung im Auge haben oder bestimmte Ausprägungen von Komplexen eng korrelierter Nischendimensionen und wenn wir uns auf die für das Individuum realisierte Nische beziehen. Die Umwelt etwa eines Kolibris, der Nektar von vielen Pflanzenarten aufnimmt, je nach Angebot, wäre bezüglich des Komplexes Ernährung feinkörnig. Sie wäre es auch für die gesamte Population der Kolibri-Art im betreffenden Biotop, weil alle Tiere sich auf ähnliche Weise ernähren. Ein Grasland Hemiparasit hingegen (ATSATT und STRONG, 1970), der an eine Wirtspflanze einer bestimmten Art gerät, wäre in einer bestimmten Einheit einer grobkörnigen Umwelt gelandet, in der er sein ganzes Leben verbleibt. Wäre die Zusammensetzung der Gesellschaft der Wirte über die Generationen gleich, so wäre die Umwelt für die gesamte Population des Hemiparasiten trotzdem feinkörnig, da ihre Individuen mit gleichen Wahrscheinlichkeiten in allen Jahren (= Generationen) Wirtspflanzen aller als Wirte geeigneten Arten antreffen würden. Ändert sich jedoch die Zusammensetzung der Gesellschaft von Jahr zu Jahr, etwa wegen der Schwankungen der Jahreswitterung, so ergibt sich auch für die Populationen als Ganzes eine grobkörnige Umwelt.

Das Modell sieht also Situationen vor, in denen die Umwelt für Individuum und Population feinkörnig ist, für das Individuum grobkörnig und für die Population feinkörnig oder für Individuum und Population grobkörnig. Man sieht sofort, daß es Übergänge geben kann und muß.

Die vorstehenden groben Skizzen zweier Modelle zur Beschreibung der Umwelt mögen uns hier genügen. Es gibt andere, die für bestimmte Situationen oder Aufgaben gleich gut oder besser brauchbar sind. Uns kam es hier darauf an zu zeigen, wie man konstante Umwelten beschreiben und messen kann, und wie man das so gewonnene Konzept auch für die Anwendung auf Beschreibung und Messung heterogener Umwelten erweitern kann.

2. Genetische Systeme

Der Begriff des genetischen Systems ist von DARLINGTON (1939) geprägt worden. Der Autor sieht die Aufgabe der Genetik in der Erforschung von Systemen der Vererbung und der Variation. Wir wollen für den vorliegenden Zweck zum genetischen System alle Mechanismen zusammenfassen, die von einer Population für die Gewinnung, Speicherung, Modifikation und Weitergabe genetischer Variation an die folgenden Generationen verantwortlich sind. Teile des genetischen Systems sind in der Reihe Moderne Genetik des G. Fischer Verlages in den Bänden über Gentheorie (CARLSON), Genetische Mechanismen (STAHL), Zytogenetik (SWANSON, MERZ und YOUNG) und Extrachromosomale Vererbung (JINKS) behandelt worden. Im Band über Populationsgenetik (SPERLICH) sind in mehr genereller Form Schlußfolgerungen hieraus für die Evolution von Populationen gezogen worden. Es kann uns deshalb hier nur darum gehen, die Bedeutung des genetischen Systems insgesamt und einiger seiner Komponenten für die Anpassung von Populationen an bestimmte Umwelten zu zeigen bzw. zu rekapitulieren.

An den Anfang unserer Diskussion wollen wir die beiden Hauptaufgaben jedes genetischen Systems stellen: Durch das genetische System einer Art oder Population wird sichergestellt, daß

- bewährte genetische Information gespeichert und weitergegeben und
- neue genetische Information geschaffen, erprobt und gegebenenfalls zusätzlich oder an Stelle weniger gut bewährter Information ins Spiel gebracht werden kann.

Die erste dieser beiden Aufgaben ist eine mehr konservative, die zweite enthält die Forderung nach Möglichkeiten für evolutionären Fortschritt, für uns speziell nach Möglichkeiten für Anpassung an neue Nischen oder Verbesserung der Anpassung an alte Nischen. Fügen wir noch eine dritte Forderung hinzu: die Komponenten des genetischen Systems sind ihrerseits durch genetische Information festgelegt; sie unterliegen deshalb ebenfalls evolutionärer Veränderungen; ihre Prägung unter dem Einfluß von Auslese und ihr Zusammenspiel bestimmen infolgedessen die Funktionstüchtigkeit eines genetischen Systems; als dritte Hauptaufgabe genetischer Systeme können wir dann bezeichnen:

- die Sicherstellung eines optimalen Verhältnisses zwischen den beiden einander widerstrebenden Forderungen nach Bewahrung erprobter und Erprobung neuer genetischer Variation, beides unter den Bedingungen einer vorgegebenen Umwelt.

Die Gestaltung des genetischen Systems durch Auslese ist demnach eine Optimierungsaufgabe. Sie ist ein Teil des gesamten Prozesses der Anpassung und Evolution, der in der Tat viel öfter Fragen nach Optima aufwirft als nach irgendeinem partiellen Maximum. Wenn die Anpassung einer Population in diese Richtung führt, sollte man annehmen, daß jedes genetische System irgendeiner Population, die seit langem den Selektionsdruck unter den Bedingungen einer bestimmten Umwelt ausgesetzt war, sich in Nähe eines der hier möglichen Optima befindet.

2.1 Genetische Systeme als Informationssysteme von Populationen

Die Erkenntnis, daß im Kern der Zygote die «Information» gespeichert ist, welche benötigt wird um einen vollständigen Organismus aufzubauen, ist wohl erstmals klar ausgesprochen worden in SCHRÖDINGERs Buch «Was ist Leben?». Inzwischen gehört der Terminus «genetische Information» zum Fachvokabular aller biologischen Wissenschaften und ist wohl auch schon Bestandteil der Umgangssprache geworden. Daß die genetische Information mit den 4 Buchstaben des genetischen Codes geschrieben wird, daß Gruppen aus je 3 Buchstaben einem Wort irgendeiner Sprache gleichgesetzt werden können, und daß 80–200 Wörter zusammen ein Gen, eine Nachricht darstellen, erfahren heute die Schüler aller Schultypen im Biologie-Unterricht. Wir wissen auch, daß die genetische Information in mehreren Stufen zweckmäßig organisiert sein muß, um optimal ins Spiel gebracht zu werden. Je mehrere Genloci mögen zu Regeleinheiten zusammengefaßt sein (Operon, Supergen o. dgl.), und es gibt eine große Zahl von experimentellen Beweisen dafür, daß die Ausstattung ganzer Chromosomen mit Genloci und Allelen unter ähnlichem Aspekt zu sehen ist. Die Chromosomen sind also mehr als Träger und Verteiler der Gene. Sie haben darüber hinaus auch Funktionen bei der Koordination der genetischen Information und bei der genetischen Regulation. Beide sind notwendige Voraussetzungen für Wachstum, Entwicklung und Reproduktion so komplexer Systeme, wie sie höhere Pflanzen und höhere Tiere darstellen. Daneben existieren natürlich auch Beziehungen zwischen den Genen auf verschiedenen Chromosomen. Die genetische Information, welche ein Individuum trägt, besteht also nicht allein in der Summe aller Nachrichten (Gene), sondern auch in einer räumlichen und zeitlichen Koordinierung des Nachrichtenflusses. Diesen Sachverhalt meinen wir, wenn wir sagen, daß der Genbestand integriert oder koadaptiert ist. Die Erforschung dieser Zusammenhänge ist einer der wichtigsten gemeinsamen Aufgaben der Genetik und ihrer Nachbarwissenschaften. Sie betreffen also das Informationssystem des individuellen Organismus.

Dieser Sachverhalt deckt jedoch nur einen Teil dessen ab, was wir unter einem genetischen System verstehen. Reproduktion und Evolution von Populationen bringen neue Probleme mit ins Spiel. Natürlich bilden den Ausgangspunkt der Überlegungen auch hier die Gene, ihre Strukturen, ihre Aufgaben als Informationsträger und ihre Regelung. Will man etwa verstehen wie die schon genannte Aufgabe des genetischen Systems gelöst werden soll, neue genetische Information bereitzustellen, so benötigt man detaillierte Kenntnisse über die biochemische Struktur von Genen und über die Möglichkeiten, diese Strukturen zu verändern. Will man weiter wissen wie genetische Information unverändert von Generation zu Generation weitergegeben werden kann, so benötigt man darüber hinaus Kenntnisse über weitere Eigenschaften der DNS, nämlich über die Möglichkeiten ihrer präzisen Replikation. Die Entwicklung von Populationsgenetik und ökologischer Genetik stand deshalb immer in enger Beziehung zur Entwicklung des Wissensstandes der allgemeinen Genetik, in neuerer Zeit vor allem der biochemischen oder molekularen Genetik. Aus der allgemeinen Genetik beziehen sie die Grundlagen für die Aufstellung neuer Modelle und immer wieder neuer Methoden für gezielte Experimente. Wir werden Beispielen hierfür an vielen Stellen dieses Buches begegnen. Trotzdem sind der eigentliche Gegenstand der Populationsgenetik und der ökologischen Genetik andere Komponenten des genetischen Systems. Dies wird vielleicht am besten klar, wenn wir noch einmal zu den 3 Hauptaufgaben des genetischen Systems zurückkehren und fragen, welche der innerhalb des genetischen Systems sinnvoll abtrennbaren Untersysteme ihre eigentlichen Forschungsgebiete bezeichnen.

Neben den schon genannten Mechanismen für die Replikation und Mutation der Gene existiert bei den Eukaryoten der Chromosomenapparat als System für die regelmäßige Verteilung der Gene auf die Nachkommen. Dieser Mechanismus wird oft das meiotische System genannt. Fragen wir jetzt, welche Eigenschaften dieses meiotische System vor dem Hintergrund unserer 3 Aufgaben besitzt, die wir für das genetische System allgemein formuliert haben. Setzt man eine konstante Zahl von Genloci voraus, so bestimmt offenbar zunächst die Zahl der Chromosomen über die Möglichkeiten für die Umkombination der Gene in jeder Generation und damit auch über die Breite der Vielfalt von neuen Genotypen, die in jeder Generation angeboten werden können. Aber auch die Rekombination von Genen am gleichen Chromosom spielt hier mit herein. Sie wird bestimmt durch die Häufigkeit von Crossover je Chromosomenpaar, die ihrerseits wiederum abhängig ist von der Häufigkeit der Chiasmata. Beides, also die Chromosomenzahl des Genoms und die mittlere Häufigkeit von Chiasmata je Chromosomenpaar hat DARLINGTON deshalb in seinem Rekombinationsindex vereinigt.

Die Zahl der Rekombinanten wird andererseits aber auch bedingt durch das Paarungsverhalten der Individuen der Population. Findet vorwiegend Selbstbefruchtung statt, so wird der Anteil an Rekombinanten eingeschränkt. Der Anteil an Homozygoten in der Population nimmt in jeder Generation zu, theoretisch auf 100%, so daß im Grenzfall die Zahl möglicher Genotypen höchstens gleich der Zahl der Individuen in der Population sein kann. Gibt es umgekehrt Mechanismen, die Fremdbefruchtung erzwingen, so ist die Zahl in jeder Generation neu entstehender Genotypen ungleich größer als die Zahl der an der Reproduktion beteiligten Eltern. Hierzu ein Beispiel. BERGMANN (1973) findet bei *Picea abies* an 4 mehr oder weniger zufallsmäßig herausgegriffenen Genloci einmal zwei, einmal drei und zweimal vier Allele je Genlocus. Die Zahl der möglichen Genotypen allein über diese 4 Genloci beträgt 1800. In einem erwachsenen Fichtenbestand findet man etwa 500 Bäume je ha. Um jeden dieser 1800 Genotypen in einem Fichtenbestand wenigstens einmal zu finden, müßte man also eine Population betrachten, die eine Fläche von rd. 4 ha einnehmen würde!

An der Erfüllung der Aufgabe des genetischen Systems durch Anbieten einer breiten Vielfalt von Genotypen mit evolutionärem Fortschritt und, wie wir noch sehen werden, die Anpassung der Population an eine heterogene Umwelt sicherzustellen, sind also zunächst so verschiedene Untersysteme des genetischen Systems verantwortlich wie das meiotische System und das Paarungssystem, wie wir es jetzt nennen wollen. Ist die betreffende Population sehr groß, oder kann man sie in teilweise gegeneinander isolierte Unterpopulationen aufteilen, wie dies in der Natur häufig der Fall ist, so werden die Verhältnisse weiter kompliziert. Bei Tieren bestimmen die Weite und die Häufigkeit der Wanderung von Individuen zwischen den teilweise voneinander isolierten Unterpopulationen den Grad an Genaustausch innerhalb der großen bzw. zwischen den teilweise isolierten Subpopulationen. Bei Pflanzen wird diese «Migration» durch von Tieren oder vom Wind transportierten Pollen oder Samen erreicht. Da Isolierung zu häufiger Paarung zwischen Verwandten führt und somit zur Einschränkung der zufallsmäßigen Paarung, ist also auch die Migration von Einfluß auf die mögliche Zahl verschiedener genetischer Varianten, die in irgendeiner Generation an irgendeinem Ort innerhalb des Verbreitungsgebietes der Population oder Art angeboten werden kann. Wir würden in diesem Falle vom *Breeding*-System oder vom reproduktiven System der Population oder Art sprechen, wenn wir diesen noch weiter gefaßten Sachverhalt untersuchen wollen.

Die Nützlichkeit von Spezialisierung einerseits, d. h. von Konzentration der Population auf einige wenige Genotypen und von Anbieten einer breiten genetischen Vielfalt andererseits, wird durch die Umwelt bestimmt. Eine in der Zeit und im Raum gleichbleibende Umwelt wird im allgemeinen am besten durch einige wenige für diese Umwelt optimale Genotypen ausgenutzt werden, während eine wechselnde Umwelt gerade die entgegengesetzte Anpassungsstrategie herausfordert. Zwischen den hier denkbaren Extremen gibt es alle Übergänge. Wenn das genetische System seinerseits durch Auslese verändert werden kann, sollte man meinen, daß es durch Auslese auf die Bedingungen der spezifischen Umwelt einer Art oder Population in Richtung auf ein Optimum für gerade diese Umwelt gedrängt wird. Das genetische System müßte also zu verstehen sein als ein zielsuchendes und als ein adaptives System. In der Tat wird in vielen Arbeiten gerade der ökologischen Genetik gerade diesen Eigenschaften des genetischen Systems besondere Aufmerksamkeit geschenkt, und es hat sich herausgestellt, daß man zu einem Verständnis des genetischen Systems von Populationen und Arten nur durch intime Kenntnis der Umwelt dieser Einheiten kommt. Die Überschrift dieses Abschnittes, derzufolge genetische Systeme Informationssysteme von Populationen darstellen, hat dann doppelten Inhalt: Einmal stellt das genetische System die Information bereit, die für Wachstum, Entwicklung und Reproduktion unter mittleren Umweltbedingungen (was auch immer darunter zu verstehen sei) notwendig sind, und zum anderen speichert es und bringt ins Spiel alle Informationen über die spezifischen Eigenschaften der Umwelt der Population und stellt sicher, daß Informationen über die Umwelt auch in der Zukunft aufgenommen und gespeichert werden können.

Fassen wir noch einmal zusammen, welche Komponenten des genetischen Systems das Ausmaß an Rekombination in einer Population bestimmen. Es sind:

- die Zahl der Genloci über alle Chromosomen,
- der Anteil an polymorphen Loci,
- die Zahl der Allele je Locus,
- die Chromosomenzahl,
- die mittlere Zahl von Crossover je Chromosom,
- das Verhältnis von Selbst- zu Fremdbefruchtung,
- der Anteil vegetativer Vermehrung oder Apomixis,
- die geographische Verteilung der Population,
- die Populationsgröße,
- die Migrationsrate,
- die Mutationsrate.

Eine adaptive Funktion für dieses vor dem Hintergrund nur einer einzigen Aufgabe des genetischen Systems (es gibt beliebig viele solcher Aufgaben) zusammengestellte Untersystem muß existieren, wenn das genetische System den Anforderungen genügen soll, die ganz allgemein an ein adaptives System zu stellen sind. Aber ein größerer oder kleinerer Anteil an Rekombination kann auf ganz verschiedene Weise erreicht werden. Die Komplexität der Systemstruktur zwingt dann dazu, einzelne Komponenten herauszulösen und isoliert zu betrachten, Beobachtungen in der Natur über die Population und über ihre Nische zu kombinieren mit Versuchen im Versuchsgarten und im Labor; sie zwingt zu der Arbeitsmethode, die Ford als typisch für die ökologische Genetik bezeichnet hat.

2.2 Das genetische System als Untersystem des adaptiven Systems Population

In der allgemeinen Informationstheorie geht es darum, an irgendeinem Orte mit vorgegebener Zuverlässigkeit eine Nachricht zu reproduzieren, die zuvor an einem anderen Ort ausgewählt wurde (vgl. z. B. SHANNON und WEAVER, 1949). Die Auswahl erfolgte aus einer vorgegebenen Menge möglicher Nachrichten. Inhalt und Gegenstand der Information sind für das Problem der Nachrichtenübermittlung ohne Bedeutung. Ein Nachrichtenkanal muß so beschaffen sein, daß er für alle Nachrichten gleich gut funktioniert, die in der Menge möglicher Nachrichten enthalten sind. WARBURTON (1967) hat darauf aufmerksam gemacht, daß es im Gegensatz zu dieser allgemeinen SHANNONschen Information bei der genetischen Information immer um einen bestimmten Typ von Nachrichten geht. Genetische Information ist immer Information über die Umwelt. Im Prinzip wäre es deshalb denkbar, daß die Genetiker eines Tages DNS-Sequenzen lesen und ihre Bedeutung für die Anpassung feststellen können. Diese Gegenstandsbezogenheit der genetischen Information zwingt dazu, sie etwas anders zu definieren als die zunächst völlig abstrakte Information der SHANNONschen Informationstheorie. Die neue und mehr spezielle Definition sollte jedoch weitgehend der allgemeinen entsprechen, um nicht die Möglichkeit zu verlieren, den mathematischen Apparat der allgemeinen Informationstheorie verwenden zu können.

Bezeichnen wir mit x eine Variable, die einen von N_x möglichen Werten annehmen kann und mit S_x die Menge aller möglichen Werte von x. Jedes x_i sei mit der Wahrscheinlichkeit p_i zu erwarten. Die Entropie von S_x (oder deren nicht genutzte Teilmenge) ist dann

$$H_x = -\Sigma\, p_i \log p_i$$

Existiert eine zweite Variable y, die eng genug mit x korreliert ist, um aus y-Werten auf x-Werte schließen zu können, so trägt y

$$I_x = X_x - H'_x$$

Informationseinheiten über x (gemessen in irgendeinem der gebräulichen Informationsmaße). x kann unter diesen Voraussetzungen als Gegenstand einer Nachricht betrachtet werden und y als eine Nachricht über x. Z. B. könnte x_i für einen bestimmten Wert einer Umweltvariablen stehen und das zugehörige y_i für den für x_i spezifischen Bestandteil der genetischen Information. Natürlich ist es unmöglich, die Entropie von S_x in irgendeinem konkreten Fall insgesamt hinreichend genau zu schätzen. Man muß sich deshalb auf Nachrichten beschränken, die symbolhaft Antworten auf Fragen geben, welche eine Auswahl unter den x_i zum Gegenstand haben. Alle für eine solche Nachricht in Frage kommenden Symbole werden dann in Art einer Liste aufgeschrieben werden können. Die Häufigkeiten, mit denen sie in den Antworten auf Auswahlfragen über x auftreten, liefern so Schätzwerte der Wahrscheinlichkeiten der einzelnen Symbole, und es wird möglich, nicht nur die Entropie der Menge möglicher Nachrichten zu schätzen, sondern auch weitere Bestandteile der allgemeinen Informationstheorie zu übernehmen, wie etwa Redundanz und *equivocation*.

Auf Grundlage dieser Überlegungen kommt WARBURTON zu einem Modell über die Evolution einer Population innerhalb eines bestimmten Ökosystems. Die Besonderheit dieser Evolution ist es, daß sie abhängig ist vom evolutionären Fortschritt oder, allgemein, vom evolutionären Verhalten von Populationen anderer Organismen im gleichen Ökosystem. Das Modell muß also von vornherein Änderungen der Umwelt durch Änderungen des adaptiven Verhaltens anderer Populationen in Rechnung stellen und wird so zwangsläufig zu einem Modell für die Evolution eines ganzen Ökosystems, für die Koevolution der am Ökosystem beteiligten Organismenarten.

Der Autor geht davon aus, daß man für die Darstellung dieses Sachverhalts zweckmäßig das Modell eines Ratespiels wählt, an dem einer oder mehrere Spieler und ein Schiedsrichter teilnehmen. Die Spieler äußern Vermutungen über richtige Antworten auf Fragen des Schiedsrichters, und dieser liefert ihnen Informationen über die Richtigkeit ihrer Antworten. Sagen wir ein solches Spiel würde T einzelne Versuche umfassen. Es gäbe N' «richtige» Antworten, die zur Menge S' zusammengefaßt werden können. Eine dieser Antworten muß der Spieler finden, um über die T Versuche zu gewinnen. Aber er weiß zunächst nichts über S', außer, daß diese Menge in der Menge aller N möglichen Antworten enthalten ist. Jede richtige Antwort enthält $\log(N/N')$ Informationseinheiten, die vom Schiedsrichter durch Antworten auf Vermutungen des Spielers zu liefern sind. Wenn es für jede Vermutung r Antworten gibt, können nach jeder Vermutung vom Schiedsrichter maximal r Informationseinheiten geliefert werden. Die mehr interessanten Varianten dieses generellen Schemas eines Ratespiels sind natürlich die, bei denen N und $T \times \log r$ nicht viel größer als $\log(N/N')$ sind. Hier hat jeder Spieler eine reelle Gewinnchance nur, wenn er durch Wahl einer geeigneten Strategie den Schiedsrichter zwingt, ihm mehr Information zu liefern als bei zufallsmäßiger Fragestellung.

In diesem DARWINschen Ratespiel teilt der Schiedsrichter dem Spieler mit, ob eine seiner Vermutungen «besser» ist als andere. Er ordnet also die Vermutungen nach einem dem Spieler unbekannten System zu einer Reihenfolge von der schlechtesten bis zur besten. Wen das Auswahlsystem dem Spieler unbekannt ist, kann er nur mit Hilfe eines Versuchs-Irrtums-Verfahrens die gewünschte Information erhalten. Die optimale Strategie des Spielers kann deshalb nur eine Strategie des Ratens sein. Weiter sind der Kapazität des Spielers Grenzen gesetzt. Er kann nur jeweils die letzte beste Vermutung oder eine Anzahl bester Vermutungen vorausgehender Versuche speichern. Eine Strategie des Spielers könnte z. B. darin bestehen, die Menge der Möglichkeiten nach einem hierarchischen System in Untermengen aufzuteilen und jeweils ein Element jeder Untermenge an den Schiedsrichter zu geben. Jedes Element stellt eine Vermutung dar, und gleichzeitiges Einreichen einer Untermenge ist ein Versuch. Er nimmt weiter nach jedem Versuch an, diejenige Untermenge, die seine beste Vermutung enthielt, repräsentiere auch die beste Untermenge von Vermutungen, und er teilt, seinem System entsprechend, für den nächsten Versuch neu auf.

Spieler in einem solchen Spiel ist jede Population einer sich sexuell fortpflanzenden Organismenart. Jedes ihrer Individuen stellt eine Vermutung dar, und Schiedsrichter ist die Umwelt. Die Menge der Möglichkeiten ist gegeben durch die Menge aller Individuen, die seitens der Population angeboten werden können. Elemente wären etwa die Gene. Hier wird auch die Beziehung zur hierarchischen Klassifizierung der Vermutungen deutlich: Diejenige Untermenge von Genen, welcher der Schiedsrichter höchste Eignung bescheinigt, wird in den Vermutungen der nächsten Generation wieder erscheinen. In irgendeinem Stadium der Evolution würde deshalb die Population aus den Nachkommen derjenigen Individuen bestehen, denen der Schiedsrichter in vorhergehenden Versuchen die höchsten Rangordnungszahlen gegeben hatte. Über die Zahl fehlgeschlagener Versuche hingegen besitzt der Spieler keine Informationen und ebensowenig über die fehlgeschlagenen Versuche selbst. Dies bedeutet nichts anderes, als daß die Vorgeschichte der Population den weiteren Fortgang des Ratespiels mitbestimmt. Sie legt u. a. ihren Platz im Ökosystem fest, z. B. ihre Stelle in einer Nahrungskette und bestimmt so, welche Chancen sie in künftigen Versuchen überhaupt noch nutzen kann, und damit also auch ihren künftigen evolutionären Weg.

Es genügt uns, das Modell bis zu diesem Punkte zu beschreiben, denn bis hierher sind alle wesentlichen Teile dargestellt:

- Der Schiedsrichter beurteilt einen Versuch einer bestimmten Population unter gleichzeitiger Betrachtung der Situation aller anderen mit dieser Population in Beziehung stehenden Populationen von Organismenarten.
- Das Verfahren Information zu sammeln ist für jeden Spieler das eines einfachen Versuchs- und Irrtums-Prozesses.
- Lediglich Information über geglückte Versuche kann gespeichert werden.

Kehren wir jetzt noch einmal zurück zum Abschnitt 1.1. Wir hatten dort eine Population als adaptives System betrachtet. Hier sehen wir jetzt, wie es einer Population möglich ist, durch Änderungen der Transformation zu adaptieren. Sie kann durch fortwährende Versuche und durch Speicherung der Ergebnisse erfolgreicher Versuche in der Tat zu neuen und auch zu «besseren» Transformationen gelangen. Wir werden in den folgenden Abschnitten noch genügend Beispiele für die im Absatz 1.1 erwähnten adaptiven Funktionen finden.

Aber auch hier bleibt offen, ob man jede Population oder das ganze Ökosystem als ein teleologisches System auffassen soll. Hierzu wäre es nötig, jeden Versuch der Population, im Absatz 1.1 als Eingabe bezeichnet, mit einer entsprechenden Information auszustatten, welche den teleologischen Charakter des Ökosystems sicherstellt, oder aber, was das gleiche ist, dem Schiedsrichter Natur aufzuerlegen, bei Beurteilung der Versuche der Spieler auch übergeordnete Gesichtspunkte des Ökosystems als Ganzes ins Spiel zu bringen. Wir wollen uns deshalb hier mit einigen Merkmalen von Ökosystemen auseinandersetzen, die man in komplexen Ökosystemen immer wieder findet, und die solchem System evidente Vorteile verschaffen, ohne daß sie zwangsläufig aus den Anpassungsprozessen oder Koadaptationsprozessen der einzelnen Populationen resultieren müßten.

Unter diesen Merkmalen steht an erster Stelle wohl die viel zitierte «Stabilität» von Ökosystemen. Zwar zog SIMPSON (1969) am Ende seiner Untersuchung über «Die ersten 3 Milliarden Jahre Evolution von biologischen Gesellschaften» die Schlußfolgerung: «Wenn die Ökosysteme der Erde in der Tat in Richtung auf eine Langzeitstabilisierung oder auf ein statistisches Equilibrium tendieren, sind 3 Milliarden Jahre zu kurz gewesen, um diesen Zustand zu erreichen.» Aber andererseits kann nicht übersehen werden, daß es Ökosysteme mit einem bemerkenswerten Grad innerer Stabilität gibt, wie etwa die Regenwälder in den feuchten Tropen und Subtropen. Was aber soll man unter Stabilität verstehen? Diese Frage ist von verschiedenen Autoren und zu verschiedenen Zeiten so verschieden beantwortet worden, daß wir uns mit einer sehr generellen Antwort begnügen müssen, die wir in Anlehnung an LEWONTIN (1969) wählen.

Der Autor geht davon aus, daß für die Ökologie im allgemeinen wie auch für deren spezialisierten Zweig, die Populationsgenetik, der generelle Rahmen für die Beantwortung einer solchen Frage als Konzept eines Vektorfeldes in einem n-dimensionalen Vektor-Raum sein muß. Jeder Punkt in diesem Raum ist mit einem Pfeil versehen, der in irgendeine Richtung zeigt, und dessen Länge proportional der Größe der Bewertung ist, die von einem an diesem Punkt angelangten Gegenstand oder dergleichen zu erwarten ist. Solch ein Pfeil wird ein Transformationsvektor genannt, und der Raum dieser Vektoren ist das Vektorfeld. Wenn man sich ein solches Vektorfeld vorstellen könnte, und wenn es hinreichend einfach wäre, könnte man den Pfad festlegen, den ein Partikel in diesem Raum vor sich hat, wenn es einmal in ihn hineingelangt ist.

In diesem Hyperraum eines dynamischen Systems sollten drei Gruppen von Punkten unterschieden werden. Die erste ist die Menge von Punkten, bei denen die Größe des Transformationsvektors 0 ist. Dies ist die Menge der stationären Punkte des Systems. Wenn der Positionsvektor einen dieser Werte annimmt, verändert sich das System nicht mehr. Transiente Punkte des Raumes sind diejenigen, für welche die Transformationsvektoren Längen $\neq 0$ annehmen, so daß das System sich weiter verändern wird. Man muß weiter unterscheiden zwischen zyklischen und nicht-zyklischen transienten Punkten. Zyklisch transiente Punkte sind Punkte, welche das Objekt immer wieder passieren wird, weil die Konfiguration des Vektorfeldes dies erzwingt.

Betrachtet man nun das Vektorfeld in Nähe eines der stationären Punkte. Wenn alle Vektoren in seiner Umgebung in Richtung auf diesen Punkt zeigen, handelt es sich um einen stabilen Punkt, weil eine kleine Störung des Systems die Rückkehr zu diesem Punkt nicht verhindern wird. Es ist notwendig festzustellen, daß diese Störung nur klein sein darf, weil es im Vektorfeld mehrere solcher stabilen oder attraktiven Punkte geben mag, von denen jeder Anziehungskraft über einen bestimmten Ausschnitt aus dem Vektorfeld besitzt. Wenn die Störung hinreichend groß ist, um das System von einem solchen Ausschnitt in das Anziehungsfeld eines anderen stabilen Punktes zu bringen, wird es nicht zu seinem ursprünglichen, stabilen Punkt zurückkehren. Diese Art von Stabilität wird deshalb als Nachbarschaftsstabilität bezeichnet, denn sie existiert nur in einer bestimmten Umgebung um einen der stabilen Punkte.

Demgegenüber würde globale Stabilität für das gesamte Vektorfeld gelten: Ein stabiler Punkt ist global stabil, wenn das System dazu tendiert, ihn aus jeder Position im Vektorraum anzustreben. Es kann also hier kein weiterer stabiler Punkt oder kein zyklisch-transienter Punkt existieren.

Von Ökologen wird oft die Frage gestellt, ob in einem n-dimensionalen Raum (n verschiedene Arten) mehr als ein einziger lokalstabiler Punkt existieren kann. Dies mag unter bestimmten Bedingungen der Fall sein, die sich aus dem obigen Modell ableiten lassen. Aber andererseits mögen sich andere stabile Punkte finden, wenn eine oder mehrere Arten verlorengehen. Das Ergebnis der Überlegungen wird natürlich auch durch den Informationsvorrat der beteiligten Populationen der verschiedenen Organismenarten mitentschieden. Hier ließe sich nun auch eine Antwort auf die Frage nach relativer Stabilität finden. Wenn der Ausschnitt aus dem Vektorraum, über den die Anziehungskraft eines stabilen Punktes wirksam ist, groß ist, wenn also die Störungen des Systems groß sein müssen, um es aus diesem Raum herauszubringen, so ist das System relativ stabil.

In der Tat findet man in der Natur diese relative Stabilität bei allen hierauf untersuchten Ökosystemen, soweit sie Zeit gehabt haben, ein gewisses Maß an Evolution zu absolvieren. Es muß also im Vektorraum, der für die Evolution eines solchen Systems bestimmend ist, stabile Punkte oder zyklisch transiente Punkte geben, in deren Anziehungsbereich ein solches sich entwickelndes System schon nach relativ kurzer Zeit gelangt und um den es sich (relativ) stabilisiert. Anderenfalls würde es ohne die erkennbare Regel im Vektorfeld wandern müssen. Ökologen würden diese relative Stabilisierung wahrscheinlich primär zurückführen auf eine mehr oder weniger spontane Ausbildung von Regelkreisen. Simpson etwa gibt das in Abb. 2.2.1 wiedergegebene Schema der Evolution der ersten biologischen Gesellschaften auf unserem Planeten. Neben organische Substanz aufbauenden Organismen erscheinen hier die ersten abbauenden. Ein Eingabe-Ausgabe-System entsteht, das nun nicht gleich in Nähe eines

Stabilitätspunktes zu liegen braucht. So hat DUNBAR (1968) darauf hingewiesen, daß auch die jungen und sehr einfachen Ökosysteme im arktischen Raum kein Gleichgewicht des Auf- und Abbaus organischer Materie besitzen. Aber es entsteht doch biologische Vielfalt und damit sind die Voraussetzungen auch für weitere Beziehungen der Organismen untereinander gegeben, die in typischen Regelkreisen resultieren mögen.

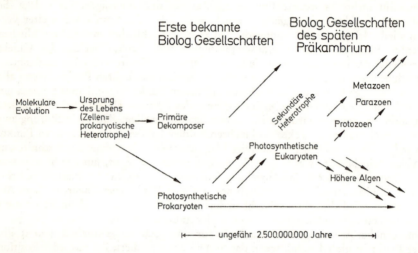

Abb. 2.2.1: Schema der Evolution der ersten Ökosysteme auf unserem Planeten (nach SIMPSON, 1969).

Diese Voraussetzungen sind um so günstiger, je größer der Artenreichtum eines Ökosystems wird, und man hat deshalb seit langem vermutet, daß zwischen Stabilität und Artendiversität von Ökosystemen ein Zusammenhang besteht. In der Tat gibt es viele Beispiele relativ hoch stabiler Ökosysteme, die gleichzeitig durch einen großen Artenreichtum ausgezeichnet sind, wie etwa die schon genannten artenreichen Wälder der feuchten Tropen und Subtropen. Das über lange Zeiträume praktisch unverändert gebliebene Klima in diesen Gebieten und die damit verbundene langfristige und ungestörte Evolution, die hohe Produktion an Biomasse, welche den Aufbau komplexer Nahrungsketten oder Nahrungsnetze erlaubt, mögen hier ideale Voraussetzungen für die Entstehung hochkomplexer Ökosysteme mit vielen Regelkreisen oder als Regelkreis aufzufassende Mechanismen ermöglicht haben. Eine Zusammenstellung der Theorien hierüber gibt PIANKA (1966). Die Auffassung, derzufolge die Evolution von Stabilität einhergeht mit der Evolution von Diversität, ist demzufolge nicht unbegründet, obgleich es auch einfachere Ökosysteme mit großer, relativer Stabilität gibt. Vielleicht sagt man deshalb besser, daß die Evolution von Stabilität einhergeht mit der Evolution stabilitätsverbessernder Regelkreise innerhalb der Systeme.

Wo indessen solche Ökosysteme immer wieder durch von außen her auf sie zukommende Katastrophen beeinflußt werden, ist eine über lange Zeiträume bestehende Ausrichtung des Systems auf einen Stabilitätspunkt nicht möglich, wie denn auch die Stabilität der hochkomplexen tropischen Regenwälder sich mehr und mehr als relative Stabilität herausstellt, die nur bei relativ geringer Häufigkeit großflächiger und säkularer Katastrophen aufrecht erhalten wird, wie sie in anderen Gebieten der Erde die

Regel sind (Feuer, Sturm u. a.). So weisen GÓMEZ-POMPA et al. (1972) darauf hin, daß die Hauptbaumarten der tropischen Regenwälder nicht in der Lage sind, die durch den Menschen vernichteten großen Flächen zu rekolonisieren. Derart nachdrücklich gestörte Ökosysteme dürften sich also zu weit von ihren stabilen Punkten entfernt haben, um in die gleichen Zustände zurückzukehren wie vor der Zerstörung.

In der Nähe von zyklisch-transienten Punkten im Vektorfeld befindliche Ökosysteme, von Ökologen als Sukzessionsgesellschaften bezeichnet, sind häufig mit unvollkommen funktionierenden Regelkreisen ausgestattet. Am bekanntesten sind hier wohl die von den Entomologen immer wieder gefundenen und beschriebenen Regelkreise, die aus einem pflanzenfressenden Insekt («Schädling») und einem oder mehreren auf diesem parasitierenden Insektenarten («Nützling») bestehen. Einer Massenvermehrung des Schädlings folgt mit einiger Verzögerung eine Massenvermehrung des Parasiten, bei Erreichen bestimmter Relationen der Größen beider Populationen ein rasches Absinken der Populationsgröße des Parasiten usw. Die Bedingungen für diesen «Massenwechsel» mögen komplex sein. Wir verweisen deshalb auf die zusammenfassende Darstellung und Diskussion bei SCHWERDTFEGER (1963, 1968). Eine der Hypothesen zur Erklärung der inneren Stabilität von Ökosystemen der feuchten Tropen und Subtropen betrifft denn auch die Voraussetzungen für das Funktionieren solcher und ähnlicher Regelkreise.

Sukzessionelle Ökosysteme mögen ihre Zyklen periodischen Katastrophen oder systemeigenen Eigenschaften verdanken. Dabei mag die sukzessionelle Entwicklung selbst die Voraussetzungen für den Zusammenbruch schaffen, wie dies DUNBAR (1968) für arktische Ökosysteme annimmt, die anscheinend ihrer Überproduktion an organischer Substanz wegen zusammenbrechen. LOUCKS (1970) hat über die gleiche Frage eine interessante Untersuchung an natürlichen Wäldern in Wisconsin angestellt.

Der Autor schränkt seine Untersuchungen bewußt auf die primären Produzenten organischer Materie ein, in einem Wald-Ökosystem also auf die Baumarten. Im Mittelpunkt seiner Arbeit stehen die Entwicklung der Diversität und ein Modell für die Evolution in Ökosystemen, das sowohl Zeit- als auch ökologische Trennung der Arten berücksichtigt, wie sie in sukzessionellen Gesellschaften vorkommen. Er geht von Literaturangaben aus, denenzufolge mit fortschreitender Sukzession die Diversität zunehmen soll, obgleich einige Autoren festgestellt haben, daß sie in den letzten Stadien wieder abnehmen kann. Der Inhalt des Wortes Stabilität wird unterteilt in Langzeit-Stabilität (entsprechend der primären Sukzession der Ökologen, die nichts anderes beinhaltet als unsere Vorstellung von der Evolution ganzer Ökosysteme) und Kurzzeit-Stabilität (für sekundäre Sukzessionen). Als Maß für Diversität wird das von SHANNON und WEINER verwendet:

$$H' = -\Sigma P_i \log_2 P_i$$

worin P_i für die Wahrscheinlichkeit steht, mit welcher die i-te Art in einer Stichprobe enthalten ist.

In Wäldern wie denen in Wisconsin müssen die Verhältnisse in verschiedenen Strata unterschiedlich werden. Betrachtet man z. B. die Diversität im Sämlingsstadium, so findet man eine Abnahme des Diversitätsmaßes mit zunehmender Reife des Ökosystems. Umgekehrt nimmt die Diversität im oberen Kronenraum zu und erreicht ein Plateau. Berechnet man weiter ein (hier nicht näher erklärtes) Maß für den Wechsel der Zusammensetzung der verschiedenen Strata, so findet man etwa für das oberste Stratum und den Unterstand zunächst zunehmende, später aber wieder abfallende Werte des Index. Über lange Zeiträume kann die Entwicklung eines solchen Ökosystems beschrieben werden als ein stationärer Prozeß mit zufallsmäßigen Störungen (in der Zeit). Dieser Prozeß liefert gleichzeitig die Basis für die Zeitisolierung von Arten in verschiedenen Stadien der Sukzession, entstehend aus einem Ausleseprozeß. Dabei können Arten der gleichen Gattung zeitisoliert sein, die eine Art der gleichen Gattung also am Anfang, die andere am Ende stehen. *Carya*, *Ulmus*, *Acer* und *Betula* (letztere nicht in Wisconsin) liefern Beispiele dieser Art.

Interessant sind weiter die Beobachtungen über die mittlere Dauer einer Sukzession. Sie liegt bei verschiedenen Waldtypen zwischen 300–400 Jahren und wenigen Dekaden.

Die Hauptschlußfolgerung des Autors ist die Feststellung, daß die Diversität von Pflanzen und Tieren in solchen Ökosystemen nur als das Ergebnis wellen-isolierender Auslese verstanden werden kann und daß ein Aussetzen des stationären Prozesses aufeinanderfolgender sekundärer Sukzessionen für diese Ökosysteme eine Katastrophe bedeuten würde.

Da unser Thema in diesem Kapitel das genetische System als Informationssystem von Populationen ist, ist es wahrscheinlich zweckmäßig, es im Rahmen eines sukzessionellen Ökosystems zu sehen. Tab. 2.2.1 gibt eine Übersicht, die einer Untersuchung der Strategie der Entwicklung von Ökosystemen von ODUM (1969) entnommen ist. Es sind die Verhältnisse in den Anfangsstadien einer sekundären Sukzession denen in späteren Stadien gegenübergestellt. Die sechs Teile der Tabelle kennzeichnen verschiedene Forschungsrichtungen innerhalb der Ökosystembiologie. Sie belegen die scherzhafte Bemerkung HUTCHINSONs, derzufolge Ökologie die «Wissenschaft vom Universum» ist. Nicht einer der 24 aufgeführten Punkte kann sinnvoll untersucht werden ohne Berücksichtigung des Informationssystems, das denn auch vom Ökologen ODUM unter der Überschrift Homöostasis mit zwei Punkten ganz ans Ende der Liste gestellt wurde.

Tab. 2.2.1: Trends in einem Ökosystem mit Sukzession (nach ODUM 1969)

Merkmale des Ökosystems	Stadien während der Entwicklung	Stadien während der Reife
I. Energie Haushalt		
1. Verhältnis der Produktion zur Respiration	Größer oder kleiner 1	Nahe an 1
2. Verhältnis der Produktion zur bereits vorhandenen Biomasse	Groß	Gering
3. Erhaltene Biomasse je Einheit Energiefluß	Gering	Groß
4. Netto-Produktion	Groß	Gering
5. Nahrungsketten	Linear, vorwiegend grasen usw.	Vermascht, vorwiegend abbauend
II. Struktur		
6. Gesamte organische Materie	Wenig	Viel
7. Anorganische Nährstoffe	Extrabiotisch	Intrabiotisch
8. Artenreichtum (Varietätskomponente)	Gering	Hoch
9. Artenreichtum (Equitabilitätskomponente)	Gering	Hoch

Merkmal des Ökosystems	Stadien während der Entwicklung	Stadien während der Reife
10. Biochemische Diversität	Gering	Hoch
11. Stratifizierung und räumliche Heterogenität	Wenig organisiert	Hoch organisiert
III. Lebensgeschichte		
12. Nischenspezialisierung	Breit	Schmal
13. Größe der Organismen	Klein	Groß
14. Lebenszyklen	Kurz, einfach	Lang, komplex
IV. Nährstoffumlauf		
15. Mineral-Zyklen	Offen	Geschlossen
16. Rate des Austauschs an Nährstoffen zwischen Organismen und Umwelt	Rasch	Langsam
17. Rolle toter organischer Materie für die Remobilisierung der Nährstoffe	Unwichtig	Wichtig
V. Selektionsdruck		
18. Wuchsform	Auf rasches Wachstum (hohe ‹Geburtenrate› b der Volterra-Gleichung)	Auf Kontrolle durch Rückkopplung (hohes K der Volterra-Gleichung, s. u.)
19. Produktion	Quantität	Qualität
VI. Homöostasis		
20. Innere Abstimmung des Zusammenlebens	Unentwickelt	Entwickelt
21. Erhaltung der Nährstoffe	Gering	Gut
22. Stabilität (Widerstandsfähigkeit gegen äußere Störungen	Gering	Gut
23. Entropie	Hoch	Gering
24. Information	Gering	Hoch

Hier war also das Ökosystem die Einheit der Evolution, ohne deren Kenntnis man die Evolution einzelner Arten nicht mehr verstehen kann. Diese Koevolution im gleichen Ökosystem vorkommender Arten wird auch von anderen Autoren hervorgehoben, so z. B., um einen gänzlich anderen Typ von Ökosystemen anzusprechen, von DARNELL (1970), der Brackwasserökosysteme an der Atlantikküste von Nord Karolina und Flüsse in Mexiko untersuchte. Hier wird die besondere Rolle dominierender Arten betont, die als Regulatorarten bezeichnet werden. Schon der Name deutet an, daß im Mittelpunkt der Betrachtungen des Verfassers Regelungsvorgänge stehen.

In den letzten Jahrzehnten hat man wertvolle Ergebnisse über die Mechanismen der Evolution ganzer Ökosysteme vor allem auch aus langfristigen Beobachtungen der Floren und Faunen auf Inseln gewonnen. Diese «Inselbiogeographie» (MACARTHUR und WILSON, 1967) hat zu neuen Modellen für die Entwicklung der Diversität, für die Formulierung des Anpassungswerts von Populationen u. a. Anlaß gegeben. Wir können an dieser Stelle nur auf diese Arbeitsrichtung hinweisen.

Das Hauptproblem bei solchen Untersuchungen besteht wohl darin, daß man nicht ohne notwendigerweise sehr langfristige Beobachtungen auskommt, wenn man natürliche Ökosysteme einigermaßen hinreichend beschreiben will. Ein anderes Problem bietet natürlich die Einflußnahme des Menschen, der in vielen Teilen der Erde, wenn nicht im größten, die natürlichen Ökosysteme gestört oder zerstört hat. Aber andererseits haben die Beobachtungen an natürlichen Ökosystemen zu einem Mosaik geführt, das wenigstens in groben Konturen die hauptsächlichen Zusammenhänge zeigt und damit Möglichkeiten für Untersuchungen von Teilproblemen anhand von Modellen bietet, die für mehr komplexe Ökosysteme ebenfalls zutreffen mögen. Auch hierzu ein Beispiel. HURD et al. (1971) untersuchten zwei Wiesen im Staat New York, von denen eine sieben, die andere sechzehn Jahre sich selbst überlassen war. Geprüft wird das Merkmal Stabilität, worunter hier die Fähigkeit verstanden wird, ein bestehendes System aufrechtzuerhalten oder, nach Störung, zu diesem System zurückzukehren. Als Maß für diese Stabilität wird die Resistenz gegen Verbesserung der Mineralernährung gewählt, und demzufolge wird in zwei Stufen gedüngt. Die beiden sukzessionellen Ökosysteme erweisen sich an der ersten trophischen Stufe als hochgradig resistent und damit als stabil. Im Gegensatz zur Erwartung ist die Stabilität an der nächsten Stufe (Herbivoren und Carnivoren) weit geringer. Hier treten als Folge der andersartigen Ernährung der Gräser und Kräuter drastische Veränderungen auf.

Das wohl bekannteste Verfahren zur Simulation von Ökosystemen aber ist wohl die Käfighaltung von kleinen Organismen im Labor, vor allem von *Drosophila* in den «Populationskäfigen». In solchen Käfigen kann man große Populationen über viele Generationen und unter den verschiedensten Umweltbedingungen halten und beobachten. Wir brauchen nicht in die Einzelheiten zu gehen, da in der Populationsgenetik von SPERLICH (1973) viele Anwendungen beschrieben sind. Beteiligt an diesem Laborökosystem sind zwei Organismenarten: Hefe als Lieferant für Nährstoffe und als Verbraucher *Drosophila*. Die Eingabe besteht aus normierbaren Materialien; bezüglich der Ausgabe gibt es die verschiedensten Varianten.

Eine dritte Näherung, die voraussichtlich in den nächsten Jahren in erheblichem Maße zur Vermehrung des Wissens über das Funktionieren und die Evolution von Ökosystemen beitragen wird, bietet die Möglichkeit, mit Hilfe von Simulationen überkomplexe Situationen nachzuahmen. Auch hierzu wenigstens ein Beispiel. CONRAD und PATTEE (1970) entwarfen ein Computerprogramm für zellähnliche Organismen unter der Einschränkung strikter Konservierung der Komponenten. Drei Organisationsstufen – genetische, organismische und Populationsstufe – werden in ein Ökosystem eingebettet. Mehrere Arten von Interaktionen werden zugelassen. Es würde zu weit führen, an dieser Stelle die Ergebnisse dieser und ähnlicher Studien zu diskutieren. Wir lassen es deshalb bei dem Hinweis auf diese Arbeitsrichtung bewenden.

Fassen wir noch einmal zusammen: Das genetische System einer Population ist verantwortlich für die Anpassung der Population an eine gegebene Umwelt. Wenn man Populationen als adaptive Systeme auffassen kann, so sind sie es vermöge bestimmter Eigenschaften ihrer genetischen Systeme, die Änderungen der Transformationen ebenso zulassen wie die Speicherung bewährter Information über die Umwelt. Zur Umwelt gehören auch Populationen anderer Organismenarten, gehört das gesamte Ökosystem, in dem die Population lebt. Auch das Ökosystem als Ganzes unterliegt evolutionären Veränderungen, und diese Veränderungen scheinen ebenso adaptiv zu sein wie die des Untersystems Population. Es gibt Modelle und Vorstellungen hierfür, die jedoch insgesamt noch nicht schlüssig, zumindest aber in den Grundlinien auch experimentell belegt sind.

3. Anpassungen

Evolution als Folge natürlicher Auslese führt im Konzept DARWINs zu immer besserer Anpassung von Populationen an ihre Umwelt. Man kann deshalb die Evolution auch auffassen als einen fortgesetzten Prozeß der Anpassung, wie es etwa im Titel des Buches von GRANT (1963) zum Ausdruck kommt: «Der Ursprung von Anpassungen». Wir können für unsere Zwecke die Spannweite, über die wir in Zeit und Raum den Prozeß der Anpassung verfolgen wollen, weit enger wählen. Im Abschnitt 1.3 hatten wir das Modell der ökologischen Nische kennengelernt. Jede Umweltvariable erschien dort als eine Nischendimension, und über jeder Dimension war ein Bereich aufgetragen, innerhalb dessen die zu betrachtende Population überleben kann. Die Nische ist dann ein Attribut der Umwelt; der gesamte Nischenraum wird als eine von Umweltvariablen getragene Konstruktion vorgestellt. Man kann das Argument aber auch umkehren und die Nische als ein Attribut der Population selbst auffassen, denn die als ökologische Nische vorgegebene Punktmenge im Nischenraum ist ja durch Eigenschaften der Population festgelegt. Der Temperaturbereich etwa, in dem eine Population dauernd überleben kann, ihre Temperaturnische also, kann als besonderes Merkmal, der Population beschrieben werden. Wenn wir so vorgehen, tun wir nichts anderes als den abstrakten Nischenraum auszufüllen durch Bezugnahme auf mit den Nischendimensionen korrespondierende Merkmale der Individuen, aus denen die Population besteht oder auf Eigenschaften der Population insgesamt.

Nun sind reale ökologische Nischen, besonders bei den höheren Organismen, immer sehr komplex. Betrachtet man die Population insgesamt und unter gleichzeitiger Berücksichtigung aller relevanten Nischendimensionen einschließlich der Heterogenität an den Dimensionen, so werden das Modell der Nische und das damit korrespondierende Modell der Anpassung unhandlich. Es enthält einfach zu viele Komponenten, die noch dazu untereinander korreliert sein mögen. In praxi wird es deshalb kaum jemals möglich sein, die Nische einer Population und ihre Anpassung einigermaßen vollständig zu beschreiben. Man hilft sich deshalb in der ökologischen Genetik, indem man sinnvoll einzelne Eigenschaften des Systems Population herauslöst und fragt, auf welche Weise sie die Anpassung an bestimmte Dimensionen einer konkreten Nische ermöglichen. Besonders instruktiv sind dabei vergleichende Untersuchungen an Populationen gleichen Taxons, etwa der gleichen Art, die an verschiedene Nischen angepaßt sind, wie dies bei Arten mit größerem Verbreitungsgebiet die Regel ist. Diese Art von Untersuchungen kennzeichnet weitgehend die Arbeitsweise der alten Genökologie, wie LANGLETs (1971) historische Darstellung dieses Wissenszweiges zeigt.

In allen Fällen betrachtet man nicht einzelne Merkmale und die dazugehörigen Nischendimensionen, sondern löst bestimmte Aufgabenstellungen als kennzeichnend für Untersysteme heraus. Jede Population erwirbt durch Anpassung bestimmte Strategien, die es ihr ermöglichen, solche komplexen Aufgaben zu lösen, und manche Autoren sprechen deshalb in diesem Zusammenhang von adaptiven Strategien. FAEGRI und VAN DER PIJL (1966) und KUGLER (1970) behandeln die Bestäubung bei höheren Pflanzen als Strategie. Untersuchungen adaptiver Strategien in diesem Sinne sind also nichts anderes als Untersuchungen an Systemen, die vor dem Hintergrund bestimmter Fragestellungen ausgeschieden wurden. Dabei kann es sich natürlich auch um das genetische System oder um Untersysteme des genetischen Systems handeln. MORGENSTERN (1972) etwa schätzt den Einfluß des reproduktiven Systems von *Picea mariana* auf den Inzuchtgrad von lokalen Populationen im nördlichen und im südlichen Teil des Verbreitungsgebiets der Art. Er findet einen deutlich höheren Inzuchtgrad in den südlichen Populationen. STERN (1964) erhielt eine ähnliche Schätzung an Populationen der sympatrischen Birken *Betula maximowicziana* und *B. japonica*, von denen die erstere in der Sukzession nach der zweiten kommt. Sie hatte, wohl wiederum wegen Besonderheiten ihres reproduktiven Systems, den geringeren Inzuchtgrad.

Untersuchungen von Anpassungen können also Einheiten sehr verschiedener Komplexitätsgrade betreffen. Das gilt auch für vergleichende Untersuchungen an einzelnen Mitgliedern der Population. Hier kann nach der biochemischen Struktur oder nach funktionellen Besonderheiten von Enzymen und anderen Proteinen gefragt werden oder nach der Ausbildung so komplexer Strukturen, wie den Gliedmaßen oder Organen der höheren Organismen. Beginnen wir die Reihe unserer Beispiele mit dem einfachsten Fall, der Frage nach der Funktion eines bestimmten Proteins.

POWERS (1972) vergleicht die Anpassung des Hämoglobins von Fischen der Gattung *Catostomus* an Habitate mit rasch und langsam fließendem Wasser. Aus dieser zur Familie der Catostomiden gehörenden Gattung sind für die Gewässer der westlichen Gebirge der Vereinigten Staaten 20 Arten beschrieben worden, von denen 14 zur Untergattung *Catostomus* gehören und 6 zur Untergattung *Pantosteus*. Arten gleicher Untergattung sind stets allopatrisch, d. h. sie leben in verschiedenen Gebieten, und nur eine Art kommt jeweils in einer Region vor. Andererseits kommen meist zwei Arten der beiden Untergattungen sympatrisch vor, wobei es deutliche ökologische Präferenzen gibt: Arten der Untergattung *Pantosteus*, wie die vom Autor untersuchte Art *P. clarkii*, bevorzugen rasch fließende Gewässer, während solche der Untergattung *Catostomus* (hier *C. insignis*) in Teichen oder anderen trüben Gewässern leben.

Die Angehörigen der beiden Untergattungen können anhand des Elektrophorese-Musters des Hämoglobins unterschieden werden. Bei den Arten von *Pantosteus* findet man kathodische Komponenten sowohl an den α- wie an den β-Ketten, die bei den Arten von *Catostomus* fehlen.

Die Fähigkeit des Hämoglobins Sauerstoff zu binden wird normalerweise durch den pH-Wert seiner Umgebung modifiziert. Innerhalb seiner physiologischen Spannweite ist die Affinität des Hämoglobins für Sauerstoff dem pH-Wert direkt proportional. Als Folge davon ist die Sauerstoffaffinität in den Lungen oder den Kiemen von Tieren höher als in anderen Geweben. Diese Relation ist als BOHR-Effekt bekannt. Der Autor findet nun, daß die kathodischen Komponenten des Hämoglobins strukturelle Modifikationen darstellen, die nicht dem BOHR-Effekt unterliegen.

Fische in rasch fließendem Wasser besitzen normalerweise Hämoglobin mit geringer Sauerstoffaffinität und ausgeprägtem BOHR-Effekt. Letzterer ist nützlich, wenn es darauf ankommt, Sauerstoff in den Zellen der Gewebe freizusetzen. Aber er kann die Sauerstoffbindung in den Kiemen behindern, wenn der pH-Wert des Blutes absinkt. So kann es bei plötzlichen Anstrengungen der Fische zu Stoffwechselstörungen und selbst zum Tode kommen. Der BOHR-Effekt, der unter normalen Bedingungen einen Vorteil bringt, behindert dann nämlich die Versorgung der Gewebe mit Sauerstoff. Unter den Bedingungen rasch fließender Gewässer sichern dann also die kathodischen Komponenten des Hämoglobins eine gewisse Unabhängigkeit vom BOHR-Effekt und damit bessere Anpassung an Streß-Situationen. Ähnliche Verhältnisse hat man auch bei Forellen- und Lachsarten gefunden. Hier läßt sich offenbar die Anpassung zurückverfolgen bis an die Stufe des Proteins und damit indirekt des Gens.

Unser zweites Beispiel betrifft die Anpassung einer Pflanzenart an Nischen mit verschiedenen Jahresmitteltemperaturen. Die meisten Stoffwechselvorgänge und auch die Photosynthese sind temperaturabhängig. Deshalb findet man immer wieder Anpassungen natürlicher Populationen an die besonderen Temperaturbedingungen des Herkunftsortes. FRYER und LEDIG (1972) z. B. verglichen die Temperaturoptima für die Photosynthese von Herkünften von *Abies balsamea* entlang eines Altitudinalgradienten in den Weißen Bergen von New Hamsphire. Entlang dieses Gradienten ändert sich natürlich die Temperatur. Das Klima wird mit zunehmender Höhenlage kühler, und man sollte deshalb die niederen Temperaturoptima bei den Herkünften aus höheren Lagen finden. Dies ist tatsächlich der Fall, wie Abb. 3.1.1 zeigt.

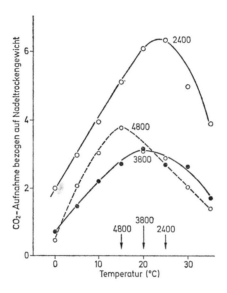

Abb. 3.1.1: Netto-Aufnahme von CO_2 von Sämlingen von *Abies balsamea* aus verschiedenen Höhenlagen (2.400, 3.800 und 4.800 Fuß) und bei verschiedenen Temperaturen (nach FRYER und LEDIG, 1972).

Natürlich weiß man hier zunächst nichts über den biochemisch-physiologischen Hintergrund der Anpassung. Sie wurde am Phänotyp der Populationen für das Merkmal Temperaturoptimum der Photosynthese ermittelt, und es lag nahe anzunehmen, daß Herkünfte aus kühlerem Klima niedere Optima haben würden. Aber so selbstverständlich ist dies nicht, denn einmal mittelt jede Population von *Abies balsamea* während der jährlichen Periode aktiven Wachstums über eine breite Spannweite von Temperaturen, und so könnte es sein, daß in allen Populationen Anpassung an optimales Funktionieren des Photosyntheseprozesses bei allen Temperaturen oberhalb eines gemeinsamen Minimums die beste Lösung wäre. Zum anderen wissen wir zu wenig über den Mechanismus der Photosynthese, um solche Voraussagen mit gutem Gewissen machen zu können. So hat es sich in anderen Versuchen herausgestellt, daß selbst bei nahe verwandten und sympatrischen Arten die evolutionäre Antwort auf die Herausforderung zur Anpassung an Nischendiversität sehr verschieden ausfallen kann. Und zum dritten ist natürlich der Altitudinalgradient nicht allein ein Gradient der Temperatur, sondern ein Gradient an mehreren Nischendimensionen gleichzeitig, so daß die Antwort der Population ebenso komplex sein könnte und andere Effekte die Temperaturkomponente verdunkeln würden.

Betrachten wir deshalb ein weiteres Beispiel zur Temperaturanpassung, in dem es wiederum möglich war, auf die biochemischen Ursachen zurückzugehen. SOMERO und HOCHACHKA (1971) gehen davon aus, daß alle Wechselwarmen mit erheblichen Temperaturdifferenzen fertig werden müssen. Das gilt z. B. für winteraktive Fische wie die Regenbogenforelle. Im Gegensatz zu anderen Fischen, die während der kalten Jahreszeit eine Art Winterschlaf halten – eine Anpassungsstrategie, die sich im übrigen auch bei vielen Warmblütern findet – ist sie auch bei tieferen Temperaturen noch aktiv. Sie ist in der Lage sich zu ‹akklimatisieren›.

An der Stufe des Enzyms wäre dies zu erreichen, wenn man, je nach Temperatur der Umgebung, Enzyme mit verschiedenen Temperaturoptima ins Spiel bringen könnte. Die Autoren akklimatisierten deshalb Forellen durch Haltung bei 18° C an wärmere und durch Haltung bei 4° C an kühlere Wassertemperaturen. Dann untersuchten sie die Temperaturoptima mehrerer Enzyme. Für alle Enzymsysteme gab es Gruppen, deren Optima oberhalb 10–12° C und andere, deren Optima zwischen 2–5° C lagen. Die Gene, die für die erstgenannte Gruppe verantwortlich waren, wurden durch ‹Akklimatisieren› an die höhere, die für die zweite Gruppe verantwortlichen durch Akklimatisieren an die niedere Temperatur eingeschaltet. Jedes Enzym war also gewissermaßen doppelt vorhanden, in einer oder mehreren Varianten mit höheren und in einer oder mehreren Varianten mit niederen Wirkungsoptima. Hier liegt sicherlich eine der Erklärungen für die Existenz von Isozym-Polymorphismen bei den Wechselwarmen.

Dieses Ergebnis wurde durch Resultate anderer Versuche mit anderen Objekten bestätigt, so daß man annehmen darf, hier sei eine der Anpassungsstrategien der Wechselwarmen an Temperaturschwankungen geklärt worden. SOMERO und HOCHACHKA geben eine Übersicht auch über andere biochemische Änderungen, die mit der Akklimatisierung einhergehen, doch können wir darauf verzichten, dies zu diskutieren. Den Erwerb einer solchen Strategie könnte man sich in mehreren Schritten vorstellen. Im ersten wird der Genlocus für Bildung eines bestimmten Enzyms dupliziert (über die Rolle von Duplikationen in der Evolution siehe OHNO, 1970). Im zweiten Schritt entstehen durch Mutation an beiden Loci Gene für Enzyme mit verschiedenen Temperaturoptima, und im dritten Schritt wird ein Schaltsystem eingerichtet, das die bekannten Phänomena der Akklimatisierung ermöglicht.

Wie aber liegen die Verhältnisse bei Pflanzen? MCNAUGHTON (1972) weist darauf hin, daß man sich die Temperaturbedingungen, unter denen sie arbeiten, ähnlich vorstellen muß, wie die der wechselwarmen Tiere. Er führt deshalb mit *Typha* ähnliche Versuche aus wie die obengenannten mit Fischen und anderen Wechselwarmen. Und er erhält Resultate, die auf ganz ähnliche Mechanismen zur Akklimatisierung hindeuten.

Wir haben dieses Beispiel so eingehend diskutiert, um zweierlei zu zeigen. Einmal bieten oft (oder immer) Anpassungsstudien auf der Stufe der morphologischen oder physiologischen Merkmale trotz guter Übereinstimmung mit der Erwartung nur ein unvollständiges Bild. Und zum zweiten steckt in den meisten Anpassungen auch eine Anpassung an Umweltheterogenität, die man erst bei mehr eingehenden Untersuchungen herausarbeiten kann, die aber nichtsdestoweniger wichtig ist für das Verständnis der Anpassung selbst und ihrer Bedeutung für den betreffenden Organismus in einer bestimmten Umwelt.

Unser nächstes Beispiel betrifft die Anpassung von Pflanzen an extreme Böden.

SAVILE (1972) z. B. findet, daß der Gehalt mancher Böden in arktischen Gebieten an anorganischem Stickstoff ungewöhnlich gering ist, und daß auf offenen Flächen Nitrate überhaupt fehlen können. Die Ursachen hierfür sieht er in geringer Bakterienaktivität, die ihrerseits auf die niedrigen Temperaturen und auf allgemein geringe Versorgung mit Nahrung zurückzuführen ist. Die räumliche Verteilung von Pflanzengesellschaften und die Entwicklung der Gesellschaften wird unter diesen Umständen entscheidend durch den Stickstoffgehalt des Bodens mitbestimmt. Der Autor kultivierte eine größere Zahl von Arten höherer Pflanzen aus verschiedenen Gattungen und Familien arktischer Herkunft in einer Bodenmischung, deren Stickstoffgehalt normalerweise das Blühen und Fruchten von Pflanzen aus den gemäßigten Klimazonen fördert. Er findet bei den arktischen Herkünften Symptome, die typisch sind für Überdüngung mit Stickstoff und folgert, daß diese Pflanzen spezifisch angepaßt sind an den chronischen Stickstoffmangel in ihren heimischen Böden.

Die Zahl der Fälle, in denen man die Anpassung natürlicher Populationen in den Einzelheiten verfolgen kann, ist natürlich nicht groß. Zu den bekanntesten gehören die Anpassungen von Pflanzenpopulationen an die mit Blei-, Zink- oder Kupfer-Ionen kontaminierten Böden auf den Halden von Erzbergwerken. Auch sie stellen Anpassungen an extreme Bodenbedingungen dar. Die Literatur hierüber ist inzwischen so

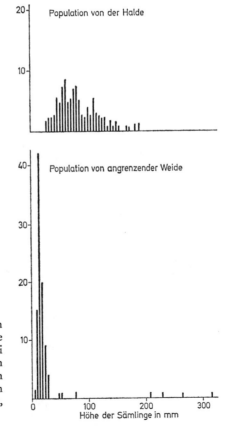

Abb. 3.1.2: Höhen von Sämlingen von *Agrostis tenuis* von einer Kupferhalde und von einer benachbarten Weide bei Anzucht auf kupferhaltigem Boden nach drei Monaten. Nur die wenigen großen Individuen der Population von der Weide überleben (nach KHAN, 1969, von BRADSHAW, 1971).

groß, daß wir es mit einem Hinweis auf die Zusammenstellung von BRADSHAW (1971) über die Evolution von Pflanzen in extremen Umwelten bewenden lassen. Bei Untersuchungen an diesen Pflanzenpopulationen ist man auch in der Lage ungefähre Zeiträume anzugeben, innerhalb derer der Anpassungsprozeß sich abgespielt haben muß. Man findet nämlich sehr oft recht genaue Angaben über das Alter der Halden bzw. über den Zeitpunkt, zu dem zuletzt die Rückstände aus dem Aufarbeitungsprozeß abgelagert wurden.

Eines der günstigsten Objekte für diese Untersuchungen war *Agrostis tenuis*. Vergleicht man auf kupferhaltigem Boden das Wachstum von Sämlingen der Haldenpopulation mit dem Wachstum von Sämlingen der gleichen Art, die aus Populationen von benachbarten Weiden stammen, so findet man etwa die in Abb. 3.1.2 angegebenen Verhältnisse.

In der Tat findet man mit einer sehr geringen Häufigkeit metalltolerante Individuen dieser Art auch in den normalen Populationen. Die Auslesebedingungen sind hier sehr hart: Nur einige wenige Sämlinge sind in der Lage, auf dem verseuchten Boden überhaupt zu wachsen und zu reproduzieren. Die Heritabilität des Merkmals Toleranz ist sehr groß, so daß eine oder zwei Generationen Auslese genügen mögen, um bei *Agrostis tenuis* eine tolerante Population zu begründen.

Vergleicht man das Potential verschiedener Pflanzenarten, sich durch natürliche Auslese an mit Schwermetall kontaminierte Böden anzupassen, so findet man bei den verschiedenen Pflanzenarten sehr unterschiedliche Voraussetzungen (Abb. 3.1.3).

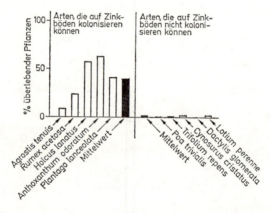

Abb. 3.1.3: Häufigkeiten Zink-toleranter Individuen aus Samenproben von normalen Populationen. Die links aufgetragenen Arten waren in der Lage auf der Halde zu siedeln, die rechts aufgetragenen nicht (nach KAHN, 1969, von BRADSHAW, 1971).

Dies kann nichts anderes bedeuten, als daß auf solchen Böden ganz spezifische Ökosysteme entstehen, deren Artenzusammensetzung und Sukzession von den umgebenden verschieden sein muß.

Der guten Bedingungen wegen, unter denen man die Anpassung von Populationen an kontaminierte Böden untersuchen kann, gehören diese Fälle heute zu den Paradebeispielen der Ökologischen und der Populationsgenetik. Wir kommen noch einmal im Kapitel über adaptive Strategien hierauf zurück.

Die Ausbildung von Organen und Gliedmaßen bei höheren Tieren verrät oft ein hohes Maß an Anpassung an die ökologische Nische der betreffenden Art. Wir wählen als nächstes Beispiel die Form der Hand und der Finger bei einigen Primaten und wollen sie in Verbindung mit Eigenheiten der ökologischen Nischen dieser Arten bringen (JOLLY, 1972; BISHOP, 1962). Die Formen sind im einzelnen in Abb. 3.1.4 dargestellt.

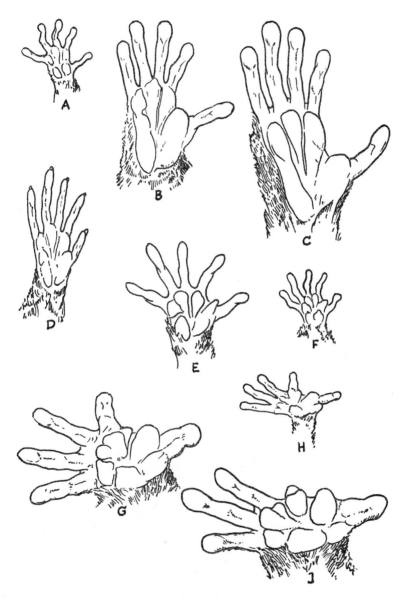

Abb. 3.1.4: Hand- und Fingerformen einiger Primaten. Erklärung im Text (nach JOLLY, 1972).

Im einzelnen bedeuten:

    A *Microcebus murinus*, Familie *Lemuridae*
    B *Lemur Macaco*, Familie *Lemuridae*
    C *Propithecus diadema*, Familie *Indriidae*
    D *Hapalemur griseus*, Familie *Lemuridae*
    E *Galago crassicaudatus*, Familie *Lorisidae*
    F *Galago senegalensis*, Familie *Lorisidae*
    G *Nycticebus coucang*, Familie *Lorisidae*
    H *Loris tardigradus*, Familie *Lorisidae*
    I *Perodicticus potto*, Familie *Lorisidae*

Unter den *Lorisiformes* sind die Arten aus der Gattung *Galago* (E, F) Vertikal-Kletterer und Springer, wohingegen die beiden Arten aus der Unterfamilie *Lorisidae* (G, H) und *Perodicticus* aus der gleichen Unterfamilie (I) sich vorsichtig und langsam bewegende Vierfüßler sind und infolgedessen das gleiche Grundmuster der Hand besitzen. Aber unter den *Lemuriformes* (A, B, C, D) ist die Hand von *Propithecus* (C) nur wenig verschieden von der des *Lemur macaco* (B), obgleich der erstere ein wirklicher «Springer» ist, während der letztere mehr zum Vierfüßer-Typ tendiert. Hier ist auch die Hand des Vierfüßers *Microcebus* (A) relativ ähnlich den Händen der «Springer» aus der Unterfamilie *Lorisinae*. Nicht allein die Art und Weise die Hand zu gebrauchen, sondern auch Größenunterschiede zwischen den Tieren scheinen hier eine Rolle zu spielen.

Die Ausbildung der Hände bei den Primaten ist also schon mehr als adaptive Strategie aufzufassen. Wir wollen in den beiden letzten Beispielen dieses Kapitels aber noch zwei typische adaptive Strategien wenigstens kurz skizzieren. FAEGRI und VAN DER PIJL (1966) und KUGLER (1970) haben in jüngerer Zeit Monographien der Blütenökologie höherer Pflanzen allgemein bzw. der Ökologie der Bestäubung veröffentlicht. STEBBINS (1970) bringt eine Ergänzung hierzu für die Angiospermen aus der Sicht der Evolutionsgenetik. Sobald Tiere als Pollenvektoren ins Spiel kommen, wird aus der Evolution der Blüten oder einzelner Teile typische Koevolution zwischen verschiedenen – und hier nun schon sehr verschiedenen – Organismenarten.

Wir wollen hier nicht in die Einzelheiten gehen, sondern nur einige Fragen diskutieren, die Aufgaben der Blüten im Rahmen des genetischen Systems einer Population betreffen. Blüten sind zunächst nicht mehr als die Organe, in denen die Prozesse im Zusammenhang mit der sexuellen Reproduktion konzentriert sind. Der Vorteil der sexuellen Reproduktion bei Pflanzen wie bei Tieren liegt offenbar in der Möglichkeit zur Umkombination der Gene in jeder Generation. Bei den Windbestäubern sollte die weibliche Blüte so strukturiert und an der Pflanze angebracht sein, daß die Wahrscheinlichkeit für das Auffangen von Pollen anderer Pflanzen bei für die Pflanze selbst noch tragbarem Aufwand maximiert wird. Die Zahl und Pollenproduktion der männlichen Blüten muß sicherstellen, daß ein hoher Prozentsatz der weiblichen Blüten anderer Pflanzen bestäubt wird. Aber auch der Pollen selbst sollte über Einrichtungen verfügen, die geeignet sind diese Wahrscheinlichkeit zu maximieren. Sieht man daraufhin die weiblichen und männlichen Blüten der Windbestäuber und ihre Pollen an, so findet man schon hier eine verwirrende Vielfalt von Variationen zum gleichen Thema: Maximieren der Wahrscheinlichkeiten für Fremdbefruchtung. In spektakulären Fällen, etwa bei den windbestäubenden Koniferen, werden in einzelnen Jahren Pollenproduktionen je Hektar gemessen, die besser in Tonnen als in Kilogramm je Hektar ausgedrückt werden. Noch im Zentrum des Atlantik wurden Kiefernpollen aufgefangen, und es wird berichtet, daß günstige Luftströmungen ganze Pollenwolken über Hunderte von Kilometern transportierten. Wir wollen also nicht behaupten, die Bestäubungsstrategien der Windbestäuber seien primitiv oder dgl. Auch die feine Abstimmung des Blühzeitraumes, die Voraussetzung für den Bestäubungserfolg ist, existiert über große Populationen windbestäubender Arten. Verteilung des Blühens über einen längeren Zeitraum würde hier – gleiche Pollenmenge vorausgesetzt – die Bestäubungswahrscheinlichkeit drastisch herabsetzen. Schließlich existieren auch hier schon physiologische Mechanismen, welche die Entstehung von Samen nach Fremdbefruchtung gegenüber denen aus Selbstbefruchtung begünstigen.

Aber die Vielfalt dieser Anpassungen bei den Windbestäubern hält natürlich keinem Vergleich stand mit der bei den ‹Zoidiogamen›, den Pflanzen, deren Blüten von Tieren bestäubt werden. Die Anordnung der Blüten an der Pflanze, Farbe und Muster von Blütenblättern und anderen Organen, Lockstoffe, Nahrung, Schutz der bestäubenden Tiere sind fein abgestimmt auf Verhalten und Ernährung der Pollenvektoren. Innerhalb eines Ökosystems kann auch die Verteilung der Blühzeiten der Pflanzenarten gleichmäßige Ernährung der tierischen Pollenvektoren ermöglichen, oder es existieren, wie bei einigen der vielen als Pollenvektoren tätigen Vögel, bestimmte Blührhythmen benachbarter Ökosysteme. Der Vorteil für die Pflanzen liegt auf der Hand: Pollentransport erfolgt hier mehr gezielt zu den weiblichen Blüten anderer Pflanzen der gleichen Art, und die zu erzeugende Pollenmenge wird geringer; die Blühperioden können über längere Zeiträume ausgedehnt werden, wodurch das Risiko für einzelne Jahre verringert wird u. a.

Ähnliches gilt für die Samenverbreitung der höheren Pflanzen. VAN DER PIJL (1970) stellt in seiner Monographie die Aufgabe der Samenverbreitung im Rahmen des genetischen Systems wie des reproduktiven Systems von Populationen ausdrücklich an den Anfang. Die Samenverbreitung dient ebenso wie die Pollenverbreitung der Aufrechterhaltung genetischer Vielfalt durch Gentransport (Genfluß) zwischen Populationen. Daneben ist sie Kern der Präsenzstrategie der Art: Samen sollten zur Stelle sein, wenn sich irgendwo eine Möglichkeit zeigt, eine Pflanze der Art zu etablieren.

Auch hier steht am Anfang die Möglichkeit, den Samen durch Wind transportieren zu lassen. Sinnreiche und vielfältig variierte Flugvorrichtungen ermöglichen dies über große Entfernungen. Manche Pflanzen, besonders die Arten am Anfang einer Sukzession, sind vermöge dieser Eigenschaft ihrer Samen und wegen oft geradezu unvorstellbar reichlicher Samenproduktion (Birken, Aspen usw.) in der Lage, in einem einzigen Jahr riesige Flächen neu oder wieder zu besiedeln. Auch der Transport über sehr große Entfernungen kann ausgezeichnet funktionieren, besonders bei sogenannten kolonisierenden Arten. Spektakulär sind hier die Samen hydrochorer Pflanzen, die monatelang im Wasser driften können, ohne ihre Keimfähigkeit zu verlieren.

Bei den Arten mit durch Tiere verbreiteten Samen finden sich wiederum feine Anpassungen an Eigenschaften der tierischen Vektoren. Farbe, Geschmack, Nährstoffgehalt u. a. der Früchte, Schutz der Samen selbst gegen mechanische Beschädigungen oder im Darmtrakt der Tiere, Mechanismen zum Anheften der Samen an die Tiere u. a. gehören hierher. Hier finden sich auch Hinweise auf einen mehr gezielten Transport der Samen an bestimmte Plätze, an denen die Wahrscheinlichkeit geeignete Bedingungen für das Aufwachsen des Sämlings vorzufinden größer ist als bei zufallsmäßiger Verteilung der Samen etwa durch den Wind.

Zur Präsenzstrategie gehören auch die Eigenschaften des Samens, wiederum vielfältig variiert, die ihn in die Lage versetzen, jahre- oder jahrzehntelang überzuliegen ohne zu keimen, also darauf zu warten, daß einmal doch die geeigneten Bedingungen für einen erfolgreichen Keimversuch eintreten. Und verwandt mit dieser Strategie ist die Strategie der wartenden Sämlinge, bei der Sämlinge, oft mit guter Starthilfe durch großen Nährstoffvorrat im Samen selbst, in der Lage sind, jahrzehntelang etwa im Schatten auf dem Waldboden auszuharren, bis schließlich einer oder mehrere der alten Nachbarbäume zusammenbrechen.

Alle Strategien dieser Art stehen im engen Zusammenhang mit der Stellung der Arten im Ökosystem, z. B. in der Reihenfolge in sukzessionellen Ökosystemen. VAN DER PIJL hebt auch diese ökologisch-genetischen Zusammenhänge hervor. STEBBINS (1971) schließlich bringt wiederum eine Monographie der Evolution von Sämlingen und Samen bei den Angiospermen. Der interessierte Leser sei hierauf verwiesen.

Damit wollen wir es mit der Diskussion von Beispielen für Anpassungen und adaptive Strategien bewenden lassen. Sie sind das Kernstück der DARWINschen Biologie, und jeder experimentelle Biologe arbeitet eigentlich ausschließlich über dieses Thema. Der Leser mag einen Eindruck von ihrer Bedeutung für die ökologische Genetik bekommen haben und verstehen, warum wir von vornherein bei der Betrachtung irgendeines biologischen Phänomens nach seiner Bedeutung für die Anpassung fragen.

4. Fitnessmaße

Die Vorstellung, Individuen mit verschiedenen Genotypen in einer Population würden unterschiedliche Fitness besitzen, ist der tragende Gedanke der DARWINschen Evolutionstheorie. Dabei wird unter Fitness einfach die relative Reproduktionsrate der Individuen verstanden: Solche mit größerer Nachkommenzahl leisten einen größeren Beitrag zur Reproduktion der Population; ihre Gene werden folglich in der Population angereichert; die genetische Zusammensetzung der Population ändert sich, und als Folge der Zunahme von Individuen mit höherer Reproduktionsrate in der Population ändert sich auch die Wachstumsrate der Population selbst, die man folglich als mittlere Fitness über alle ihre Genotypen gewogen mit deren Häufigkeiten in der Population berechnen kann. Das Konzept der Fitness ist also zunächst allein aufgehängt am reprodukiven Erfolg und ist infolgedessen bestechend einfach und einleuchtend. Auch das Gebäude der Populationsgenetik ist auf dem Fundament dieses Konzepts errichtet (siehe z. B. SPERLICH, 1973), und es scheint nicht nur, sondern ist wohl auch festgefügt wie je. Aber die Stimmen der Kritiker gerade an diesem Konzept wollen nicht verstummen, und die Kritiker kommen meist aus den Reihen der Anwender der Populationsgenetik, vor allem aus der ökologischen Genetik. Wir müssen uns deshalb mehr eingehend damit auseinandersetzen als es in der Populationsgenetik üblich ist, denn was wir wollen ist ja in der Tat ein Modell mit dem wir in der täglichen Praxis umgehen und operieren können, nicht aber ein Modell, das zwar allen theoretischen Ansprüchen genügt, uns bei Anwendungen auf konkrete Probleme oder Objekte aber aufs Glatteis von Ungenauigkeiten und damit zu Fehlschlüssen führen kann.

Um es vorweg zu nehmen: Auch wir haben Bedenken die Fitnessmodelle aus den Lehrbüchern der Populationsgenetik unkritisch zu übernehmen, denn sie scheinen uns überbestimmt zu sein, überbestimmt durch Voraussetzungen über das adaptive System Population, die in Anbetracht der Vielfalt seiner Realisationen in der Natur einfach nicht erfüllt sein können. Aber wir verbinden damit keine Kritik an der prinzipiellen Richtigkeit des Fitnesskonzepts selbst, nicht zuletzt deshalb, weil wir nichts Besseres an seine Stelle zu setzen haben und weil es als Modell für theoretische wie experimentelle Untersuchungen im Prinzip bewährt ist. Die Schwächen der in der Populationsgenetik dominierenden Modelle werden sich im folgenden zeigen und hoffentlich auch einige Möglichkeiten ihnen zu begegnen. Aber bevor wir dies ausführen, müssen wir uns über die Formulierung der verschiedenen Fitnessmodelle klar werden. Wir werden sie konsequenterweise eingehender diskutieren müssen, als es in der Populationsgenetik von SPERLICH (1973) aus verständlichen Gründen getan wurde.

4.1 Der Selektionskoeffizient

Wir wollen mit dem einfachsten Modell beginnen, und hier müssen wir schon einschneidende Annahmen über das System Population machen: Sie soll aus untereinander kreuzenden Individuen einer diploiden Organismenart bestehen, deren aufeinanderfolgende Generationen streng diskret sind, also nicht überlappen. Jedes Individuum paart infolgedessen nur mit solchen der gleichen Generation. Das ist in der Natur ja keineswegs ungewöhnlich. Annuelle Kräuter, Gräser und Tiere mit einjährigen Generationszyklen, darunter viele Insekten, gehören zu diesem Systemtyp. Jetzt betrachten wir die drei Genotypen für einen spaltenden Genlocus mit zwei Allelen A und a. Es sind die Genotypen AA, Aa und aa. Wenn sie alle die gleiche Fitness besitzen, werden sie sämtlich ihrer relativen Häufigkeit in der Population proportionale Nachkommenzahlen zur nächsten Generation beisteuern. Dies wird auch für die nächsten Generationen gelten, und die relativen Häufigkeiten, mit der die Allele A und a in der Population vorkommen, werden sich über die Generationen nicht ändern. Versuchen wir einmal die Voraussetzungen zu formulieren, die erfüllt sein müssen, um diese Kontinuität der Populationszusammensetzung zu wahren:

1. Die Population muß sehr groß sein; andernfalls würde die zufallsmäßige Probenahme von Eltern für die nächste Generation zu zufallsmäßigen Änderungen der Genhäufigkeiten führen (genetische Drift, besser SEWALL-WRIGHT-Effekt).
2. Männliche und weibliche Gameten, die das Allel A bzw. a tragen, müssen von den Eltern der jeweils nächsten Generation genau mit den Häufigkeiten produziert werden, mit denen sie diese Allele tragen, also 100 % A vom Genotyp AA, je 50 % A und a von Aa und 100 % a von aa.
3. Die Zahl der produzierten männlichen wie weiblichen Gameten muß bei allen drei Genotypen gleich groß sein.
4. Jedes Zusammentreffen von weiblichen und männlichen Gameten muß mit gleicher Wahrscheinlichkeit zur Bildung einer Zygote führen, ganz gleich, welches der beiden Allele der männliche und der weibliche Gamet tragen.
5. Jede Zygote muß mit gleicher Wahrscheinlichkeit zur Bildung eines erwachsenen Individuums führen, unabhängig von den Allelen, die sie trägt.
6. Jedes der Individuen muß mit gleicher Wahrscheinlichkeit ins reproduktive Alter einwachsen und produziert wiederum mit gleicher Wahrscheinlichkeit und unter den gleichen Voraussetzungen wie oben Nachkommen wie jedes andere.

Sind diese Voraussetzungen nicht erfüllt, so setzt an irgendeiner Stelle des Reproduktionszyklus Auslese an, die zu Änderungen der Häufigkeiten der Allele führen kann – nicht muß.

Die mittleren Nachkommenzahlen der drei Genotypen bezeichnen wir als deren absolute Fitness. Sie kann in verschiedenen Generationen verschieden sein, da sie abhängig sein mag von der Umwelt der betreffenden Generation. Da es uns in der Hauptsache auf den relativen Beitrag jedes der drei Genotypen zur nächsten Generation ankommt und auch aus anderen, naheliegenden Gründen, rechnet man besser mit der relativen Fitness der drei Genotypen. Zu ihrer Herleitung wird die durchschnittliche Nachkommenzahl des Genotyps mit höchster Zahl an Nachkommen 1 gesetzt und die Fitness-Werte der beiden anderen werden in Dezimalbrüchen ausgedrückt.

Machen wir uns nun noch klar, daß wir die genetische Situation unserer Population insgesamt auf verschiedene Weise definieren können. Wir können einmal annehmen, es würde nur der von uns betrachtete Genlocus spalten; alle anderen seien fixiert, d. h. sie besitzen nur ein einziges Allel und bilden immer den gleichen Genotyp. Dann ist der von uns betrachtete Genlocus einzige Ursache für Fitnessunterschiede zwischen Genotypen. Oder aber wir nehmen an, daß wir die Fitness-Werte der drei Genotypen über eine heterogene Population betrachten und die Mittelwerte vor dem Hintergrund der Genkonstellationen, gewogen jeweils mit ihren Häufigkeiten, die an allen anderen Genloci existieren mögen, berechnet haben. Im letzteren Fall wären auch spezielle Annahmen über die Verteilung des ‹genetischen Hintergrundes› notwendig, auf die wir an dieser Stelle nur hinweisen können. Bleiben wir also beim ersten Modell – der Einfachheit halber.

Bei Betrachtung nur eines einzigen Genlocus mit zwei Allelen gibt es eigentlich nur zwei prinzipiell verschiedene Situationen:

1. Einer der beiden Homozygoten hat die größere Fitness; der andere Homozygote und der Heterozygote sind in der Fitness unterlegen. Nehmen wir an, AA besäße die größere relative Fitness, dann lassen sich die Verhältnisse wie folgt darstellen:

Genotyp	aa	Aa	AA	
Fitness	$1-s$	$1-hs$	1	(4.1.1)

s wird als Selektionskoeffizient bezeichnet, h als Dominanzmaß aufgefaßt. Nimmt es etwa den Wert 0 an, so liegt vollständige Dominanz von A im Merkmal Fitness vor;

bei $h = 1/2$ haben wir es mit intermediärer Vererbung zu tun.

2. Die Heterozygoten Aa besitzen größere Fitness als beide Homozygoten:

Genotyp	aa	Aa	AA	
Fitness	$1-s_1$	1	$1-s_2$	(4.1.2)

s_1 und s_2 sind also die Selektionskoeffizienten der beiden Homozygoten.

Zwei Dinge sind hier intuitiv klar. Einmal wird im ersten Fall die Häufigkeit des Allels a immer mehr abnehmen, da es absolut und relativ mit geringerer Häufigkeit produziert wird als A, und in einer Population mit gleichbleibendem Umfang wird es schließlich eliminiert werden. Die Abnahme seiner Häufigkeit muß weiter eine Funktion von s und h sein. Im zweiten Fall hingegen wird die Population polymorph für beide Allele bleiben, weil die Heterozygoten größere Eignung besitzen, die nun immer wieder beide Allele produzieren. Andererseits wird aber auch klar, daß wir die Population noch näher definieren müssen, u. a. die Häufigkeiten angeben müssen, mit denen die drei Genotypen vorkommen und mit denen sie untereinander paaren, wenn wir etwas über die jeweils zu erwartenden Populationszusammensetzungen aussagen wollen.

Am einfachsten ist es von einer zufallsmäßig paarenden Population auszugehen. Um sie zu definieren, müssen wir zu den obengenannten einige weitere Voraussetzungen machen:

1. Die beiden Allele A und a sollen mit den relativen Häufigkeiten p und q vorkommen, $p+q=1$, weil kein anderes Allel an unserem Genlocus zugelassen wird. Diese Annahme bedeutet, daß ein zufallsmäßig aus der Population gegriffener Gamet mit der Wahrscheinlichkeit p das Allel A und mit der Wahrscheinlichkeit q das Allel a trägt.

2. Die Zygoten für die nächste Generation werden gebildet, indem für jede von ihnen der weibliche und der männliche Gamet zufallsmäßig aus der Gametenpopulation gezogen wird.

Unter diesen Voraussetzungen wird in jeder Generation ein Anteil von p^2 Individuen des Genotyps AA, ein Anteil von $2pq$ Individuen Aa und ein Anteil von q^2 Individuen aa erwartet. Die Population befindet sich im Hardy-Weinberg-Gleichgewicht:

$$p^2 AA + 2pq Aa + q^2 aa$$

Jetzt sind wir in der Lage anzugeben, wie sich die Genhäufigkeiten in jeder Generation ändern werden. Diese Änderung bezeichnen wir mit Δq und finden bei intermediärer Vererbung des Merkmals Fitness ($h = 1/2$)

$$\Delta q = - \frac{\frac{1}{2} sq(1-q)}{1-sq} \qquad (4.1.3)$$

bei Dominanz von A im Merkmal Fitness ($h = 0$)

$$\Delta q = - \frac{sq^2(1-q)}{1-sq^2} \qquad (4.1.4)$$

bei Überdominanz im Merkmal Fitness (Überlegenheit der Heterozygoten)

$$\Delta q = \frac{pq(s_1p - s_2q)}{1 - s_1p^2 - s_2q^2} \qquad (4.1.5)$$

Man macht sich weiter leicht klar, daß in den beiden erstgenannten Fällen a eliminiert wird, rascher im ersten Fall, und daß es im dritten Fall zu einem Gleichgewicht kommen muß, wobei als Gleichgewicht hier wie überall in diesem Buch ein Zustand verstanden wird, in dem sich nichts mehr ändert, daß also Δq bei 0 liegen muß. Den Wert 0 kann diese Differenz nur annehmen, wenn der Zähler des Bruches 0 wird, also bei

$$pq(s_1p - s_2q) = 0$$

Auflösen nach p und q liefert die Häufigkeiten beim Gleichgewicht zu

$$\hat{p} = \frac{s_2}{s_1 + s_2} \quad \text{und} \quad \hat{q} = \frac{s_1}{s_1 + s_2} \qquad (4.1.6)$$

Bei diesen Häufigkeiten also müßten sich p und q einpendeln.

Den Fall unterlegener Fitness der Heterozygoten gegenüber beiden Homozygoten haben wir außer Betracht gelassen. Er ist uninteressant, da in diesem Fall die Population immer gegen $p = 1$ oder $q = 1$ streben wird. Weiter haben wir den Fall mit mehr als zwei Allelen an unserem Locus außer Betracht gelassen. Hier würde sich an unserem Resultat nichts Prinzipielles ändern. Der interessierte Leser sei zu dieser Frage wie zu den meisten anderen algebraischen Formulierungen auf das Buch von WRICKE (1972) verwiesen, in dem sie mehr ausführlich und sehr klar dargestellt worden sind.

4.2 Fitness des Genotyps

Wie beim Selektionskoeffizienten im vorhergehenden Abschnitt, ist es bei einer mehr allgemeinen Definition der Fitness von Genotypen notwendig, Charakteristika der Reproduktionszyklen der Population oder der Populationen zu berücksichtigen, für die man Fitnessmodelle entwickeln möchte. In der Literatur der Populationsgenetik sind vor allem zwei Typen von Populationen behandelt worden:

- Populationen mit diskreten, nicht überlappenden Generationen (s. Abs. 4.1) und
- Populationen mit stetiger Reproduktion in Abhängigkeit allein von ihrer Altersstruktur, die zunächst als gleichbleibend angenommen werden muß.

Der erstgenannte Fall wurde von WRIGHT (1931) ausführlich entwickelt für seine Untersuchungen über die Evolution von Mendelpopulationen (= in Evolution befindliche Populationen, für deren Genloci Mendelspaltung angenommen wird). WRIGHT definiert sein Fitnessmaß W mit Hilfe des Selektionskoeffizienten. Wir folgen hier im wesentlichen der Darstellung von TURNER (1970). Ausgangspunkt der Überlegungen ist wieder ein Genlocus mit den Allelen a und A und den Genotypen aa, Aa und AA, denen die Fitnesswerte W_{00}, W_{01} und W_{11} sowie die Häufigkeiten Q_{00}, Q_{01} und Q_{11} zugeordnet werden. Die Häufigkeiten der beiden Allele in der Population sind dann

$$q_0 = Q_{00} + \tfrac{1}{2}Q_{01} \quad \text{für a und}$$
$$q_1 = \tfrac{1}{2}Q_{01} + Q_{11} \quad \text{für A} \tag{4.2.1}$$

Die mittlere Fitness der Population beträgt

$$\overline{W} = Q_{00}W_{00} + Q_{01}W_{01} + Q_{11}W_{11}, \tag{4.2.2}$$

und ist das gewogene Mittel der drei individuellen Fitnesswerte. Gemäß 4.2.1 kann dies auch geschrieben werden als

$$\overline{W} = q_0 W_0 + q_1 W_1 \tag{4.2.3}$$

W_0 und W_1 wären hier Werte, die man als die mittlere Fitness der beiden Allele bezeichnen könnte. Man erhält diese Beziehung aus der folgenden Überlegung. Die Fitnesswerte der drei Genotypen seien relativiert nach dividieren durch $\overline{W}$, also $W_{00}/\overline{W}$, $W_{01}/\overline{W}$ und $W_{11}/\overline{W}$. Dann sind die Häufigkeiten der drei Genotypen nach Auslese (vom Entwicklungsstadium, in dem die Auslese ansetzt, wollen wir hier nicht sprechen)

$$Q'_{00} = Q_{00}W_{00}/\overline{W} \quad \text{usw.} \tag{4.2.4}$$

Weiter wäre die neue Genhäufigkeit

$$q'_0 = (Q_{00}W_{00} + \tfrac{1}{2}Q_{01}W_{01})/\overline{W} = \frac{q_0 W_0}{\overline{W}} \tag{4.2.5}$$

Wenn man hier setzt

$$W_0 = (Q_{00}W_{00} + \tfrac{1}{2}Q_{01}W_{01})/q_0 \tag{4.2.6}$$

Entsprechend leitet man die mittlere Fitness des Allels A her.

Die Änderung der Genhäufigkeit in einer Generation beträgt dann

$$\Delta q_0 = q_0(W_0 - \overline{W})/\overline{W} \tag{4.2.7}$$

Aus Gleichung 4.2.3 erhalten wir

$$W_0 - \overline{W} = q_1(W_0 - W_1) \tag{4.2.8}$$

Diese Differenz bezeichnet den ‹mittleren Exzess› des Allels a. Nach Einsetzen in 4.2.7 wird

$$\Delta q_0 = q_0 q_1 (W_0 - W_1)/\overline{W}. \tag{4.2.9}$$

FISHER (1930) hat am Modell mit überlappenden Generationen außer dem mittleren Exzess eines Allels auch den ‹mittleren Effekt der Gensubstitution› a definiert, den man im Mittel erhält, wenn man in Aa oder AA ein Allel A durch ein solches a ersetzt. Er ist bei uns natürlich gegeben durch die Differenz

$$a = W_0 - W_1 \tag{4.2.10}$$

Setzt man dies in 4.2.9 ein, so wird

$$\Delta q_0 = q_0 q_1 a / \overline{W} \tag{4.2.11}$$

Nur bei Zufallspaarung (siehe Abs. 4.1) werden

$$Q_{00} = q^2_0 \qquad Q_{01} = 2q_0q_1 \qquad Q_{11} = q^2_1 \qquad (4.2.12)$$

Hier werden also (vgl. 4.2.6)

$$W_0 = q_0W_{00} + q_1W_{01} \;, \quad W_1 = q_0W_{01} + q_1W_{11} \qquad (4.2.13)$$

Setzt man dies ein in 4.2.3 und differenziert nach q_0, so wird

$$\frac{d\overline{W}}{dq_0} = 2(q_0W_{00} + W_{01} - 2q_0W_{01} - W_{11} + q_0W_{11}) = 2(W_0 - W_1) \qquad (4.2.14)$$

$$(d\overline{W}/dq_0)/2 = W_0 - W_1 \qquad (4.2.15)$$

und nach Einsetzen in 4.2.11

$$\Delta q_0 = \frac{q_0q_1}{2\overline{W}} \frac{d\overline{W}}{dq_0} \qquad (4.2.16)$$

In allen Gleichungen kann man statt der absoluten Fitnesswerte W auch die relativen Fitnesswerte w setzen, also etwa $w_{00} = W_{00}/W_{01}$ usw. Dies ändert nichts am Ergebnis, aber man vermeidet den Einfluß von Änderungen des reproduktiven Potentials als Folge von Änderungen der Populationsdichte (siehe Abs. 4.4 und später).

Unser Hauptergebnis bis hierher ist die Feststellung, daß Gleichung 4.2.16 nur für Populationen gilt, die im HARDY-WEINBERG-Gleichgewicht stehen. Nur dann also gibt es eine so allgemeingültige und trotzdem einfache Formulierung.

FISHERS Modell basiert auf einer kontinuierlich reproduzierenden Population. Es wird angenommen, alle Altersklassen seien immer vorhanden und die Altersklassenstruktur der Population bliebe konstant. Hier tritt an die Stelle von endlichen Differenzen Δq die Ableitung dq/dt. W wird ersetzt durch den Malthusischen Parameter M, der als Differenz zwischen der Geburtenrate und der Todesrate in der Population aufgefaßt wird. Schließlich kann man einen unserem w ähnlichen Wert m gewinnen, indem man auf ähnliche Weise relativiert. Rechnen wir jetzt gleich mit einer beliebigen Zahl von Allelen je Genlocus (auch das WRIGHTsche Modell kann auf beliebig viele Allele je Locus erweitert werden) und bezeichnen sie mit Indizes. Dann erhalten wir z. B. die folgenden Beziehungen:

$$m_i = \sum_i Q_{ij}m_{ij}/q_i \qquad (4.2.17)$$

$$\overline{m} = \sum_i\sum_j Q_{ij}m_{ij} = \sum_i q_im_i \qquad (4.2.18)$$

$$dq_i/dt = q_i(m_i - \overline{m}) \qquad (4.2.19)$$

$$\frac{dq_i}{dt} = \frac{q_i(1 - q_i)}{2} \frac{\delta \overline{m}}{\delta q_i} \qquad (4.2.20)$$

Für die letzte Gleichung wurde angenommen, daß die Q_{ij} an den Zygoten bestimmt wurden. Diese Annahme ist nicht ganz korrekt. Die Parallelität zum Fall mit diskreten Generationen ersieht man aus den Beziehungen

$$m_{ij} = \log_e w_{ij} \qquad (4.2.21)$$

und

$$\Delta q_0 = \frac{q_0q_1}{2\overline{w}} \frac{d\overline{w}}{dq_0} = \frac{q_0q_1}{2} \frac{d(\log_e \overline{w})}{dq_0} \qquad (4.2.22)$$

sowie der Ähnlichkeit dieser Gleichung mit

$$\frac{dq_0}{dt} = \frac{q_0 q_1}{2} \frac{d\overline{m}}{dq_0} = \frac{q_0 q_1}{2} \frac{d(\overline{\log_e w})}{dq_0} \qquad (4.2.23)$$

Zum besseren Verständnis seien noch die elementaren Überlegungen FISHERs angefügt, die für die Gültigkeit seines Modells Voraussetzung sind. Er selbst wählt zur Illustration ein Beispiel aus der Zinsrechnung. Existiert zum Zeitpunkt t eine Menge N_t von Objekten, so ist die Wachstumsrate in diesem Zeitpunkt gegeben durch

$$\frac{1}{N_t} \frac{dN_t}{dt} = m(t) = \frac{d(\log_e N_t)}{dt}$$

Hieraus folgen

$$\log_e N_t - \log_e N_0 = \int_0^t m(t') dt' = \log_e \frac{N_t}{N_0})$$

und

$$\exp(\int_0^t m(t') dt') = \frac{N_0}{N_t}$$

Dieses Integral bezeichnet die erwartete Zahl von Individuen einer Population oder die erwartete Zahl von Individuen mit bestimmtem Genotyp zum Zeitpunkt t, wenn die Population mit einem Individuum und im Zeitpunkt 0 zu wachsen begann.

Bis hierher haben wir feststellen können, daß es für die Gültigkeit der einfachen Selektionsmodelle von WRIGHT und FISHER Voraussetzung ist, Populationen anzunehmen, die sich strikt im HARDY-WEINBERG-Gleichgewicht befinden. Es wäre ein Irrtum anzunehmen, daß eine zufallsmäßig paarende oder panmiktische Population sich im Gleichgewicht befinden muß. Zufallspaarung oder Panmixie bedeutet, wie wir schon festgestellt haben, zufallsmäßiges Ziehen von je zwei Gameten für jede Zygote oder, was auf das gleiche hinauskommt, zufallsmäßige Paarung aller Individuen in der Population. In FISHERs Modell muß nun auch die Verteilung der Allele über alle Altersklassen zufallsmäßig sein, um dies zu erreichen, aber auch für WRIGHTs Modell ergeben sich einige Schwierigkeiten, wie wir noch sehen werden. Zuvor aber wollen wir uns noch einmal mit dem mittleren Exzess der Gensubstitution und dem mittleren Effekt der Gensubstitution beschäftigen.

Der erstere war definiert (4.2.10 und 4.2.6) als

$$a = (W_0 - W_1) = (Q_{00} W_{00} + \tfrac{1}{2} Q_{01} W_{01})/q_0 - (\tfrac{1}{2} Q_{01} W_{01} + Q_{11} W_{11})/q_1$$
$$= \frac{Q_{00} q_1 (W_{00} - W_{01}) + Q_{11} q_0 (W_{01} - W_{11})}{Q_{00} Q_{11} + \tfrac{1}{2} Q_{00} Q_{01} + \tfrac{1}{2} Q_{01} Q_{11} + \tfrac{1}{4} Q^2_{01}} \qquad (4.2.24)$$

Der mittlere Effekt der Gensubstitution wird hergeleitet aus der Regression der Fitnesswerte W_{ij} der Genotypen über einer Skala, welche die Gendosis (Zahl der A-Allele) angibt (Ableitung etwa bei WRICKE, 1972). Man erhält dann drei Punkte

$$B_{00} = \mu + \alpha \qquad B_{01} = \mu \qquad B_{11} = \mu - \alpha \qquad (4.2.25)$$

μ ist hier also der halbe Abstand zwischen B_{00} und B_{11}, α die gesuchte Größe. Man erhält sie zu

$$\alpha = \frac{Q_{00} q_1 (W_{00} - W_{01}) + Q_{11} q_0 (W_{01} - W_{11})}{\tfrac{1}{2}(Q_{00} Q_{01} + Q_{11} - (Q_{00} - Q_{11})^2)} \qquad (4.2.26)$$

Wir wollen jetzt auch Gleichung 4.2.14 umformulieren, um sie besser mit den vorhergehenden vergleichen zu können.

$$\frac{d\overline{W}}{dq_0} = \frac{dQ_{00}}{dq_0} W_{00} - \frac{dQ_{01}}{dq_0} W_{01} + \frac{dQ_{11}}{dq_0} W_{11} \qquad (4.2.27)$$

Hier finden wir jetzt, daß a = α nur gilt unter der Bedingung

$$\tfrac{1}{4} Q^2_{01} = Q_{00} Q_{11} \qquad (4.2.28)$$

Man macht sich leicht klar, daß diese Bedingung nur beim HARDY-WEINBERG-Gleichgewicht erfüllt sein kann.

Nach Gleichung 4.2.14 sollten wir erwarten, daß die Ableitung von $\overline{W}$ nach q_0 gleich ist dem doppelten mittleren Exzess. Aus einem Vergleich von 4.2.24 und – weiter ausgeführt – 4.2.27 ergibt sich, daß diese Identität nur besteht bei

$$dQ_{00}/dq_0 = 2Q_{00}/q_0 \quad \text{usf.} \qquad (4.2.29)$$

was wiederum nur beim HARDY-WEINBERG-Gleichgewicht möglich ist ($Q_{00} = q^2_0$).

Und schließlich ist Identität der Ableitung von $\overline{W}$ nach q_0 mit 2 α nur gegeben bei

$$\tfrac{1}{4} Q^2_{01} = \lambda Q_{00} Q_{11} \qquad (4.2.30)$$

Dies scheint nur sinnvoll zu sein, wenn die Konstante λ den Wert 1 annimmt, was wiederum nur beim HARDY-WEINBERG-Gleichgewicht möglich ist.

Bevor wir den Einfluß der Altersklassenstruktur im Modell von FISHER untersuchen, wollen wir noch ein verwandtes Problem für das WRIGHTsche Modell wenigstens skizzieren. Wir folgen dabei im wesentlichen KEMPTHORNE und POLLACK (1970). Die Autoren untersuchen Auslese in einer wie folgt spezifizierten Population:

- die Auslese setzt an einem einzigen Genlocus an, mit den Allelen $A_1, A_2, \ldots, A_m$,
- die Wahrscheinlichkeit für ein Individuum mit dem Genotyp A_iA_j bis zum reproduktiven Alter zu überleben ist l_{ij} ($= l_{ji}$),
- unter den Individuen im reproduktiven Alter herrscht Zufallspaarung; die mittlere Nachkommenzahl einer Paarung $A_iA_j \times A_kA_l$ ist $b_{ij} \times b_{kl}$; die Fruchtbarkeit wird also auf die Paarung bezogen unter der Annahme, daß Geschlechtsunterschiede nicht existieren,
- die Nachkommenschaft einer bestimmten Paarung soll Nachkommen liefern in den bei ungestörter Mendelspaltung zu erwartenden Proportionen,
- die Generationen sollen nicht überlappen.

Unter diesen Voraussetzungen hat die Population der noch nicht reproduzierenden Individuen HARDY-WEINBERG-Struktur, wie schon BODMER (1965) gezeigt hatte, unabhängig von den genotypisch bedingten Unterschieden in der Fruchtbarkeit der Paarungen. Aber verschiedene l_{ij} führen zu Abweichungen von dieser Populationsstruktur in der Population der Erwachsenen. Interessant ist hier vor allem auch die Feststellung, daß man Fitnesswerte nun nicht Individuen oder Genotypen zuordnen kann, sondern sie auf die Nachkommenzahl bestimmter Paarungen beziehen muß.

Andererseits haben die älteren Autoren diese Schwierigkeit natürlich gesehen, sie aber durch Annahmen ausgeschaltet, wie etwa die, man solle jedem der beiden Eltern die Hälfte der Nachkommenschaft einer Paarung zuordnen o. ä. (siehe KEMPTHORNE und POLLACK für eine Diskussion). Nur so waren sie in der Lage, zu ihren einfachen ‹Theoremen› zu kommen, die für die theoretische Populationsgenetik nach wie vor Bedeutung haben. Für uns liegen die Dinge anders, denn wir wollen nicht nur rein theoretisch arbeiten, sondern sind in der ökologischen Genetik gezwungen, konkrete Fälle zu analysieren. Für uns ist es z. B. sehr wichtig zu wissen, daß der soeben diskutierte Fall von Auslese in zwei verschiedenen Stadien zu ähnlichen Verhältnissen führen kann, wie sie bei häufigkeitsabhängiger Auslese erwartet werden (s. Kapitel über genetische Polymorphismen), was bereits PROUT (1965) gezeigt hat.

Würde man für unser Modell einen Ersatz für den Malthusischen Parameter suchen, so würde er etwa die Form

$$m_{ij} = \log_e(l_{ij}b_{ij})$$

annehmen (vgl. 4.2.17 und 4.2.21).

Wenn es nicht nur eine Unterteilung des Lebenszyklus des Individuums gibt – sie fehlt eigentlich nur bei Viren und Bakterien, aber auch hier können in der Entwicklung einzelner Zellen oder Viren Ausschnitte gegeneinander abgegrenzt werden –, sondern auch eine Strukturierung der Population nach Altersstufen, so wird eine weitere Differenzierung des Auslesemodells nötig. Wir stützen uns im folgenden vor allem auf

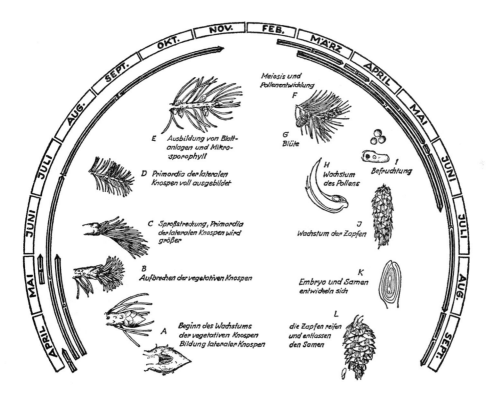

Abb. 4.2.1: Jahreszeitliche Anpassungsstrategie der Douglasie *(Pseudotsuga menziesii)* in niederen Lagen an der Küste Britisch-Kolumbiens (nach ALLEN und OWENS, 1972).

drei Arbeiten zu diesem Thema: CHARLESWORTH (1970), CHARLESWORTH und GIESEL (1972) und PRICE und SMITH (1972). Der interessierte Leser wird in der dort zitierten Literatur den Anschluß an weitere Arbeiten finden, denn diese drei Arbeiten allein können kein vollständiges Bild des derzeitigen Wissensstandes zu unserem Thema bieten. Darüber hinaus müssen wir ernsthaft Bedenken anmelden gegen einige generelle Behauptungen in diesen (und in anderen) Veröffentlichungen zu diesem Thema, doch mag dies hier unerörtert bleiben.

Einen Vorläufer der in den beiden erstgenannten Arbeiten verwendeten Modelle bietet das von LESLIE (1945). Der Leser mag aus der Jahreszahl ersehen, daß die Problematik selbst nicht unbedingt neu ist. CHARLESWORTH geht von einer Population mit überlappenden Generationen, aber diskreten Altersklassen aus. Diese Situation ist im Tierreich wie im Reich der Pflanzen nicht gerade selten. Jahreszeitliche Fluktuationen von Klimavariablen und Folgen dieser Variablen für das gesamte Ökosystem zwingen oft Populationen langlebiger Organismen dazu, sich dem Rhythmus dieser Fluktuationen anzupassen, und das gilt natürlich auch für die Reproduktion. Abb. 4.2.1 gibt ein Beispiel hierfür für eine langlebige Pflanzenart (ALLEN und OWENS, 1972).

O'DONALD (1972a und b) hat kürzlich für eine im Nordatlantik lebende Mövenart nachweisen können, daß Nachkommen aus den in der Jahreszeit frühesten Paarungen größte Überlebenschancen haben. Wie oft oder meist gibt es dabei eine optimale Paarungszeit, so daß sich insgesamt das Bild eines Ausleseprozesses in Richtung auf ein Optimum ergibt, hier mit der Konsequenz häufigkeitsabhängiger Auslese. Schon DARWIN hat hierüber spekuliert und kam zu Schlußfolgerungen, welche der Autor im wesentlichen bestätigt.

CHARLESWORTH geht also von einer solchen Population mit einem reproduktiven Zyklus je Jahr aus. Er konstruiert hierfür zwei Modelle:
- Die Individuen schütten ihre Gameten in einen Gametenpool, aus dem sie zufallsmäßig gezogen werden;
- Paarung findet bei zufallsmäßiger Begegnung zweier Tiere verschiedenen Geschlechts statt, die nach der Paarung wieder in den Pool potentieller Paarungspartner zurückkehren.

Unterschiedliche Überlebenswahrscheinlichkeiten und Fruchtbarkeit beider Geschlechter können in beiden Modellen, altersspezifische Fruchtbarkeit verschiedener Genotypen jedoch nur im ersten Modell untergebracht werden. Es wird ein Genlocus mit zwei Allelen angenommen. Für jeden Genotyp gibt es n diskrete Altersklassen. Paarung erfolgt zufallsmäßig über alle Altersklassen. Reproduktion und Übergang in die jeweils nächste Altersklasse geschieht in festen Zeitabständen (Zyklen). Ein Individuum mit den Allelen i und j in der Altersklasse x im Zyklus t–1 produziert $w_{ij}(t, x)$ Nachkommen, die einen Beitrag zur ersten Altersklasse des folgenden Zyklus t leisten. Das Individuum selbst wechselt zur gleichen Zeit über in die Altersklasse x + 1 des Zyklus t, und zwar mit der Wahrscheinlichkeit $1 - \mu_{ij}(t, x)$, in der also die Wahrscheinlichkeit enthalten ist, mit der es zwischen den Zyklen stirbt. Die erwartete Zahl von Nachkommen eines Individuums mit den Allelen i und j, das im Zyklus t–x geboren worden ist und im Zyklus t reproduziert, ist dann

$$k_{ij}(t, x) = l_{ij}(t, x) m_{ij}(t, x)$$

worin l_{ij} wiederum für die Überlebenswahrscheinlichkeiten steht:

$$l_{ij}(t, x) = \prod_{s=1}^{x-1} (1 - \mu_{ij}(t-s, x-s))$$

Bezüglich weiterer Spezifikationen wird der Leser auf die Originalarbeit verwiesen. Uns kommt es hier nur darauf an zu zeigen, daß es sich im Prinzip um ein ähnliches Modell handelt, wie wir es in Abs. 1.2 kennengelernt haben, daß wir dort als Systemmodell bezeichneten.

Das Hauptergebnis der beiden Autoren ist die Feststellung, daß die Genhäufigkeiten an einem polymorphen Locus durch natürliche Auslese in der Zeit allein durch eine sich ändernde Altersstruktur der Population verändert werden können, d. h. unter Beibehaltung stets der gleichen Auslesebedingungen, welche durch die w(x) und die l(x) vorgegeben sind. Da viele Populationen extremen Fluktuationen der Populationsgröße und der Zusammensetzung aus Altersklassen unterliegen, ist es extrem unwahrscheinlich, daß sie dauernd äquilibrierte polymorphe Systeme besitzen. Dies gilt also selbst dann, wenn die traditionellen Ursachen für Ungleichgewichte nicht wirksam sind, wie genetische Drift, Immigration und wechselnde Selektionsintensitäten oder -richtungen. Schon eine relativ kleine Zahl von Genloci, an denen Auslese der beschriebenen Art stattfindet, müsse genügen, um den Genpool einer Population des beschriebenen Typs in Bewegung zu halten, da sie auch die Verhältnisse an gekoppelten Loci mitbestimmen.

Es müssen auch Rückwirkungen auf die Änderungen der Genhäufigkeiten entlang von mehr oder weniger regulären Oszillationen der Populationsgröße existieren, die wir in Kapitel 6 als Dichte-abhängige Auslese diskutieren werden.

In der Arbeit von PRICE und SMITH wird der Einfluß der Altersklassenstruktur einer Population auf deren Reproduktionsrate untersucht. Er existiert, fast ist man geneigt zu sagen: er existiert natürlich. Auf die Ableitungen der Verfasser können wir verzichten und verweisen statt dessen auf das Original.

Wenn wir an dieser Stelle eine Zwischenbilanz ziehen wollten, so könnten wir etwa feststellen, daß auch die Altersklassenstruktur von Populationen eine wesentliche Komponente ihrer adaptiven Strategien ausmacht und auch das jeweilige genetische System nicht unbeeinflußt läßt. Neben den üblichen ökologischen Daten benötigt man deshalb zur Erklärung bestimmter Phänomena auch demographische Angaben über die zu untersuchende Population für die Gegenwart und einen Teil der Vergangenheit. Die Population sollte demzufolge nicht nur durch Annahmen über ihr genetisches System und über ihre Umwelt, sondern auch demographisch spezifiziert sein.

Um wenigstens einige Beispiele hierzu zu bringen, entnehmen wir der klassischen Arbeit von DEEVEY (1947) zwei Zahlenangaben. Tabelle 4.2.1 gibt die Altersklassenverteilungen des Bergschafs *Ovis d. dalli* und der Möwe *Larus argentatus*. Dabei interessieren uns vor allem zwei Charakteristika. Einmal wollen wir die Angaben auf die mittlere Lebenserwartung beziehen, um daraus eine Vorstellung über die Form der Altersverteilung zu gewinnen, zum zweiten wollen wir die Zahl der Überlebenden bis zur Altersklasse x selbst ansehen. Ein Vergleich der korrespondierenden Zahlenkolonnen in der Tabelle zeigt etwa, daß bei *Ovis d. dalli* vom Alter 0 bis 2 rund 20% der Tiere sterben; aber in den folgenden Altersintervallen bis zum 8. Jahr nur der gleiche Prozentsatz. Erst dann setzt wieder hohe Mortalität ein und nur 10% der Tiere werden älter als 11 Jahre. Bei der Möwe beträgt demgegenüber die Zahl der bis zum Ende des 2. Jahres sterbenden Tiere mehr als 40%, und die in den folgenden Altersstufen zu erwartenden Abgänge sind mehr gleichmäßig verteilt. Bei *Ovis*, so könnte man meinen, sei zumindest über l(x) eine höhere individuelle Fitness gegeben. *Larus* gleicht dies aus durch höhere Fitnesskomponente b(x). Die adaptiven Strategien der beiden Arten weisen dementsprechend Unterschiede in vielen prinzipiellen Phasen auf. Fürsorge der Eltern für die Nachkommen über eine relativ längere Periode, Zugehörigkeit aller Tiere während ihres gesamten Lebens zu einer Art Großfamilie und die damit verbundenen Vorteile über die Umwelt zu ‹lernen› und viele andere Unterschiede bieten hier einen realistischen Hintergrund für Vergleichsmöglichkeiten der adaptiven Strategien dieser beiden Arten, die ihren Niederschlag unter anderem auch in verschiedenen Altersstrukturen der Populationen finden.

Wir wollen dies an dieser Stelle nicht vertiefen, kommen aber noch mehrfach auf die Anpassung von Reproduktionszyklen und deren evolutionäre Ursachen zurück.

Tab. 4.2.1: Altersklassenverteilungen von *Ovis d. dalli* und *Larus argentatus* (nach DEEVEY, 1947)

Alter in Jahren	Alter als Abweichung in % von der mittleren Lebenserwartung		Überlebende zu Anfang des Intervalls	
	Ovis	Larus	Ovis	Larus
0 – 0,5	−100		1000	
0,5– 1	− 93	−100	946	1000
1 – 2	− 86	− 59	801	581
2 – 3	− 72	− 18	789	400
3 – 4	− 58	+ 23	776	305
4 – 5	− 44	+ 64	764	240
5 – 6	− 30	+105	734	171
6 – 7	− 15	+146	688	111
7 – 8	− 1	+187	640	66
8 – 9	+ 13	+228	571	45
9 –10	+ 27	+269	439	19
10 –11	+ 41		252	
11 –12	+ 55		96	
12 –13	+ 69		6	
13 –14	+ 84		3	

4.3 Der Anpassungswert einer Population

Viele Ökologen mögen die Definition des Anpassungswerts von Populationen bei vorgegebener Nische allein auf Grund der Wachstumsrate (mittlere Fitness) attraktiv finden. Sie ist bestechend einfach und scheint in Übereinstimmung mit anderen Theorien der Ökologie zu stehen. In der Tat sollte beispielsweise bei Maximierung der mittleren Fitness durch einen der beschriebenen Selektionsprozesse auch die ‹innate capacity of increase› der Population maximiert werden, ihre innere Fähigkeit zu wachsen. Damit würde aber gleichzeitig auch, gewissermaßen als Beiprodukt, die Produktion der Population an Biomasse maximiert werden. Sollten alle Populationen der an einem Ökosystem beteiligten Organismenarten dieser Spielregel folgen, wären auch Maximierung des Stoffumschlags des Ökosystem und maximale Produktion an Biomasse ein Nebenprodukt der Auslese auf maximale mittlere Fitness.

Diese Idee ist reizvoll, weil sie weitere Theorien über die Evolution von Ökosystemen stützen würde, wie etwa die Annahme, daß mit wachsender Stoffproduktion auch die Artendiversität eines Ökosystems und damit die Zahl der stabilisierenden Regelkreise wachsen würde und anderes mehr. Sowohl WRIGHTs mittlere Fitness der Population als auch FISHERS Malthusischer Parameter haben die von Ökologen geforderte Eigenschaft, bei fortschreitender Selektion auch die Wachstumsrate r der Population insgesamt zu erhöhen.

Betrachten wir daraufhin zunächst FISHERS ‹Fundamentales Theorem der Auslese›. Es besagt, daß für eine bestimmte Änderung der Genhäufigkeit die Änderung in der mittleren Fitness der Population (Modell mit überlappenden Generationen) anzugeben ist durch

$$d\bar{M}/dt = 2\alpha\,(dq_0/dt) \qquad (4.3.1)$$

α ist erklärt in 4.2.26 als mittlerer Effekt der Gensubstitution. Weiter soll die Beziehung gelten

$$d\bar{M}/dt = 2q_0q_1 a\alpha = V_A \qquad (4.3.2)$$

worin V_A die additiv genetische Varianz bedeutet, die nichts anderes ist als die Varianz der ‹Zuchtwerte› B aus 4.2.25 und folglich aus der folgenden Gleichung abzuleiten ist

$$V_A = \sum_i \sum_j Q_{ij}(B_{ij}-\bar{B})^2 \qquad (4.3.3)$$

Der Vollständigkeit halber seien drei weitere genetische Varianzen angegeben, die genetische Gesamtvarianz im Merkmal Fitness, die also aus der Varianz der W_{ij} abzuleiten ist

$$V_G = \sum_i \sum_j Q_{ij}(W_{ij}-\bar{W})^2 \qquad (4.3.4)$$

die Varianz der Gameten (Haploiden) im Merkmal Fitness,

$$V_H = \sum_i q_i(W_i-\bar{W})^2 \qquad (4.3.5)$$

und schließlich die Varianz aus Dominanz im Merkmal Fitness, die als Differenz $V_G - V_A$ erhalten wird, wenn die Population sich im HARDY-WEINBERG-Gleichgewicht befindet.

Gleichung 4.3.2 sagt eigentlich nichts anderes aus als der aus der Züchtungstheorie bekannte Satz, demzufolge der Auslesefortschritt bei Massenauslese an irgendeinem Merkmal allein abhängt von der Selektionsintensität (Änderung der Genhäufigkeit in einer Generation) und von der additiv-genetischen Varianz V_A. Zwischen der Merkmalsprägung bei Eltern und Nachkommen besteht hier eine lineare Beziehung, die durch V_A in Art der Kovarianz eines Regressionskoeffizienten gemessen wird. In unserem Fall ist diese Beziehung ersichtlich aus

$$\frac{d\bar{M}}{dt} = \frac{d\bar{M}}{dq_0} \times \frac{dq_0}{dt} \qquad (4.3.6)$$

und dies ist nur dann identisch mit 4.3.1, wenn die Population im HARDY-WEINBERG-Gleichgewicht steht.

Eine Korrektur könnte man erreichen, wenn die Abweichungen der Populationsstruktur vom HARDY-WEINBERG-Gleichgewicht durch WRIGHTS Inzuchtkoeffizienten (f) gemessen werden kann. Bezüglich der Erklärung dieses Inzuchtmaßes wird auf das Buch «Populationsgenetik» von SPERLICH (1973) verwiesen. Der Koeffizient f kann den Wert +1 annehmen, wenn alle Individuen der Population als Folge von Inzucht homozygot sind oder den unteren Grenzwert −1, wenn alle Individuen heterozygot sind. Dann werden statt der HARDY-WEINBERG-Häufigkeiten der drei Genotypen die folgenden erhalten (vgl. 4.2.12):

$$(q_0^2 + fq_0q_1) \text{ aa} + 2q_0q_1 (1-f) \text{ Aa} + (q_1^2 + fq_0q_1) \text{ AA} \qquad (4.3.7)$$

Dominanz wird als Abweichung gemessen:

$$d = W_{01} - \tfrac{1}{2}(W_{00} + W_{11}) \qquad (4.3.8)$$

Die zweite Ableitung der mittleren Fitness nach q_0 wird

$$d^2\overline{W}/dq_0^2 = (1-f)(2(W_{00} + W_{11}) - 4W_{01}) = -4d(1-f) \qquad (4.3.9)$$

Alle höheren Ableitungen werden Null. Wenn es keine Dominanz gibt, wenn also $d = 0$, nimmt auch 4.3.9 den Wert Null an. Die graphische Darstellung der genotypischen Werte über der Dosis des Allels A wird linear, die genotypischen und die Zuchtwerte sind identisch. Dann ist auch

$$V_A = V_G \qquad (4.3.10)$$

und

$$V_G = 2V_H, \qquad (4.3.11)$$

letzteres, wenn die Population im HARDY-WEINBERG-Gleichgewicht steht. Aber eine generelle Gültigkeit besitzen weder 4.3.10 noch 4.3.11.

Es ist klar, daß eine Population mit der Genotypenzusammensetzung aus 4.3.7 nicht die gleiche mittlere Fitness besitzen muß, wie eine Population mit $f = 0$. Gleiche mittlere Fitness bei beliebigem $f \neq 0$ wird sie, wie sich leicht zeigen läßt, nur bei $d = 0$ behalten. Im Grenzfall $f = 1$ gilt

$$\overline{W}_I = \sum_i q_i W_{ii} \qquad (4.3.12)$$

Weil es dann nur noch Homozygote gibt. In allen anderen Fällen wird

$$\overline{W}_I = \overline{W} - 2(1-f)q_0q_1d \qquad (4.3.13)$$

Der rechte Terminus bezeichnet bei positivem d die bekannte Inzuchtdepression des Populationsmittels, hier im Merkmal Fitness.

Nur wenn es keine Dominanz gibt, darf man die folgenden speziellen Relationen erwarten:

$$d\overline{W}/dq_0 = d\overline{W}_I/dq_0 = W_{00} - W_{11} \qquad (4.3.14)$$
$$\alpha = \tfrac{1}{2}(W_{00} - W_{11})$$

und nach 4.3.7

$$a = (1-f)(q_0W_{00} + q_1W_{01} - q_0W_{01} - q_1W_{11}) + f(W_{00} - W_{11}) \qquad (4.3.15)$$

und, da man hier W_{01} als halbe Summe von W_{00} und W_{11} auffassen kann,

$$a = \tfrac{1}{2}(1 + f)(W_{00} + W_{11}) \qquad (4.3.16)$$

Also gilt für jedes Paarungssystem, falls es keine Dominanz gibt,

$$d\overline{W}/dq_0 = 2\alpha = 2a/(1 + f) \qquad (4.3.17)$$

$$V_A = 2q_0q_1 a\alpha = 2q_0q_1\alpha^2(1 + f) = 2q_0q_1a^2/(1 + f) =$$
$$= 2q_0q_1a(d\overline{W}/dq_0) = 2V_H/(1 + f) = V_G \qquad (4.3.18)$$

Nach KEMPTHORNE (1957) gilt für beliebiges d

$$\alpha = a/(1 + f) \qquad V_A = 2V_H/(1 + f) \qquad (4.3.19)$$

Formulieren wir jetzt noch einmal FISHERs fundamentales Theorem durch drei Gleichungen. Es nimmt an

a) Die Änderung der Genhäufigkeit in der Zeit sei eine Funktion der Genhäufigkeit selbst und des mittleren Exzesses der Gensubstitution:

$$dq_0/dt = q_0 q_1 \, a$$

b) Eine bestimmte Änderung der Genhäufigkeit hat eine Änderung der mittleren Fitness der Population zur Folge, die eine Funktion des mittleren Effektes der Gensubstitution ist:

$$d\overline{m}/dt = 2 \, \alpha \, (dq_0/dt)$$

c) Folglich ist die Änderung der mittleren Fitness der Population direkt proportional der additiv genetischen Varianz im Merkmal Fitness:

$$d\overline{m}/dt = 2 q_0 q_1 a \alpha = V_A$$

Die Ableitungen, Gleichungen 4.3.1–4.3.19, zeigen die Abhängigkeit der Richtigkeit des Theorems von Dominanz und HARDY-WEINBERG-Gleichgewicht.

Hier setzen wieder die Bedenken an, die aus den Überlegungen des vorhergehenden Abschnittes über den Einfluß stadienspezifischer Auslese (KEMPTHORNE und POLLACK, 1970; PROUT, 1965 u. a.), altersspezifischer Auslese und der Altersklassenstruktur auf die Verhältnisse in Populationen entstanden sind. Wir wollen dies hier nicht weiter ausführen und verweisen auf die Literatur. Auch über die Bedeutung der Konstanten λ in 4.2.30 wollen wir hier nichts mehr ausführen, sondern verweisen wiederum auf die Literatur (TURNER, 1970). Sie ist 1, wenn die Population im HARDY-WEINBERG-Gleichgewicht ist. Dies aber ist allenfalls für die Zygoten einer Population der Fall. Bei Werten $\lambda \neq 1$ werden deshalb wiederum Einwände gegen das fundamentale Theorem deutlich.

Aber wir wollen noch zwei weitere Fragen diskutieren. Zunächst die Frage der mittleren Fitness einer Population bei Inzucht im Verhältnis zu der einer Population im HARDY-WEINBERG-Gleichgewicht. Zunächst einmal ersehen wir den generellen Sachverhalt aus Gleichung 4.3.13. Bei Inzucht ist weiter

$$W_0 - W_1 = \tfrac{1}{2} d \, (\overline{W} + f\overline{W}_I)/dq_0 \qquad (4.3.20)$$

und

$$d\overline{W}/dq_0 = 2a - f(W_{00} - W_{11}) \qquad (4.3.21)$$

Eine der Konsequenzen hieraus wäre die Existenz einer Differenz

$$(\overline{W} + f\overline{W}_I) = \frac{V_H}{\overline{W}} \times \frac{\overline{W} + \overline{W}_I}{\overline{W}} \qquad (4.3.22)$$

Hier sollte unter dem Einfluß von Auslese $\overline{W} + f\overline{W}_I$ und nicht $\overline{W}$ maximiert werden, was offenbar nicht zum gleichen Resultat führt. Ein Paarungssystem, das einen bestimmten Wert für f zur Folge hat, zwingt also die Population auf einen anderen Gleichgewichtspunkt. Die Frage, welchen Wert f am Gleichgewicht annimmt, haben JAIN und WORKMAN (1967) diskutiert.

Unser letztes Problem kann in der Frage zusammengefaßt werden, ob es denn nun überhaupt noch zu erwarten ist, daß Auslese immer zu höherer mittlerer Fitness der Population führt. Die Antwort auf diese Frage ist nicht ganz einfach. WRIGHT (1970) beispielsweise hebt die Schwierigkeiten hervor, den Begriff der Fitness nach allen Seiten befriedigend zu definieren. Er regt an, die Eigenschaften einer Population, die stetig wächst, als ‹Fitness Funktion› zu bezeichnen und statt unserer mittleren Fitness die Bezeichnung ‹mittlerer selektiver Wert› einzuführen. Seine Überlegungen hierzu, die wir nicht nachvollziehen wollen, führen zu dem Paradox, daß eine Population mit wachsendem mittlerem selektiven Wert schrumpfen kann bis zum Untergang.

4.4 r- und K-Auslese

Die Bedenken einiger Autoren gegen die aus der Verwendung der mittleren Fitness als ‹Fitnessfunktion› resultierenden Schlußfolgerungen, Auslese müsse immer zu höherer mittlerer Fitness und damit zu immer rascherem Populationswachstum führen, wurden oft durch Beobachtungen über Dichte-abhängige Auslese und Spekulationen über diesen Typ von Auslese begründet. In der Tat ändern sich die Auslesebedingungen oft bei zunehmender Populationsgröße (Dichte). Die Dichte wird zur Komponente der Umwelt. Es muß sich dabei nicht immer um Konkurrenz handeln, auch auf andere Weise kann die Umwelt bei wachsender Dichte verändert werden. SAKAI (1961 und früher) beispielsweise behandelt deshalb den Dichtstand in Pflanzenbeständen – eine besondere Variante unseres Problems – einfach als eine unter mehreren Umweltvariablen. Wir kommen auf die Dichte-abhängige Auslese im Kapitel 6 zurück und wollen hier einen speziellen Teil aus ihrem Komplex behandeln, der in jüngster Zeit von einigen Ökologen besonders hervorgehoben wurde, vor allem auch mit einem Ausblick auf das Problem der mittleren Fitness, das uns natürlich noch oft beschäftigen wird.

Schon ältere Autoren hatten darauf hingewiesen, daß der Anpassungswert einer Population – was man auch immer darunter zu verstehen habe – nicht unbedingt durch Auslese verbessert würde, die in Richtung auf rascheres Wachstum der Population verläuft. So hob etwa DOBZHANSKY (1950a) in einer Betrachtung über die Evolution in den feuchten Tropen die Artenvielfalt der dortigen Ökosysteme hervor, die eher eine Anpassung der Organismen mit stabilen Populationsgrößen erkennen läßt als Anpassung durch das Bestreben zu immer größeren Populationen zu gelangen. Dieser Sachverhalt deute auf andere Voraussetzungen für die Evolution der dort vorkommenden Arten u. a. In neuerer Zeit sind MACARTHUR und WILSON (1967) in einer Monographie insulärer Ökosysteme auf das gleiche oder doch auf ein ganz ähnliches Problem gestoßen. Beobachtungen an den Floren und Faunen auf Inseln verschiedener Größe führten sie zu dem Schluß, daß die Population einer neu einwandernden Art zwei verschiedene Phasen durchläuft. In der ersten Phase kolonisiert sie ihr neues Areal. Sie tut dies am effektivsten bei hoher Vermehrungsrate. Aber nach Saturierung des Habitats ist sie gezwungen, um eine optimale Populationsgröße zu stabilisieren. Die Autoren verwenden zur Beschreibung dieses Sachverhaltes die in der Ökologie für die Beschreibung des Populationswachstums gebräuchliche LOTKA-VOLTERRA-Gleichung.

Diese Gleichung nun beschreibt – gleichbleibende Altersklassenstruktur der Population usw. vorausgesetzt – das Populationswachstum mit Hilfe von nur zwei Parametern, r und K. Für eine eingehende Diskussion dieses Modells des Populationswachstums, seiner Voraussetzungen und Anwendungen wird auf GOEL et al. (1971) verwiesen.

r steht für die Wachstumsrate und K für die maximal erreichbare Populationsgröße. Beide sind in der ökologischen Literatur mit einem breiten Fächer von Fachwörtern bezeichnet worden, r etwa als ‹innate capacity of increase›, d. h. als Wachstumsrate der Population, wenn sie wirklich ungestört wachsen könnte, K als ‹saturation level› oder als ‹carrying capacity› des Habitats, d. h. als die Zahl von Individuen einer Population, welche ein bestimmtes Ökosystem ernähren kann, mit ausreichend Territorium zu versehen in der Lage ist usw. r-Auslese wäre dann konsequenterweise Auslese derjenigen Genotypen, welche der Population die höchste mittlere Fitness verleihen würden, und K-Auslese wäre nun wirklich etwas grundsätzlich anderes, denn Auslese auf höchste *carrying capacity*, ausgedrückt in Individuenzahlen, müßte, so sollte man intuitiv meinen, auf etwas anderes hinauslaufen, z. B. auf immer kleinere Tiere oder Pflanzen, die weniger Nahrung und weniger Territorium verbrauchen. So einfach aber können die Verhältnisse gar nicht sein, und so ist dies von MacArthur und Wilson auch nicht gemeint. Es ist deshalb wohl richtig, auf ihre Originalarbeit zurückzugreifen. Wir übersetzen deshalb wörtlich ab S. 146 ihres Buches:

«Die tatsächlichen Populationen zweier Allele, n_1 und n_2, seien beherrscht durch die Gleichungen

$$dn_1/dt = f(n_1, n_2)$$
$$dn_2/dt = g(n_1, n_2)$$

Man beachte, daß die Zeit die rechten Seiten beider Gleichungen nicht betrifft, so daß hier angenommen wurde, die Umweltänderungen würden allein durch die Dichte selbst bedingt. Weil Überbevölkerung als schädlich angesehen wird, muß es eine Menge von Werten n_1 und n_2 geben, die so groß ist, daß $dn_1/dt < 0$ wird, und es wird eine Lösung $dn_1/dt = f(n_1, n_2) = 0$ geben, welche die innere Grenze dieser Region markiert. Innerhalb $f(n_1, n_2)$ ist $dn_1/dt > 0$, und n_1 kann wachsen. Ähnlich wird in einer anderen Kurve $g(n_1, n_2) = 0$ die Rate $dn_2/dt > 0$, und n_2 nimmt zu.» Weiter sinngemäß: «Es gibt vier Möglichkeiten, die beiden Funktionen in Verbindung zu bringen. In je einem Fall wird eines der beiden Allele überleben, im dritten wird das Allel mit größter Anfangshäufigkeit überleben, und im vierten gibt es ein Gleichgewicht zwischen beiden.»

Entscheidend darüber, ob ein Allel einen Selektionsvorteil besitzt, soll unter den Bedingungen großer Populationsdichte die *carrying capacity* der Umwelt für Träger des Allels sein. Der am meisten interessierende Fall ist wohl der, in dem beide Allele Gleichgewichtshäufigkeiten erreichen. Bezeichnenderweise tritt er ein, wenn K_{ij}, die *carrying capacity* der Heterozygoten, größer ist als K_{ii} und K_{jj}. Dies aber ist nichts anderes als der im Abschnitt 4.1 behandelte Fall von Überdominanz im Merkmal Fitness in einer bestimmten Umwelt, hier in einer Umwelt, die mitgeprägt ist durch hohe Populationsdichte. Die Umweltvariable Populationsdichte hat also keinen anderen Einfluß auf die Auslese als jeder andere: Bezogen auf die Allele eines Genlocus führt Auslesedruck durch Populationsdichte entweder zur Eliminierung eines der beiden Allele oder zu einem Gleichgewicht.

Es ist im Prinzip auch nichts anderes als die immer wieder repetierte Feststellung älterer Autoren zum Thema Konkurrenz, derzufolge Überkompensation im Merkmal Fitness bei den Heterozygoten zu einem Gleichgewicht oder Konkurrenz mit Überkompensation der Homozygoten bei intermediärem Verhalten der Heterozygoten zum gleichen Resultat führen würde (STERN, 1969).

Entscheidend für die Argumentation von MacArthur und Wilson ist demnach die Annahme, einer Periode rascher Kolonisierung durch eine eben eingewanderte Art würde eine Periode hoher Populationsdichte folgen. Im ersten Abschnitt der Kolonisierung ist r-Auslese, im zweiten K-Auslese wirksam. Sie schließen also in der zweiten Phase größere Fluktuationen der Populationsgröße aus. Die Population hat ihre Nische gefunden und so weit ausgenutzt, daß Saturation der Umwelt eingetreten ist. Das Ökosystem bleibt stabil und erreicht unter Inkorporieren der neuen Art einen neuen Stabilitätspunkt. In der ersten Phase (r-Auslese) begünstigt Auslese hohe Produktivität, in der zweiten Phase optimale Ausnutzung begrenzter Resourcen, etwa Effizienz der Umwandlung von Nahrung in Nachkommenschaft. K-Auslese ist überall dort zu erwarten, wo Ökosysteme um einen Stabilitätspunkt eingependelt sind. r-Auslese ist umgekehrt zu erwarten in Ökosystemen mit rascher Evolution (Kolonisierungsphase) und in Ökosystemen um zyklisch-transiente Punkte, also in Ökosystemen mit regelmäßiger Sukzession und dem daraus entstehenden Zwang zu steter Wiederbesiedlung.

Einige Konfusion mag entstanden sein durch die Feststellung MacArthurs und Wilsons, sie hätten die übliche r-Populationsgenetik durch eine K-Populationsgenetik ersetzt, zumindest für bestimmte Fälle. Hairston et al. (1970) greifen denn auch diesen Punkt auf und kommen zu dem Schluß, daß man ökologische und evolutionäre Ideen hier nicht über Gebühr vermischen sollte. Obgleich der Malthusische Parameter m und die Populations-Wachstumrate r mathematisch auf die gleiche Weise hergeleitet würden, besäßen sie doch verschiedene Bedeutung, außer in isogenischen Populationen. Die Auslese würde immer das größte m begünstigen, aber dabei könne es durchaus dazu kommen, daß gleichzeitig r vermindert würde. Sie gehen von einer sehr einfachen Formulierung des Populationswachstums aus:

$$\frac{dN}{dt} = rN \left(\frac{K-N}{K}\right)$$

der sogenannten logistischen Funktion. N steht hier für die Populationsgröße, r und K sind früher erklärt. Man sieht sofort, daß dN/dt kleiner wird, je näher N an den Saturierungspunkt K heranrückt. r ist aber nichts anderes als die Differenz zwischen Geburts- und Todesrate:

$$r = b - d$$

r-Auslese müsse also konsequenterweise entweder an der Geburts- oder an der Todesrate ansetzen oder an beiden, und man sollte infolgedessen besser von b- und von d-Auslese sprechen.

Nun haben die Autoren eine etwas unglückliche Formulierung des Wachstums von Populationen gewählt. Es gibt andere und wahrscheinlich mehr realistische, in denen allein die Todesrate als Funktion der Populationsgröße (und als Funktion der Populationsgrößen konkurrierender Arten) aufgefaßt wird. Pianka (1972) stellt deshalb der von ihnen verwendeten eine andere Gleichung gegenüber, wiederum eine sehr vereinfachte:

$$dN/dt = xN - yN^z$$

In dieser Gleichung würde r-Auslese an Parameter x, K-Auslese an einem der beiden y und z oder an beiden ansetzen. Bei Hairston et al. (1970) schließt K-Auslese auch Auslese am Quotienten r/K ein. Im wesentlichen scheint es bei der derzeitigen Diskussion um r- und K-Auslese darum zu gehen, korrekte, d. h. für definierte Populationen in definierter Umwelt realistische Modelle zu formulieren. b- und d-Auslese dürften in einem solchen Konzept ebenso ihren Platz behaupten wie r- und K-Auslese. Konfusioniert aber wird die Diskussion in der Tat, wenn man r- und K-Auslese nicht, wie MAC-ARTHUR und WILSON es vorgeschlagen haben, auf lang andauernde ökologische Situationen bezieht, sondern auch auf die Verhältnisse in wechselnder Umwelt, so daß der gesamte Komplex der Dichte-abhängigen Auslese darin untergebracht wird. HAIRSTON et al. z. B. betrachten auch einen solchen Fall unter dem Aspekt von r- und K-Auslese, und PIANKA (1972) bringt zu allem Überfluß auch noch die komplizierte Frage der Auslese auf Konkurrenzfähigkeit gegenüber anderen Arten mit ins Spiel.

Wir wollen deshalb die Diskussion dieser Fragen nicht weiter vertiefen und zum ursprünglichen Konzept der r- und K-Auslese zurückkehren. PIANKA (1970) geht aus von der Vorstellung eines r-K Kontinuums. Populationen am r-Extrem des Kontinuums finden ein perfektes ökologisches Vakuum vor. Die optimale Strategie sei es hier,

Tab. 4.4.1: Einige Konsequenzen von r- und K-Auslese (nach PIANKA, 1970)

	r-Auslese	K-Auslese
Klima	Variabel und/oder nicht voraussagbar, unsicher	ziemlich konstant und/oder voraussagbar, sicherer
Mortalität	oft katastrophisch, nicht gerichtet, Dichte-unabhängig	mehr gerichtet, Dichte-abhängig
Art zu überleben	oft Typ III nach DEEVEY 1947*	normalerweise Typ I und II nach DEEVEY 1947*
Populationsgröße	in der Zeit variabel, kein Gleichgewicht, normalerweise weit unterhalb K der Umwelt, unsaturierte Ökosysteme oder Teile davon, ökologische Vakuums, jährliche Wiederbesiedlung	ziemlich konstant in der Zeit, Gleichgewicht bei oder nahe K der Umwelt, saturierte Ökosysteme, wiederbesiedeln nicht notwendig
Intra- und interspezifische Konkurrenz	Variabel, oft lax	normalerweise intensiv
Relative Häufigkeit	folgt nicht MACARTHURs Modell**	folgt häufig MACARTHURs Modell**
Auslese begünstigt:	1. rasche Entwicklung 2. hohes r_{max} 3. frühe Reproduktion 4. kleines Körpergewicht 5. Semelparitie: Einmalige Reproduktion	1. langsame Entwicklung 2. größere Konkurrenzeignung 3. niedere Schwellen der Resourcen 4. verzögerte Reproduktion 5. größeres Gewicht 6. Iteroparitie: wiederholte Reproduktion
Länge des Lebens	kurz, gewöhnlich weniger als 1 Jahr	lang, gewöhnlich mehr als 1 Jahr
führt zu	Produktivität	Effizienz

* Vgl. Tab. 4.2.1: Die Altersklassenstruktur von *Ovis* und *Larus* stehen Typ III bzw. Typ I nahe.
** Hier wird Bezug genommen auf das bekannte Modell von MACARTHUR, welches die Artenhäufigkeiten in Ökosystemen erklärt durch die Verteilung von Abständen auf einer Linie, auf die man zufallsmäßig eine Nadel fallen läßt o. dgl.

alle Materie und Energie in die Reproduktion zu stecken. Hier finde r-Auslese in Richtung auf hohe Produktivität statt. Hierzu sei eine Anmerkung gestattet: Man könnte es vorziehen, statt von optimaler Strategie zu sprechen, die ja bestimmte Zielvorstellungen voraussetzt, anzunehmen, daß in einer solchen Situation tatsächlich auf größte mittlere Fitness der Population ausgelesen wird, und daß hier mit m zugleich r erhöht wird – ob die Population dies nun möchte oder nicht. Am anderen Ende des Kontinuums findet die Population maximale Dichteeffekte und einen mit Organismen saturierten Biotop vor. Die optimale Strategie wäre es hier, alle erhältliche Materie und Energie in die Produktion und Erhaltung einiger weniger, extrem ‹fiter› Nachkommen zu investieren. Auch hierzu eine Anmerkung: Das Wort fit ist nicht im Sinne der Definition des Begriffs Fitness durch hohe Reproduktionsrate zu verstehen. Wenn man versucht diesen Satz zu interpretieren, kommt man tatsächlich zur b- und d-Auslese von HAIRSTON et al., weil ‹wenige Nachkommen›, kleines b und ‹extrem fit› nichts anderes als kleines d bedeuten können. Unter K-Selektion würden u. a. begünstigt: längere Lebensdauer, bei Pflanzen perennierender Habitus u. a.

Natürlich müßte man von relativen r-Strategien und relativen K-Strategien sprechen. In Tab. 4.4.1 sind einige Merkmale typischer Strategien dieser Art zusammengesetzt.

Um wenigstens ein Beispiel aus der praktischen Anwendung des Konzepts zu bringen, seien nachfolgend die Ergebnisse einer Untersuchung von GADGIL und SOLBRIG (1972) skizziert. Die beiden Autoren gehen davon aus, daß der Hauptunterschied zwischen beiden Typen darin liegen muß, daß bei Populationen, die in einer Umwelt mit hoher Dichte-unabhängiger Mortalität leben (r-Strategie), die Auslese dazu zwingt, einen größeren Teil ihrer Ressourcen für reproduktive Aktivität zu verwenden. Weiter weisen sie darauf hin, daß man Vergleiche dieser Art sinnvoll nur anstellen kann, wenn man ähnliche Lebensformen miteinander vergleicht, also annuelle Gräser o. ä.

Die erste Versuchsreihe wurde mit drei Populationen von *Taraxacum officinale* angestellt, die von benachbarten Flächen mit verschiedener menschlicher Beeinflussung stammten. *Taraxacum* produziert seine Samen parthenogenetisch. Es gibt deshalb nur immer relativ wenige Biotypen in den Populationen. In diesem Fall waren es vier, die in den Populationen mit verschiedenen Häufigkeiten vorkamen. Ziel des Versuchs war es zu zeigen, daß die vier Biotypen entlang des r-K Kontinuums verschiedene Positionen einnehmen, daß also der Übergang von r- zu K-Auslese genetische Veränderungen der Populationen zur Folge haben würde.

Die erste Population stockte auf einem häufig begangenen und gemähten Rasenstück, die zweite unter dem Schatten einer Eiche auf weniger begangenem und seltener gemähtem Rasen und die dritte am Rande eines Baches und war ungestört. Drei der vier Biotypen wurden in allen drei Populationen gefunden, der vierte nur in der zweiten und dritten.

Als Erklärung für die unterschiedlichen Häufigkeiten der Biotypen in den Populationen können verschiedene Ansprüche an die Mikroumwelt oder verschiedene Konkurrenzeignung gegenüber Gräsern und Kräutern (Komponente von r- bzw. K-Auslese) gesucht werden. Die erste Hypothese mußte anhand von Versuchen verworfen werden, die zweite ergab eindeutige und Habitat-korrelierte Ergebnisse. Einer der vier Biotypen war unter allen Bedingungen in der Konkurrenzeignung überlegen; darüber hinaus blühte er erst im zweiten Jahr, während die drei anderen bereits vier Monate nach der Saat blühten. Auch hatte dieser Biotyp, der am häufigsten in der dritten Population vorkam und in der ersten fehlte, nur etwa ein Drittel der Blütenstände und dafür erheblich mehr Blattmasse.

Taraxacum ist eine ‹fugitive› Art. Sie verliert ständig Areal und siedelt in anderen Arealen neu. Deshalb muß sie als r-Stratege aufgefaßt werden. Aber die Versuche beweisen, daß es die vermuteten Differenzen zwischen Biotypen entlang des r-K-Kontinuums gibt.

Die zweite Versuchsreihe wurde wieder auf drei verschiedenen Standorten angestellt. Standort 1 war trocken und in der Sukzession wegen häufiger Störung am wenigsten fortgeschritten. Standort 2 lag am Ufer eines Teiches, war feuchter und weniger gestört. Hier gab es neben Gräsern und Kräutern auch schon einige Büsche. Standort 3 schließlich lag in einem Laubwald, meist Birken, und war noch weniger gestört. Verglichen wurden u. a. vier Arten von *Solidago*. *S. nemoralis* kam nur auf dem ersten Standort vor und verwendete relativ am meisten Energie für die Reproduktion. *S. rugosa* kam vor auf dem zweiten und dritten Standort. Ihr Aufwand für Reproduktion war am geringsten, bezeichnenderweise geringer auf dem Laubholz- als auf dem feuchten Standort. Ähnliches gilt für *S. speciosa,* die auf dem ersten und dem dritten Standort gefunden wurde. *S. canadensis* kam nur auf dem zweiten Standort vor und verhielt sich etwa intermediär. Auch in diesem Versuch konnte also bestätigt werden, daß sich vergleichbare Arten und Populationen der gleichen Art verhalten, wie es aus Tab. 4.4.1 vorausgesagt werden würde.

Wenn wir an dieser Stelle einen Versuch unternehmen würden, zusammenfassend etwas über das Konzept der r- und K-Auslese zu sagen, so würde dieser Versuch etwa wie folgt aussehen:

- Das Konzept der r- und K-Auslese ist vor allem ein langfristig-evolutionäres; hier würden wir HAIRSTON et al. (1970) zustimmen, auch darin, daß man es nicht zu sehr mit anders ausgerichteten Modellen der Ökologie und Populationsgenetik vermischen sollte;
- andererseits liefert es eine gute Grundlage für das Verständnis der evolutionären Situation von Populationen oder Arten und ist insofern eine echte Bereicherung des Modellvorrats der ökologischen Genetik;
- darüber hinaus, und um dies zu zeigen brachten wir die Ergebnisse von GADGIL und SOLBRIG, liefert es Versuchsansätze für genetisch-ökologische Experimente, die wertvolle Beiträge zur Klärung mehr allgemeiner Probleme der Anpassung (adaptive Strategien) leisten können.

5. Genetische adaptive Strategien

Bis hierher haben wir zwar oft auf die Bedeutung von Umweltheterogenität und ihre Formen hingewiesen. Im folgenden wollen wir versuchen, ihre Konsequenzen für die Evolution von Populationen aus geeigneten Modellen abzuleiten. Jeder Ökologe, aber auch jeder Genetiker weiß um ihre Bedeutung und dies nicht erst seit heute, wie ältere Veröffentlichungen von FISHER, WRIGHT und HALDANE beweisen, um nur die Begründer der modernen Populationsgenetik und gleichzeitig auch der ökologischen Genetik zu nennen. Natürlich muß man, wenn man ein komplexes Problem aufrollen will, Ausschnitte unter vereinfachenden Voraussetzungen untersuchen. In unserem Fall bedeutete dies die Annahme konstanter und homogener Umwelt.

Die Annahme homogener Umwelt bedeutet, daß die realisierten Werte für ein Biotop an allen Nischendimensionen für die zu betrachtende Population in der Zeit und im Raum gleich bleiben sollen. In Ausnahmefällen mag eine solche homogene Umwelt tatsächlich vorliegen, etwa als Umwelt aquatischer Organismen in den Tropen oder auch in terrestrischen Umwelten der gleichen Klimazone, doch ist dies realiter auch hier sicherlich die große Ausnahme. Selbst Laborökosysteme, wie die bekannten Populationskäfige für Versuche mit *Drosophila*, können diesen Idealzustand nicht vollständig herstellen. Als Regelfall müssen Situationen gelten, in denen einige oder alle Nischendimensionen im Raum und in der Zeit regelmäßig oder unregelmäßig bei verschiedenen Werten und innerhalb verschiedener Spannweiten realisiert sind.

Wir haben schon adaptive Strategien kennengelernt, die eine Population in die Lage versetzen, solchen Situationen zu begegnen. Jetzt wollen wir genetische adaptive Strategien diskutieren, die von den besprochenen adaptiven Strategien unterschieden werden müssen, weil sie ein ähnliches Ziel durch Anbieten verschiedener Genotypen zu erreichen suchen, durch ‹gemischte Strategien› im Sinne der Theorie der strategischen Spiele. Zuvor müssen wir jedoch versuchen, auch für die Umweltheterogenität Modelle zu finden, sie in Modelle zu pressen, wenn man das so will. Dabei können wir zurückgreifen auf Abs. 1.3.

5.1 Feinkörnige Umwelt

Wir haben in den vorhergehenden Abschnitten schon gesehen, daß es für eine Population Situationen geben kann, entstehend aus heterogener Umwelt oder, wie wir jetzt sagen wollen, Diversität der von ihr okkupierten Nischen, in denen sie nicht in der Lage ist, mit nur einem einzigen über alle Nischen optimalen Phänotyp den höchst erreichbaren Grad an Anpassung zu erreichen. Es kann vielmehr Phänotypen geben, die in einer Nische allen anderen überlegen sind, in anderen hingegen geringere Eignung haben. Wenn wir mit der Toleranz eines Phänotyps seine Fähigkeit bezeichnen, innerhalb eines bestimmten Abschnitts einer Nischendimension zu leben und zu reproduzieren, würde dies bedeuten, daß die Population über Phänotypen mit verschiedenen Toleranzbereichen verfügt. Wir sprechen hier zunächst von Phänotypen, nehmen aber an, daß hinter jedem Phänotyp eine bestimmte Gruppe von Genotypen steht. Denn es ist ja möglich, daß verschiedene Genotypen zum gleichen Phänotyp führen. Hier und im folgenden halten wir uns an die Modelle von LEVINS (1968 und früher), die eine anschauliche Darstellung ermöglichen.

Betrachten wir zunächst einen einzigen Phänotyp in zwei verschiedenen Nischen. Er hat in der ersten Nische die Fitness W_1, in der zweiten Nische die Fitness W_2, jeweils gemessen durch seine Reproduktionsrate in jeder der beiden Nischen. In einem Koordinatensystem mit der Fitness in Nische 1 als Abszisse und der in Nische 2 als Ordinate würde man so den Fitnesspunkt $W_1 ; W_2$ für diesen Phänotyp erhalten. Das Koordinatensystem gibt hier den Fitnessraum vor, der im allgemeinen Fall n-dimensional wäre. Jeder Phänotyp okkupiert einen Punkt in diesem Raum, jedenfalls in der hier gewählten Darstellung.

Wenn zwei Phänotypen mit verschiedener Fitness vorhanden sind, erhält man im zweidimensionalen Fitnessraum die Punkte $W_{11} ; W_{21}$ und $W_{12} ; W_{22}$, worin der erste Index für die Nische, der zweite für den Phänotyp steht. Die Menge aller solcher Punkte $W_{ij} ; W'_{ij}$ bezeichnen wir als die Fitnessmenge F. Jeder Punkt $W_{ij} ; W'_{ij}$ repräsentiert gleichzeitig die mittlere Fitness einer monomorphen Population aus dem Phänotyp j in der Nische i, wie man sich leicht klarmacht.

Nun sind aber auch Mischpopulationen denkbar, die zu verschiedenen Anteilen aus den beiden oder aus mehr Phänotypen bestehen können. Die mittlere Fitness $\overline{W}_{i.}$ einer solchen polymorphen Population in der Nische i wird offenbar bestimmt durch die individuellen Fitnesswerte W_{ij} der beteiligten Phänotypen, gewogen mit der relativen Häufigkeit Q_j der Phänotypen in der Population:

$$\overline{W}_{i.} = \sum_j Q_j W_{ij}$$

Man macht sich leicht klar, daß die Fitnesswerte für Mischpopulationen im Fall einer Population mit nur zwei Phänotypen über nur zwei Nischen auf der Geraden liegen müssen, welche die Fitnesspunkte der beiden monomorphen Populationen verbindet (Abb. 5.1.1).

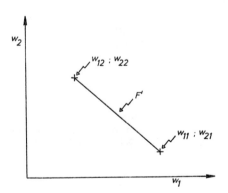

Abb. 5.1.1: Fitnessraum über zwei Nischendimensionen mit W_1 als Abszisse und W_2 als Ordinate. Jedem Phänotyp wird ein Punkt im Fitnessraum zugeordnet. Die Population besteht hier aus zwei Phänotypen, die Fitnessmenge F besteht deshalb aus zwei Punkten. Alle möglichen Mischpopulationen der zwei Phänotypen sind auf der Verbindungsgeraden zwischen den beiden Fitnesspunkten zu finden. Die Gerade repräsentiert deshalb die erweiterte Fitnessmenge F'.

Bezieht man die Mischpopulationen als mögliche Populationen in die Betrachtungen ein, so muß man mit einer erweiterten Fitnessmenge F' rechnen, die alle möglichen monomorphen und polymorphen Populationen einschließt. In unserem Beispiel (Abb. 5.1.1) repräsentiert die Gerade zwischen W_{11}; W_{21} und W_{12}; W_{22} diese erweiterte Fitnessmenge. Die Zahl der genetischen Varianten, die eine Population anzubieten hat, ist klarerweise ein Charakteristikum ihres genetischen Systems. Folglich ist F' als Bestandteil des genetischen Systems der Population aufzufassen. F' bestimmt maßgeblich, wie noch zu zeigen ist, die adaptive Strategie einer Population, die sie einer heterogenen Umwelt entgegenzusetzen hat.

Wenn wir auch den Effekt der Auslese in unsere Überlegungen einbeziehen wollen, müssen wir nach der Optimumpopulation fragen, d. h. nach der Population, die über beide Nischen die maximale Fitness besitzt. Das Modell läßt sich auf beliebig viele Nischen erweitern, wie auch auf beliebig viele Phänotypen, so daß wir als Optimumpopulation allgemein diejenige Population definieren können, die über alle Nischen maximale Fitness aufweist. Sie kann monomorph oder aber polymorph mit verschiedenen Anteilen der beteiligten Morphen (Phänotypen) sein. Auslese, von der wir annehmen, daß sie die Population gegen den höchsten Anpassungswert drängt, müßte dann zu einer Populationszusammensetzung führen, die zumindest in Nähe des Optimums liegt. Unsere Aufgabe besteht also zunächst darin, die Optimumspopulation zu bestimmen, und wir können uns unter unseren Voraussetzungen dann auch darauf verlassen, daß Auslese eine Population beliebiger Zusammensetzung, d. h. eine Population an irgendeinem Punkt in F', mit jeder Generation näher an die Optimumpopulation heranführen wird.

Gehen wir zunächst von einer Umwelt aus, die für die Population feinkörnig ist. Es gibt zwei Nischen. Die Wahrscheinlichkeit für jedes Individuum in der einen oder der anderen aufzuwachsen sei allein durch die Häufigkeit der beiden Nischen bestimmt. Diese Häufigkeit sei p für die erste und 1–p für die zweite Nische, d. h. andere als diese beiden Nischen kommen nicht vor. Diese Häufigkeiten bedeuten gleichzeitig, daß ein Anteil p der Population, zufallsmäßig aus der Population herausgegriffen, in der ersten, und ein Anteil 1–p in der zweiten Nische aufwächst und reproduziert. Die mittlere Fitness der Population, über deren Zusammensetzung hier also noch nichts gesagt ist, ist dann eine Funktion ihrer mittleren Fitness $\overline{W}_{1.}$ in der ersten und $\overline{W}_{2.}$ in der zweiten Nische sowie der Häufigkeiten der beiden Nischen. Es ist die «adaptive Funktion»

$$A(\overline{W}_{1.}; \overline{W}_{2.}) = p\overline{W}_{1.} + (1-p)\overline{W}_{2.} = K$$

Weil die Optimumpopulation definiert wurde als Population, die über beide Nischen die höchste Fitness besitzt, muß sie die Population mit maximalem K sein.

Formen wir nun die adaptive Funktion so um, daß wir sie im Fitnessraum darstellen können, der durch die Fitness in beiden Nischen gebildet wird, wie wir bereits gesehen haben. Man erhält

$$\overline{W}_{2.} = \frac{K}{1-p} - \frac{p}{1-p}\overline{W}_{1.}$$

und damit die Gleichung für eine Gerade, deren Neigungswinkel gegenüber der Abszisse durch p und deren Lage im Koordinatennetz durch K bestimmt wird. Die Nischenhäufigkeit p ist in der Natur vorgegeben. Um die Optimumpopulation zu finden, brauchen wir also bei vorgegebenem p und ebenfalls vorgegebener Fitnessmenge F' nur nach derjenigen Population in F' zu fragen, die maximales K besitzt. Diese Frage ist identisch mit der Frage nach der Geraden im Fitnessraum mit höchstem K und gleichzeitig einem Punkt in F'. In Abb. 5.1.2 ist dies schematisch dargestellt. Es wurde eine Population mit zwei Phänotypen angenommen. F' wird gebildet (Abb. 5.1.1) durch die beide monomorphe Populationen verbindende Gerade. Aus der Geradenschar (jeweils verschiedenes K aber gleiches p) hat nur die untere Gerade einen Punkt mit F' gemeinsam. Sie berührt F' am oberen Endpunkt, der eine für den zweiten Phänotyp monomorphe Population repräsentiert. Jede unterhalb dieser Geraden liegende andere Gerade hätte ein kleineres K und würde somit geringere mittlere Fitness über beide Nischen signalisieren. Die Optimumpopulation ist folglich monomorph für den zweiten Phänotyp (Abb. 5.1.2).

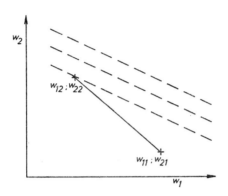

Abb. 5.1.2: Die Fitnessmenge F' ist wieder die Verbindungsgerade zwischen den Fitnesspunkten zweier Phänotypen. Jede Spezifizierung einer adaptiven Funktion liefert bei feinkörniger Umwelt eine Gerade (hier die gestrichelten Geraden). Bleibt die Nischenhäufigkeit p konstant, wird eine Schar paralleler Gerader erhalten, deren Parallelverschiebung durch K bedingt ist. Die untere Gerade ist für das hier vorgegebene K diejenige mit höchstem K und einem gemeinsamen Punkt mit F'. Die Optimumpopulation ist monomorph für den ersten Phänotyp.

Wächst p, d. h. die relative Häufigkeit der Nische, in welcher der erste Phänotyp überlegene Fitness besitzt, so wächst der Neigungswinkel der Geraden. Schließlich wird ein p erreicht, bei dem die Gerade mit größtem K mit der Fitnessmenge F' zusammenfällt. An diesem Wert für p und nur an diesem, hätte folglich jede Population gleiche mittlere Fitness über beide Nischen, ganz gleich welche Werte die Häufigkeiten Q_j der beiden Phänotypen annehmen. Wächst p weiter, so wird die Optimumpopulation monomorph für den ersten Phänotyp sein.

Stellen wir uns nun vor, es existiere ein geographischer Gradient der Nischenhäufigkeit p. Dieser Gradient wiese etwa im nördlichen Teil des Areals Werte für p auf, die oberhalb des kritischen Wertes – alle Populationszusammensetzungen haben gleiche mittlere Fitness – liegen, im südlichen Teil hingegen Werte unterhalb des kritischen p. In Abb. 5.1.3 ist diese Situation dargestellt: Oberhalb des kritischen p ist die Optimumpopulation für alle dort vorkommenden Nischenhäufigkeiten monomorph für den zweiten, unterhalb des kritischen p monomorph für den ersten Phänotyp. Das genetische Variationsmuster unserer hypothetischen Art wäre in dieser Situation, bedingt durch die spezifische Form der Fitnessmenge und durch den Typ der Körnigkeit der

Umwelt, ausgezeichnet durch einen abrupten Übergang von einem zum anderen Phänotyp. Nördlich der kritischen Zone würden Taxonomen, falls die beiden Phänotypen morphologisch hinreichend distinkt sind, eine Unterart konstatieren, die aus Phänotyp 1 besteht, südlich davon gäbe es eine Unterart aus Phänotyp 2. Und dazwischen läge eine Übergangszone, deren Breite abhängig ist von der Migrationsweite, d. h. von der mittleren Distanz des Gentransports, bei Tieren durch Wanderung, bei Pflanzen durch passiven Samen- und Pollentransport, und natürlich durch die ‹Steilheit› des geographischen Gradienten, d. h. durch die Distanz, über die merkliche Differenzen von p hergestellt werden. Trotz Vorhandenseins eines kontinuierlichen geographischen Gradienten wäre hier folglich ein abrupter, diskontinuierlicher Übergang zwischen zwei Unterarten oder, wenn man die Position der alten Genökologen bezieht, Ökotypen zu beobachten.

Zwischen beiden würde man eine Hybridisierungszone annehmen, deren Breite, wie bemerkt, von der Migrationsweite und der Steilheit des geographischen Gradienten bestimmt wird.

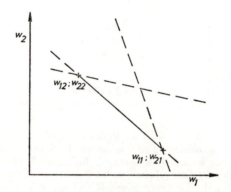

Abb. 5.1.3: Fitnessmenge wie in Abb. 5.1.2. Es existiert ein geographischer Gradient der Nischenhäufigkeit p. Bis zu einem kritischen Wert von p sind alle Optimumpopulationen monomorph für den ersten Phänotyp. Am kritischen Wert haben alle Mischpopulationen und beide monomorphen Populationen gleiche mittlere Fitness. Unterhalb des kritischen Werts sind alle Optimumpopulationen monomorph für den zweiten Phänotyp.

Man findet in der Literatur eine große Zahl von Situationen, bei Pflanzen wie bei Tieren, die so erklärt sein könnten (allerdings auch anders, hierauf wird noch zurückzukommen sein). Wir wählen ein Beispiel aus, das von O. LANGLET (1959) stammt, dem wir entscheidende Beiträge zur Kenntnis der Ursachen geographisch-genetischer Variation verdanken. Die Kiefer, *Pinus silvestris,* ist in Nordskandinavien durch eine besondere Form vertreten, die ihrer Kronenform und anderer Eigenschaften wegen sogar zeitweise als besondere Art ausgeschieden wurde. Zwischen dieser «*Pinus lapponica*» und ihren südlichen Nachbarn existiert eine vergleichsweise schmale Übergangszone, in der in wechselnden Anteilen die «typische» und die *lapponica*-Form und auch Übergangsformen gefunden werden. Es ist deshalb verständlich, daß man hier von einer Hybridisierungszone sprechen konnte und kann. Aber es mag gleichzeitig auch die Umschlagzone am kritischen p sein.

5.2 Grobkörnige Umwelt

Fragen wir nun wie die Verhältnisse liegen würden, wenn die Umwelt nicht feinkörnig, sondern grobkörnig ist. Um einen einfachen Fall zu konstruieren nehmen wir an, die Population, etwa einer annuellen Art, sei in aufeinanderfolgenden Generationen verschiedenen Umwelten ausgesetzt. Diese Umwelten seien wieder unsere Nischen 1 und 2, aber jeweils eine ganze Generation erwächst alternativ entweder in der ersten oder in der zweiten Nische. Die Zahl der Generationen, auf die wir uns beziehen, sei n. Davon wuchs ein Anteil p in der ersten und ein Anteil (1–p) in der zweiten Nische auf. Die Zuordnung der Nischen zu den Generationen sei zufallsmäßig.

Der Faktor, um den eine Population bestimmter Anfangsgröße über die n Generationen wächst, ist offenbar

$$\mathbb{W}_{1.}^{np} \cdot \mathbb{W}_{2.}^{n(1-p)},$$

und die mittlere Wachstumsrate je Generation erhält man als geometrisches Mittel zu

$$\mathbb{W}_{1.}^{p} \cdot \mathbb{W}_{2.}^{(1-p)} = A(\mathbb{W}_{1.}; \mathbb{W}_{2.}) = K,$$

denn das mittlere Wachstum der Population je Generation ist hier natürlich wieder die Bezugsgröße für die adaptive Funktion.

Projizieren wir auch diese adaptive Funktion wieder in den Fitnessraum, indem wir nach $\mathbb{W}_{2.}$ auflösen. Es wird

$$\mathbb{W}_{2.} = \sqrt[1-p]{K/\mathbb{W}_{1.}^{p}}$$

Daraus erhält man nach Logarithmieren

$$\log K = p \log \mathbb{W}_{1.} + (1-p) \log \mathbb{W}_{2.}$$

$$\log \mathbb{W}_{2.} = \frac{\log K}{1-p} - \frac{p}{1-p} \log \mathbb{W}_{1.}$$

Die Darstellung einer solchen Gleichung im Fitnessraum $W_1 ; W_2$ liefert hier also keine Scharen für gleiches K paralleler Gerader, sondern Scharen parabelähnlicher Kurven. Aus der logarithmischen Form sieht man jedoch sofort die prinzipielle Ähnlichkeit beider adaptiver Funktionen.

Betrachten wir nun wieder den Fall einer Population aus zwei Phänotypen über zwei Nischen (Abb. 5.2.1).

K bestimmt wieder die Lage der Kurven im Netz, während p wiederum den Schnitt- oder Berührungspunkt mit der linearen Fitnessmenge festlegt. Nur bei p = 1 und p = 0 ist hier die Optimumpopulation monomorph, im intermediären Bereich hingegen ist sie polymorph mit verschiedenen Anteilen der beiden Phänotypen. Das Ergebnis ist also prinzipiell verschieden von dem bei feinkörniger Umwelt, wo eigentlich alle Optimumpopulationen monomorph waren.

Würde die Nischenhäufigkeit p entlang eines geographischen Gradienten kontinuierlich zunehmen (oder abnehmen), so wäre bei grobkörniger Umwelt ein Morphoklin zu erwarten, ein Klin mit kontinuierlich wechselnder Häufigkeit der Phänotypen. Bei feinkörniger Umwelt gab es nur eine Zone bei der kritischen Nischenhäufigkeit, an der ein abrupter Übergang von der einen zur anderen monomorphen Optimumpopulation stattfand, und deren Breite u. a. abhängig ist von der Migrationsweite der Organismenart.

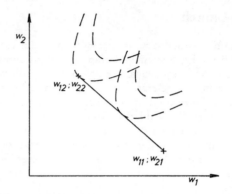

Abb. 5.2.1: Fitnessmenge wie in Abb. 5.1.2. Die Umwelt ist grobkörnig, und die adaptive Funktion liefert Scharen parabelähnlicher Kurven. Die Verschiebung der Kurven von links unten nach rechts oben wird bedingt durch die Wahl von K, ihre Verschiebung entlang der Fitnessmenge durch p. Nur zwei der möglichen Optimumpopulationen sind monomorph, alle anderen polymorph.

Hier bestimmt also die Körnigkeit der Umwelt über die adaptive Funktion und die Form ihrer geometrischen Darstellung im Fitnessraum und damit über die adaptive Strategie der Population: Monomorph oder polymorph, abrupter Übergang von der einen zur anderen monomorphen Optimumpopulation oder kontinuierlicher Häufigkeitsklin entlang eines geographischen Gradienten. Aber auch die Form der Fitnessmenge selbst kann das Ergebnis beeinflussen.

Wir hatten bis hierher den Sonderfall einer Fitnessmenge F' aller denkbaren Mischpopulationen zweier Phänotypen betrachtet. Sie war durch eine Gerade darstellbar. Andere Formen der Fitnessmenge sind durchaus denkbar, zum Beispiel für eine Population mit drei Phänotypen, die den drei Genotypen eines Genlocus mit zwei Allelen zugeordnet werden können. Bei Zufallspaarung innerhalb der Population können deren Häufigkeiten in Nähe des HARDY-WEINBERG-Gleichgewichts angenommen werden. Es wird in diesem Fall, wenn die Häufigkeit des Allels A_1 mit q und die des Allels A_2 mit 1–q bezeichnet wird, die folgende Zusammensetzung der Population erwartet:

$$q^2 A_1 A_1 + 2q(1-q) A_1 A_2 + (1-q)^2 A_2 A_2$$

Wieder gibt es zwei monomorphe Populationen (bei q = 1 und q = 0) und alle für q zwischen 0 und 1 möglichen polymorphen. Die größte Häufigkeit des Genotyps $A_1 A_2$, die größte Häufigkeit der Heterozygoten also, wird bei q = 0.5 erwartet.

Nehmen wir nun an, die Heterozygoten ($A_1 A_2$) hätten in einer oder in beiden Nischen größere Fitness als beide Homozygoten. Die mittlere Fitness einer Population beim HARDY-WEINBERG-Gleichgewicht (s. o.) erhält man für jede der beiden Nischen aus den Gleichungen

$$\overline{W}_{1.} = q^2 W_{10} + 2q(1-q) W_{11} + (1-q)^2 W_{12}$$
$$\overline{W}_{2.} = q^2 W_{20} + 2q(1-q) W_{21} + (1-q)^2 W_{22}$$

worin der zweite Index für den Genotyp steht. Nur bei rein intermediärer Vererbung des Merkmals Fitness, wenn also

$$W_{11} = (W_{10} + W_{12})/2 \text{ und } W_{21} = (W_{20} + W_{22})/2,$$

ist die Fitnessmenge wieder durch eine Gerade repräsentiert. In allen anderen Fällen wird sie durch eine Kurve beschrieben, wie etwa in Abb. 5.2.2, wo angenommen wurde, die Heterozygoten hätten in beiden Nischen höhere Fitness als beide Homozygoten (Überdominanz im Merkmal Fitness in beiden Nischen oder Heterosis im Sinne der Populationsgenetik).

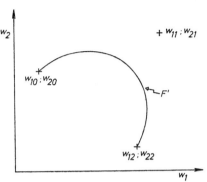

Abb. 5.2.2: Es existiert Überdominanz in beiden Nischen. Die Fitnessmenge F' (Mischpopulation der drei Genotypen, hier wurden HARDY-WEINBERG-Häufigkeiten angenommen) ist deshalb konvex. Alle Optimumpopulationen sind polymorph, unabhängig auch von der Körnigkeit der Umwelt.

Man macht sich leicht klar, daß hier bei feinkörniger Umwelt wie bei grobkörniger Umwelt immer polymorphe Optimumpopulationen zu erwarten sind. In beiden Fällen wird auch ein geographischer Gradient der Nischenhäufigkeit p zu kontinuierlichen Häufigkeitsklinen, also zu kontinuierlicher Änderung von q entlang der Gradienten führen. Monomorphe Optimumpopulationen gibt es nicht. Aber eine monomorphe Optimumpopulation wäre denkbar, wenn Überdominanz der Fitness nur in einer der beiden Nischen gegeben ist, und wenn diese Nische mit größerer Häufigkeit vorkommt (Abb. 5.2.3).

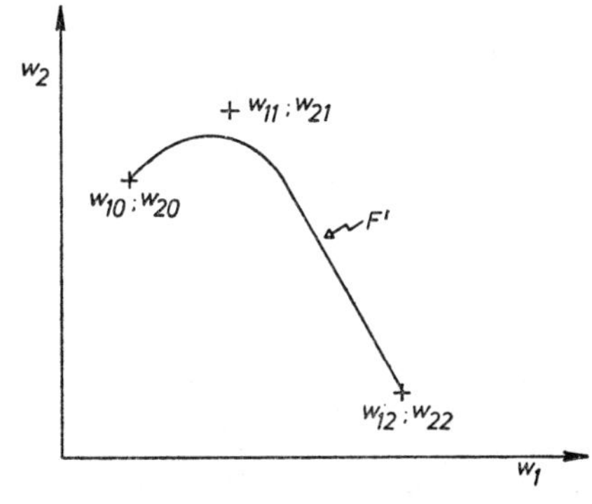

Abb. 5.2.3: Überdominanz in Fitness gibt es nur in der ersten Nische. Die Optimumpopulationen sind entweder polymorph oder monomorph.

Liegt partielle Dominanz des Merkmals Fitness vor, so ist die Fitnessmenge weniger ausgeprägt konvex. Es gibt wiederum monomorphe Optimumpopulationen bei großem oder kleinem p und polymorphe Optimumpoulationen im intermediären Bereich von p. Entlang eines geographischen Gradienten würde es an den Enden monomorphe und im intermediären Bereich polymorphe Populationen mit kontinuierlich sich änderndem q geben (Abb. 5.2.4). Der Grad an Konvexität der Fitnessmenge, bestimmt durch den

Dominanzgrad, entscheidet hier mit über die Steilheit des Häufigkeitsklins, also über die Änderungsrate von q entlang des Gradienten. Je größer die Dominanz, um so flacher der Klin.

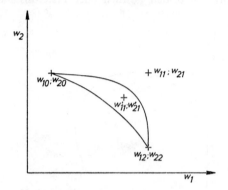

Abb. 5.2.4: Überdominanz und partiell dominante Vererbung der Fitness in beiden Nischen. Die Fitnessmenge F' ist flach konvex. Polymorphe Optimumpopulationen, auch bei feinkörniger Umwelt, sind möglich.

Aber die Fitness der Heterozygoten könnte auch in einer oder in beiden Nischen geringer sein als die eines oder beider Heterozygoten. Die Folge wären zum Koordinatenursprung gewölbte, konkave Fitnessmengen. In Abb. 5.2.5 sind solche Fälle dargestellt. Man sieht sofort, daß bei feinkörniger Umwelt dann nur monomorphe Optimumpopulationen denkbar sind, bei grobkörniger aber u. U. monomorphe und polymorphe. Entlang eines geographischen Gradienten der Nischenhäufigkeit würde es dementsprechend bei feinkörniger Umwelt wieder einen kritischen Wert von p geben, oberhalb dessen die eine und unterhalb dessen die andere monomorphe Population optimal wäre. Interessant ist es, daß hier alle Mischpopulationen geringere Fitness hätten. Hier wäre es besser für die Population keine Heterozygoten zu produzieren. Bei grobkörniger Umwelt gäbe es wieder monomorphe Optimumpopulationen bei großem und kleinem p und polymorphe bei intermediärem p.

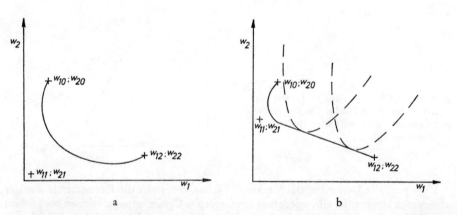

Abb. 5.2.5: a) Die Heterozygoten sind in der zweiten Nische beiden Homozygoten unterlegen. Bei grobkörniger Umwelt sind polymorphe Optimumpopulationen möglich. b) In diesem Fall gibt es bei grobkörniger Umwelt eine monomorphe und eine polymorphe Optimumpopulation. Bei feinkörniger Umwelt sind in beiden Fällen nur monomorphe Optimumpopulationen denkbar.

Die Beispiele ab Fig. 5.2.2 setzten Zufallspaarung innerhalb der Population voraus. In der Natur aber gibt es alle Übergänge zwischen zufallsmäßig paarenden und fast ausschließlich nach Selbstbefruchtung reproduzierenden Populationen. Die Häufigkeiten der drei Genotypen A_1A_1, A_1A_2 und A_2A_2 in einer als Folge von Selbstbefruchtung oder aus anderen Gründen inzüchtenden Population mit dem Inzuchtgrad f werden erwartet zu (vgl. Gleichung 4.3.7):

$$[q^2 + fq(1-q)]A_1A_1 + 2q(1-q)(1-f)A_1A_2 + [(1-q)^2 + fp(1-q)] A_2A_2$$

Wenn f seinen maximalen Wert 1 annimmt, gibt es nur noch die beiden Homozygoten, bei f = 0 sind die Genotypenhäufigkeiten der zufallspaarenden Population wieder hergestellt.

Dies bedeutet, daß bei zunehmendem Inzuchtgrad das Gewicht immer mehr auf die beiden Homozygoten verlagert wird. Die Häufigkeit der Heterozygoten und ihr Einfluß auf die Form der Fitnessmenge wird immer geringer, bis, bei f = 1, die Population nur aus zwei Phänotypen = Genotypen besteht. Abb. 5.2.6 zeigt, wie bei partieller Dominanz die Fitnessmenge bei zunehmendem Inzuchtgrad flacher, d. h. weniger konvex wird. Der Paarungstyp, der den Inzuchtgrad einer Population bestimmt, ist somit mit verantwortlich für die Form der Fitnessmenge.

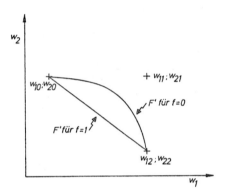

Abb. 5.2.6: Partielle Dominanz in beiden Nischen. Die Fitnessmenge F' ist konvex bei f = 0 und eine Gerade bei f = 1 (nur noch homozygote). Zunehmende Inzucht führt zu Abflachung der Fitnessmenge.

In bestimmten Fällen, wenn etwa die Heterozygoten in einer oder in beiden Nischen geringere Fitness haben, wäre für die Population vollständige Dominanz eines der beiden Allele die beste Lösung.

Das geht z. B. aus Abb. 5.2.5 hervor. Innerhalb eines weiten Bereichs der Nischenhäufigkeit wären hier Mischpopulationen aus nur Genotypen A_1A_1 und A_2A_2 überlegen. Solche Populationen wären erreichbar entweder durch einen speziellen Paarungstyp, der strenge Inzucht und damit Anreicherung der beiden Homozygoten zur Folge hätte (Abb. 5.2.6), durch assortative Paarung, also bevorzugte Paarung der A_1A_1 mit A_1A_1 und der A_2A_2 mit A_2A_2, oder aber durch Evolution von Dominanz. Bei vollständiger Dominanz nämlich eines der beiden Allele würden nur noch zwei Phänotypen angeboten werden, statt der drei bei anderer Genwirkung vorhandenen (Abb. 5.2.7).

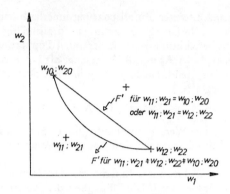

Abb. 5.2.7: Die beiden Homozygoten besitzen in ihren Nischen deutlich überlegene Fitness, die Heterozygoten sind unterlegen. Bei Evolution von Dominanz wird F' zunehmend flacher.

Hier zeichnet sich die Möglichkeit ab, durch die Änderung des Paarungstyps, etwa vermittels Herstellung von genetischen Mechanismen, welche die Selbstbefruchtungsrate verändern oder assortative Paarung zur Folge haben, oder aber durch modifikatorische Gensysteme, die Änderung der Dominanz bewirken, die Form der Fitnessmenge drastisch zu verändern. Wir sehen, daß die Fitnessmenge, wie jede andere Komponente des genetischen Systems, selbst der Evolution unterliegt und zwecks Optimalisierung der mittleren Fitness der Population durch Auslese verändert werden kann. Beide Themen – Vor- und Nachteile bestimmter Paarungstypen und Evolution von Dominanz – sind deshalb seit Jahrzehnten Gegenstand populationsgenetischer Forschung. Es sei bemerkt, daß natürlich auch Überdominanz ihre Nachteile für die Population hat, denn sie führt dazu, daß in jeder Generation Homozygote und damit in der Fitness unterlegene Genotypen produziert werden. Auch hier wäre die Evolution anderer Dominanzverhältnisse sicherlich oft die beste Antwort der Population auf die Anforderungen der Umwelt.

5.3 Anwendungen der ‹Strategie Analyse›

Wir wollen die geometrische Darstellung der Optimumpopulation ergänzen durch ein Beispiel für die mathematische Herleitung der Optimumpopulation in einem bestimmten Fall und durch einige Anwendungsbeispiele. Die bis hierher verwendeten Symbole werden beibehalten. Es geht formal zunächst um die Abbildung $\mu(q)$ des Intervalls von q zwischen 0 und 1 im Fitnessraum für zwei Nischen:

$$\mu(q) = (q^2 W_{10} + 2q(1-q)W_{11} + (1-q)^2 W_{12};\ q^2 W_{20} + 2q(1-q)W_{21} + (1-q)^2 W_{22})$$
$$0 \leq q \leq 1;\ W_{ik} \geq 0$$

Für die W_{ij} werden Werte gleich oder größer 0 zugelassen. Jedes Element im Vektor $\mu(q)$ bedeutet natürlich ein Wertepaar $(W_1; W_2)$ für bestimmtes q:

$$q^2 W_{10} + 2q(1-q)W_{11} + (1-q)^2 W_{12} = \overline{W}_1.$$
$$q^2 W_{20} + 2q(1-q)W_{21} + (1-q)^2 W_{22} = \overline{W}_2.$$

Für eine grobkörnige Umwelt hatte die adaptive Funktion die Form

$$K(\mu) = W_1^p \cdot W_2^{(1-p)}; \quad 0 \leq p \leq 1; \quad \mu = (W_1; W_2)$$

Zu bestimmen ist das Supremum von $K(\mu(q))$. Hierfür wählen wir die logarithmische Form der adaptiven Funktion (s. o.) und finden

$$\log K(\mu(q)) = p \log(q^2 W_{10} + 2q(1-q)W_{11} + (1-q)^2 W_{12}) +$$
$$+ (1-p) \log(q^2 W_{20} + 2q(1-q)W_{21} + (1-q)^2 W_{22})$$

$$\frac{d}{dq} \log K(\mu(q)) = p \frac{2qW_{10} + 2W_{11}(1-2q) - 2(1-q)W_{12}}{q^2 W_{10} + 2q(1-q)W_{11} + (1-q)^2 W_{12}} +$$
$$+ (1-p) \frac{2qW_{20} + 2W_{21}(1-2q) - 2(1-q)W_{22}}{q^2 W_{20} + 2q(1-q)W_{21} + (1-q)^2 W_{22}} = 0$$

was gleichbedeutend ist mit

$$p [(qW_{10} + W_{11}(1-2q) - (1-q)W_{12}) (q^2 W_{20} + 2q(1-q)W_{21} + (1-q)^2 W_{22})] =$$
$$= (p-1) [q^2 W_{10} + 2q(1-q)W_{11} + (1-q)^2 W_{12}] (qW_{20} + W_{21}(1-2q) - (1-q)W_{22}).$$

Nach einigen Umformungen erhält man daraus die Gleichung

$$a = (W_{10} - 2W_{11} + W_{12}) (W_{20} - 2W_{21} + W_{22})$$
$$b = W_{10}(W_{21} - W_{22}) + 2W_{11}(W_{20} - 3W_{21} + 2W_{22}) + W_{12}(5W_{21} - 3W_{22} - 2W_{20}) + p[W_{10}(W_{21} - W_{22}) + W_{11}(W_{22} - W_{20}) + W_{12}(W_{20} - W_{21})])$$
$$c = 2W_{11}(W_{21} - W_{22}) + W_{12}(W_{20} - 4W_{21} + 3W_{22}) + p[W_{22}(W_{10} - 2W_{11}) + W_{12}(2W_{21} - W_{20})]$$
$$d = (1 - p)W_{12}(W_{21} - W_{22}) + p W_{22}(W_{11} - W_{12}).$$
$$0 = q^3 a + q^2 b + qc + d$$

Wählen wir ein fiktives Beislpiel eines Genlocus mit den beiden Allelen A_1 und A_2 in einer zufallspaarenden Population über zwei Nischen und den folgenden Eignungswerten der drei Genotypen

Genotyp	W_{1j}	W_{2j}
$A_1 A_1$	0.8	0.6
$A_1 A_2$	1.0	1.0
$A_2 A_2$	0.5	0.9

p sei jeweils 0.3, 0.5, 0.8.

Das Ergebnis ist in Abb. 5.3.1. dargestellt. Monomorphe Optimumpopulationen sind hier nicht möglich wegen Überdominanz in beiden Nischen. Ein geographischer Gradient der Nischenhäufigkeit p würde deshalb an beiden ‹Enden› noch polymorphe Optimumpopulationen haben, selbst wenn diese Enden bei p = 1 bzw. p = 0 lägen.

Als erstes Beispiel für im Experiment bestimmte Fitnessmengen wählen wir die von McNaughton (1970) veröffentlichten Phytotronversuche mit nordamerikanischen Rohrkolben-Arten von *Typha*. Entlang eines Latitudinalgradienten von North Dakota bis Texas wurden Stichproben von insgesamt 12 Populationen entnommen, davon 7 der

Art *T. latifolia*, 3 von *T. angustifolia* und 2 von *T. domingensis*. Die erstgenannte Art ist entlang des Querschnitts überall verbreitet, *T. angustifolia* kommt im nördlichen, *T. domingensis* im südlichen Abschnitt vor. Sie werden deshalb von vornherein mehr als Spezialisten klassifiziert denn als Universalisten wie die erste Art. Als Maßstab für die Fitness wurde das Wachstum gewählt, was natürlich nicht absolut korrekt ist. Die Populationen wurden in fünf Umwelten verglichen, die durch verschiedene Kombinationen von Photoperioden und Nachttemperaturen hergestellt wurden. Die Temperatur am Tage war immer 30° C.

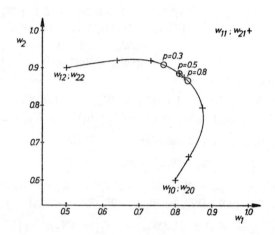

Abb. 5.3.1: Lage der Optimumpopulationen bei drei Nischenhäufigkeiten p für ein fiktives Beispiel. Erklärung im Text.

Natürlich ist es etwas ungewöhnlich, verschiedene Lokalrassen oder gar Arten als Phänotypen zu bezeichnen und gar daraus Fitnessmengen abzuleiten. Doch ist zu bedenken, daß alle drei Arten erfolgreich untereinander kreuzen wo sie zusammentreffen und daß es bei diesem Versuch darauf ankam zu zeigen, welchen Einfluß die Auslese gehabt hat.

Die Nischenunterschiede liegen also an zwei Dimensionen vor:

Nische	Photoperiode	Nachttemperatur
1	12 h	24° C
2	16	16
3	14	16
4	12	16
5	16	24

Einige Ergebnisse sind in Abb. 5.3.2 dargestellt. W_1 steht für die Fitness in der ersten Nische usw. Die Fitnessmenge w_1/w_4 war als einzige konvex. In beiden Nischen beträgt die Tageslänge 12 Stunden; die Nachttemperaturen sind um 8° verschieden. Beim Vergleich w_5/w_2 jedoch, mit in beiden Fällen gleichen Tageslängen und ebenfalls um 8° verschiedenen Temperaturen, ist die Fitnessmenge konkav. Zwischen der zweiten und dritten Nische, die oben in Abb. 5.3.2 der ersten gegenübergestellt sind, besteht nur ein Unterschied in der Tageslänge von zwei Stunden. Obzwar die Fitnessmengen ähnlich sind, findet man doch eine erhebliche Umwertung der einzelnen Fitnesspunkte.

Die in der Abb. 5.3.2 mit Zahlen bezeichneten Punkte repräsentieren
1. *T. angustifolia*, Fargo, N. Dak.
2. *T. latifolia*, Salem, S. Dak.
3. *T. angustifolia*, Lincoln, Nebr.
4. *T. domingensis*, Oklahoma City Okl.
5. *T. domingensis*, Austin, Texas

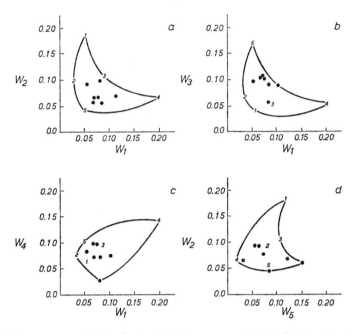

Abb. 5.3.2: Fitnessmengen bei *Typha* (nach McNaughton, 1970). Erklärung im Text.

Alle Populationen von *T. latifolia* tendieren dazu, Plätze im Inneren der Fitnessmenge einzunehmen. Das Klima, zumindest Photoperiode und Nachttemperatur, ist deshalb für die Fitness in dieser Art weniger bedeutend als für die Spezialisten *angustifolia* und *domingensis*.

Ein weiterer Vergleich der drei Arten zeigt, daß *T. latifolia* nun zwar nicht klimatisch, wohl aber an anderen Nischendimensionen spezialisiert ist. Die Art ist nur unter Süßwasserbedingungen konkurrenzüberlegen, wo sie extrem gut vegetativ reproduziert. Bei höherem Salzgehalt des Bodens sind ihr, je in ihrem Klimabereich, die beiden anderen überlegen. *T. latifolia* wird deshalb als ein klimatischer Generalist aufgefaßt, aber spezialisiert an der Nischendimension Salzgehalt des Bodens. Die beiden anderen Arten sind klimatisch spezialisiert, aber Generalisten an der Nischendimension Bodensalz.

Bis hierher sind wir von distinkten Phänotypen ausgegangen. Sie wurden dargestellt als Punkte im Fitnessraum. In der Natur dürfte es jedoch viel häufiger den Fall geben, in dem jeder Phänotyp bei einem bestimmten Wert einer Nischenvariablen optimale Fitness besitzt, die mit zunehmendem Abstand auf der Skala der Nischenvariablen abnimmt. Hierzu einige Beispiele. KOEHN (1968) beschreibt für den Fisch *Catostomus clarkii* im Colorado River einen Häufigkeitsklin für zwei Allele eines Esterase-Locus. Das vom im oberen Flußlauf häufigeren Allel produzierte Isoenzym zeigt ein Aktivitätsoptimum bei deutlich niederer Temperatur als das vom im unteren Flußlauf häufigeren Allel produzierte. Die Heterozygoten, die ja beide Enzymvarianten besitzen, haben im oberen wie im unteren Flußabschnitt offenbar ähnlich gute Fitness.

In diesem Zusammenhang sei vermerkt, daß es sich hier um eine Umweltheterogenität handelt, die verschieden ist von der jahreszeitlichen Heterogenität der Nischendimension Temperatur, die bei der Regenbogenforelle zur doppelten und alternativ schaltbaren Ausstattung mit Genloci für niedere und höhere Wassertemperatur führte (SOMERO und HOCHACHKA, 1971), also zu einer Anpassungs-Strategie (Kap. 3). Das Temperaturmilieu von *Catostomus* zeigt einen geographischen Gradienten.

LANGRIDGE (1962) weist anhand eigener Versuche und vieler Literaturstellen nach, daß Temperaturabhängigkeit von Enzymen (sekundäre Genprodukte) bei Pflanzen, z. B. bei *Arabidopsis* und bei *Zea mais*, wie bei Tieren ohne Selbstregulierung der Temperatur sehr häufig sein muß. Auch die von Pflanzenzüchtern angestrebte Heterosis mag oft auf diese Weise erklärt sein – Heterozygote besitzen mehr als eine Genvariante wie *Catostomus* am Esterase-Locus.

Aber auch Optima für andere Milieuvariable sind sicherlich häufig. WILLIAMS (1964) berichtet einen Fall bei Pflanzen, in dem ein Gen den pH-Wert des Zellsaftes von 6 auf 4 herabsetzte, was drastische Änderung der Wirkung der von anderen Genloci produzierten Enzyme zur Folge hatte. Wir kommen auf ähnliche Fälle von Epistase, d. h.

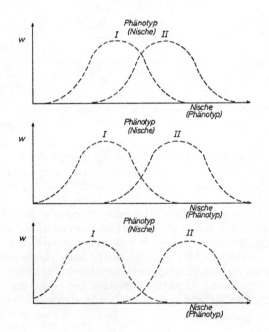

Abb. 5.3.3: Fitnessverteilung als eine Funktion der Umwelt (bzw. des Phänotyps). Weitere Erklärungen im Text.

von Interaktionen zwischen Genen an verschiedenen Loci, noch zurück und erwähnen dies hier nur, um zu zeigen, daß die gleichen Argumente für das äußere wie das innere Milieu eines Gens gelten können.

Die Breite seiner Optimumkurve kann als Maß für die Umwelttoleranz eines Phänotyps gelten. Fällt sein Fitnesswert beiderseits des Optimalwerts nur langsam ab, besitzt er hohe, fällt er rasch ab, besitzt er geringe Umwelttoleranz. Nehmen wir eine symmetrische Optimumkurve an, so können wir den Abstand y einer Umwelt vom Optimum s für diesen Phänotyp durch die absolute Differenz $|s-y|$ messen. Bezeichnen wir den Abfall nach beiden Seiten mit C, so wäre die Toleranz des Phänotyps gegeben durch $C|s-y|$ (LEVINS, 1962). In der Abb. 5.3.3 wurde dies für zwei Phänotypen mit verschiedenen Optima über der gleichen Nischendimension dargestellt. Als Typ der Optimumkurve wurde eine Glockenkurve in Art der Normalverteilung gewählt. Die obere Figur zeigt einen Fall, in dem sich die Kurven für beide Phänotypen oberhalb der Wendepunkte schneiden, in dem also die Unterschiede zwischen den Optima relativ klein sind. Die mittlere Figur gibt den Fall, in dem sich die Kurven am Wendepunkt schneiden, und die untere eine Situation mit Schnittpunkt unterhalb des Wendepunkts, d. h. einen Fall relativ großer Unterschiede zwischen den Optima.

Wir sind hier offenbar gezwungen, die Beziehungen der Genotypen zur Umwelt zu relativieren. Im Falle breiter Kurven etwa würde – gleichbleibende Abstände der Optima an der Nischendimension vorausgesetzt – die Fitness beider Phänotypen weniger verschieden sein als bei schmalen Kurven. Denn der Überlappungsbereich ist dann viel größer. Toleranz eines Phänotyps muß also unter Bezugnahme auf die Form der Eignungskurve über der Nischendimension angegeben werden.

Man kann nun natürlich das Argument auch umkehren. Nische und Phänotyp sind, wie wir schon festgestellt haben, weitgehend austauschbare Begriffe. So könnte man eine kontinuierliche Folge von Phänotypen auf der Abszisse annehmen und zwei distinkte Nischen. Die graphische Darstellung wäre dann ähnlich der in Abb. 5.3.3, nur stände unter der Abszisse Phänotyp und über den Kurven Nische, wie in der Figur in Klammern angedeutet.

Die Darstellung läßt sich in den Fitnessraum mit der Fitness der Phänotypen in beiden Nischen als Koordinaten projizieren. Man erhält dann eine Fitnessmenge, begrenzt durch die Punkte auf den Kurven der Figur. Diese Projektion gibt Abb. 5.3.4.

Erinnern wir uns jetzt daran, daß die Kurven, die man aus den adaptiven Funktionen erhält, sich der Fitnessmenge mit abnehmendem K von rechts oben nähern. Im rechten oberen Bereich waren und sind auch hier die Optimumpopulationen zu finden. Nur dieser Grenzbereich der Fitnessmenge ist deshalb für uns interessant. Wenn wir die Projektion der Fitness der beiden Phänotypen in den Fitnessraum betrachten und eine konvexe Fitnessmenge finden, so müssen wir annehmen, die Kurven hätten ihren Schnittpunkt oberhalb der Wendepunkte, die Toleranz der Phänotypen sei also relativ groß im Verhältnis zu den Nischenunterschieden. Ist die Fitnessmenge jedoch konkav, so ist die relative Toleranz gering, die Kurven schneiden sich unterhalb der Wendepunkte. In diesem Fall liegen, wie in Abb. 5.3.4 unten durch die gestrichelte Linie angedeutet, die Mischpopulationen auf der Verbindungslinie zwischen den Eckpunkten der Fitnessmenge. Im Falle der konvexen Fitnessmenge würde diese Verbindungslinie innerhalb von F verlaufen. An der Grenze selbst sind nur monomorphe Populationen zu finden. Alle Optimumpopulationen, gleich ob bei feinkörniger oder bei grobkörniger Umwelt, wären monomorph. Abhängig natürlich von der Nischenhäufigkeit.

Interessant ist in diesem Zusammenhang wieder das Verhalten geographischer Gradienten. Je mehr konvex die Fitnessmenge, um so weniger ändert sich bei abnehmendem p der Optimumphänotyp. Bei konkaver Fitnessmenge gibt es wieder einen kritischen Wert für p, oberhalb und unterhalb dessen monomorphe Optimumpopulationen existieren.

Natürlich können Fitnessmengen des Typs, den wir aus unseren beiden Phänotypen mit Optima der Fitness bei zwei Nischen erhalten haben, auch über viele Phänotypen entlang der Nischendimension konstruiert werden. Entscheidend für die Reaktion der Population entlang eines Gradienten ist auch dann die Form der Fitnessmenge.

Die entgegengesetzte Situation würde eine mosaikartige Umwelt darstellen, in der zwei oder mehrere Komponenten (‹*patches*›) (vgl. LEVENE, 1953) realisierte verschiedene Teile der fundamentalen Nische einer Population enthalten. Diese Situation resultiert besonders oft aus der kleinräumig geographischen Variation des Bodens als Bestandteil der Umwelt von Pflanzen- aber auch von Tierpopulationen. Die Verteilung des Grundgesteins, Topographie, Unterschiede in der Wasserversorgung u. a. sind daran beteiligt. Betrachten wir wieder einen Fall mit zwei Phänotypen über zwei Nischen, die nun als ‹Flecken› vorkommen.

Ist die Größe dieser Flecken klein im Verhältnis zur Migrationsweite der betreffenden Art, so sind die Umwelten von Eltern und Nachkommen unkorreliert. Sind hingegen die Flecken relativ groß, so ist die Wahrscheinlichkeit für ein Individuum, in der gleichen Nische aufzuwachsen wie seine Eltern, größer als es dem Anteil der betreffenden Nische nach zu erwarten wäre. Es kommt zur Anreicherung von Phänotypen mit überlegener Fitness in der betreffenden Nische (Flecken). Dieser Prozeß und sein Endergebnis sind weiter abhängig von den relativen Fitnessunterschieden der Phänotypen,

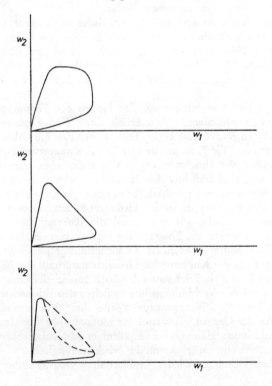

Abb. 5.3.4: Fitnessmengen bei zwei Nischen. Weitere Erklärungen im Text.

also ihrer Toleranz im Verhältnis zur Größe der Nischendifferenzen. Man findet in der Literatur die verschiedensten Näherungen an dieses Problem, das in den Einzelheiten vielfach variiert werden kann. Wir werden deshalb noch einmal darauf zurückkommen.

Unser letztes Beispiel bringt auf dieser Grundlage eine Untersuchung der genetischen adaptiven Strategien mimetischer Lepidopteren. Wir folgen dabei im wesentlichen WILLIAMSON und NELSON (1972). Eine Diskussion des Phänomens Mimikry und viele Beispiele findet der Leser in der deutschsprachigen Literatur u. a. bei WICKLER (1968).

Die Autoren gehen von folgenden Voraussetzungen aus:
- Bestimmte Populationen sind für ihre potentiellen Feinde ungenießbar und haben daneben Farbmuster (oder Verhaltensmuster) entwickelt, mit denen sie ihre Ungenießbarkeit propagieren;
- einige ihrer Feinde, vor allem Vertebraten, lernen es, die Ungenießbarkeit mit diesen Mustern zu assoziieren und meiden sie einige Zeit nach Abschluß des Lernprozesses;
- die Feinde tendieren dazu, ihre Erfahrung auch auf andere Beutetiere auszudehnen, die infolgedessen schon aus geringer Ähnlichkeit mit den gemiedenen Modellen selektive Vorteile ziehen können;
- dieser Auslesevorteil wird durch einen Komplex von Merkmalen bedingt, doch kann man annehmen, größere Ähnlichkeit würde immer besseren Schutz garantieren, so daß man die Vielfalt der Farbmuster an einer Koordinate wachsender Ähnlichkeit ordnen kann;
- die Farbmuster beeinflussen daneben die Paarungswahrscheinlichkeit, und auch dieser Einfluß kann auf einer einzigen Koordinate dargestellt werden (größte Paarungswahrscheinlichkeit besitzt die ursprüngliche, noch nicht mimetische Form);
- der Selektionsdruck kann bei Männchen oder Weibchen verschieden sein, die optimalen Strategien der Geschlechter sind deshalb nur kongruent, wenn beide dem gleichen Auslesedruck ausgesetzt sind;
- auf ein Geschlecht begrenzte Expressivität der Farbmustergene ist bei Lepidopteren häufig, so daß verschiedene optimale Strategien der Geschlechter von vornherein in Rechnung gestellt werden müssen.

Es sei nun weiter y_1 der mimetische Phänotyp, y_2 der nichtmimetische, S_1 die Situation gegenüber dem Räuber, S_2 die Umweltsituation hinsichtlich der Paarungswahrscheinlichkeit. Dann kann man die Gesamtsituation wie etwa in Abb. 5.3.5 schematisieren.

Aus dieser Figur könnte man wie aus Abb. 5.3.3 die Fitnessmengen F und F' herleiten. Wenn visuell bedingte Paarungspräferenzen zunehmen, nimmt die Toleranzbreite der Fitnesskurve für S_2 ab und der Überlappungsbereich beider Kurven ebenfalls. Gleichzeitig nimmt aber auch die aus der Paarungswahrscheinlichkeit resultierende Fitnesskomponente der mimetischen Phänotypen ab. Prinzipiell ähnlich, doch in der

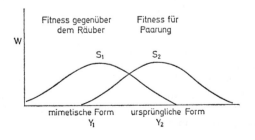

Abb. 5.3.5: Fitness für zwei Morphe eines mimetischen Polymorphismus in zwei Nischen (nach WILLIAMSON und NELSON, 1972).

Richtung entgegengesetzt, wirkt eine Änderung im Grad der Diskriminierung beider Phänotypen durch den Räuber. Nun währt das ‹biologisch sinnvolle› Leben eines Männchens bei den meisten Lepidopteren nur bis zur Paarung, das des Weibchens aber bis zur vollendeten Eiablage. Deshalb ist das Weibchen oft der Gefährdung über eine längere Zeitspanne ausgesetzt, der Vorteil der Mimikry wird ausgeprägter im weiblichen Geschlecht. Dann sind aber auch die Fitnessmengen beider Geschlechter verschieden, wie in Abb. 5.3.6 für konkave Fitnessmengen und feinkörnige Umwelt dargestellt. Die männliche Optimumpopulation ist hier monomorph für den in der Paarungswahrscheinlichkeit, die weibliche monomorph für den mimetisch überlegenen Phänotyp.

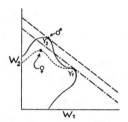

Abb. 5.3.6: Verschiedene Fitnessmengen für Männchen und Weibchen. Es gibt zwei verschiedene Optimumpopulationen (nach WILLIAMSON und NELSON, 1972). Erklärung im Text.

Es existieren aber auch Populationen, in denen der Polymorphismus beschränkt ist auf das weibliche Geschlecht, während die Männchen monomorph für den nicht-mimetischen Typ sind. Dies wäre z. B. zu erwarten, wenn der Umweltkomponente ‹Räuber› für die Männchen feinkörnig, für die Weibchen aber grobkörnig ist. In Abb. 5.3.7 ist eine solche Möglichkeit schematisch wiedergegeben. Eine einleuchtende Erklärung dieses zunächst vielleicht überraschenden Unterschieds für Männchen und Weibchen der gleichen Art auch in der Körnigkeit der Umwelt scheint in vielen Fällen darin zu liegen, daß die Männchen auf der Suche nach Weibchen große Strecken zurücklegen und damit alle ‹patches› der Umwelt mit der Häufigkeit passieren, in der sie im Biotop vorkommen. Die Weibchen andererseits sind weniger reiselustig und verbleiben deshalb meist im gleichen Umweltpatch.

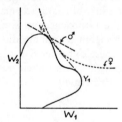

Abb. 5.3.7: Eine Fitnessmenge mit feinkörniger Umwelt für die Männchen und grobkörniger für die Weibchen (nach WILLIAMSON und NELSON, 1972). Erklärung im Text.

Damit wollen wir die Diskussion von genetischen adaptiven Strategien zunächst beschließen. Wir könnten schon an dieser Stelle die Diskussion des Anpassungswertes von Populationen noch einmal aufnehmen und nun statt nach dem Anpassungswert nach Optimumpopulationen oder optimalen genetischen Strategien fragen. Doch wollen wir zunächst noch mehr über die Natur genetischer Polymorphismen erfahren, bevor wir diese Frage erneut aufgreifen.

6. Genetische Polymorphismen

Die Beschäftigung mit genetischen Polymorphismen, sowohl in der Populationsgenetik als auch in der ökologischen Genetik, hat viele Gründe. Der gewichtigste unter ihnen war aber wohl die Annahme, daß man aus ihrer Erforschung Informationen über die Prozesse der DARWINschen Evolution erhalten würde, die man anhand der in der Zeit und im Raum variablen Häufigkeiten der Morphe verfolgen und erklären kann. Die Arbeiten DOBZHANSKYs und seiner Schule über die Polymorphismen von Chromosomenstrukturen bei *Drosophila,* von FORD und vielen anderen über Polymorphismen der Ausfärbung und Musterung von Lepidopteren, hier am bekanntesten wohl die Erforschung der Industriemelanismen, und Arbeiten über die Farb- und Bänderungsvarianten bei Schnecken haben in der Tat tiefe Einblicke in die Arbeit der Werkstatt der Evolution vermittelt. Für die ökologische Genetik wurden genetische Polymorphismen interessant als man feststellte, daß sie in der Regel oder immer als ‹adaptive› oder ‹balancierte› Polymorphismen aufgefaßt werden können, welche die Anpassung der Population an ihre Umwelt verbessern oder überhaupt erst ermöglichen. Korrelationen der Häufigkeiten der Morphe zu Umweltvariablen oder zur Art der Heterogenität von Umweltvariablen bewiesen ihre Nützlichkeit für die Anpassung von Populationen und die Notwendigkeit, sie in Arbeiten der ökologischen Genetik zu berücksichtigen. In mindestens einem Fall, dem Industriemelanismus bei *Biston betularia (Lepidoptera),* konnte der Prozeß der Entstehung und weiteren Evolution über mehr als hundert Generationen verfolgt werden.

Die Erforschung der genetischen Polymorphismen ist so eines der interessantesten Kapitel in der Geschichte der Populationsgenetik, und ihre intime Kenntnis ist Voraussetzung für die Lösung vieler praktischer Probleme der ökologischen Genetik. Wir werden im folgenden ausgewählte Fälle skizzieren und durch Beispiele belegen, doch kann dies kein Ersatz sein für die in der Literatur vorhandenen mehr eingehenden Diskussionen. Der Leser wird deshalb noch einmal auf das Buch von FORD (1964) verwiesen, ebenso auf den engen Zusammenhang zwischen diesem und dem vorhergehenden Kapitel, denn es wird sich herausstellen, daß die genetischen Polymorphismen in den meisten Fällen genetische adaptive Strategien repräsentieren.

6.1 Überdominanz im Merkmal Fitness

Diesen Fall hatten wir im Abschnitt 4.1 bereits behandelt. Bei überlegener Fitness der Heterozygoten – Überdominanz im Merkmal Fitness – kommt es zur Einrichtung eines Gleichgewichts der Genhäufigkeiten, dessen Lage durch die Unterschiede in der Fitness der beiden Homozygoten bestimmt wird. Als Beispiel findet man in den Lehrbüchern der Populationsgenetik meist die Sichelzellenanämie beim Menschen.

Zwei Allele des S-Locus, s und S, sind mitverantwortlich für den Aufbau funktionsfähiger Erythrozyten. Homozygote ss sterben im Säuglingsalter, s ist rezessiv-letal. In Gebieten mit hoher Infektionsrate mit Malariaerregern jedoch wird s mit Häufigkeiten bis zu 30 % und mehr gefunden. Hier sind die Heterozygoten resistent gegen Malaria und haben deshalb die höchste Reproduktionsrate. Malariaresistenz als Folge einer spezifischen Struktur der Erythrozyten der Ss-Individuen ist Ursache ihrer Überdominanz, und nur in Malariagebieten existiert Überdominanz am S-Locus. In allen anderen Gebieten der Erde gehört s zur genetischen Belastung der Populationen von *Homo sapiens* (eine nähere Erklärung des Begriffs der genetischen Belastung oder genetischen Bürde einer Population wird im Band über Populationsgenetik (SPERLICH, 1973) des G. Fischer Verlages gegeben). Weitere Beispiele für Ursachen von Überdominanz hatten wir im vorhergehenden Kapitel vorweg genommen.

Über die Bedeutung von Überdominanz für den Anpassungswert von natürlichen Populationen ist in den letzten Jahrzehnten viel geschrieben worden. Viele Autoren waren und sind der Meinung, daß eine Population nur einen begrenzten Anteil überdominanter Genloci tragen kann, da anderenfalls die genetische Bürde als Folge der ansteigenden Häufigkeit im Merkmal Fitness unterlegener Homozygoter extrem groß wird. Im nächsten Beispiel (Tab. 6.1.1) bringen wir deshalb eine Schätzung über die Häufigkeit des Vorkommens überdominanter Loci in realen Populationen. An insgesamt 11 Loci von drei Pflanzenarten waren nur einmal beide Homozygoten dem Heterozygoten überlegen und zweimal einer der beiden Homozygoten. Überdominanz im Merkmal Eignung ist demnach zumindest nicht selten.

Tab. 6.1.1: Relative Fitness der Genotypen verschiedener Marker bei drei Pflanzenarten (nach einer Zusammenstellung bei ALLARD 1965)

Genotyp	aa	Aa	AA
Bohne			
S-Locus	0,35	1,00	0,53
D-Locus	0,47	1,00	0,58
S-Locus (andere Schätzung)	0,66	1,00	0,66
Gerste			
B-Locus	1,31	1,00	1,06
S-Locus	0,96	1,00	0,81
G-Locus	0,82	1,00	1,04
E-Locus	0,59	1,00	0,47
Bl-Locus	0,54	1,00	0,61
R-Locus	0,68	1,00	0,82
Bt-Locus	1,06	1,00	0,96
Sh-Locus	0,63	1,00	0,71
Wildhafer			
Lc-Locus Pop. 60/1	0,30	1,00	0,50
Lc-Locus Pop. 61/1	0,56	1,00	0,64
Lc-Locus Pop. 60/5	0,44	1,00	0,41
Lc-Locus Pop. 61/7	0,54	1,00	0,57

In einem weiteren Beispiel werden die Verhältnisse für die je neun möglichen Genotypen bei Kombinationen zweier Marker gezeigt (Tab. 6.1.2). In allen drei Fällen hatten die doppelt Heterozygoten die höchste Eignung. Die Überdominanz an jedem der Loci wurde auch nicht gestört durch die Besetzung durch verschiedene Allelkombinationen am jeweils anderen Locus. Man kann also davon ausgehen, daß sie in vielen Fällen addiert.

Tab. 6.1.2: Geschätzte Fitness für drei Paare markierter Loci (besser markierter Chromosomensegmente) bei der Bohne nach ALLARD und HANSCHE (1965). In den Zeilen sind die Genotypen des ersten, in den Spalten die des zweiten Markers variiert. In den Zellen ist relative Fitness der je neun Genotypen angegeben

a) Cc/Dd		dd	Dd	DD
	cc	0,504	0,724	0,535
	Cc	0,794	1,000	0,811
	CC	0,577	0,784	0,595
b) Vv/Dd		dd	Dd	DD
	vv	0,644	0,841	0,663
	Vv	0,803	1,000	0,821
	VV	0,644	0,842	0,663
c) Pp/Rr		rr	Rr	RR
	pp	0,401	0,591	0,299
	Pp	0,606	1,000	0,593
	PP	0,293	0,568	0,386

Es deutet vieles darauf hin, daß Überdominanz in Fitness eine der Ursachen für die Aufrechterhaltung genetischer Polymorphismen ist. Besonders instruktiv sind natürlich Informationen aus Versuchen, in denen man die Fitness der Homozygoten und des Heterozygoten direkt vergleichen kann, wie dies in den genannten Beispielen der Fall war. HEBERT et al. (1972) bringen ein weiteres Beispiel dieser Art, das ausgewählt wurde, weil die Versuchsanstellung eine prinzipiell andere war. Sie untersuchten zwei Isozymsysteme in zwei von einander isolierten Populationen des Wasserflohs *Daphnia magna*, der unter bestimmten Bedingungen ausschließlich parthenogenetisch reproduziert. Sie fanden in jedem Fall eine Zunahme der heterozygoten ‹Klone› in der Zeit. Die Fitness der Heterozygoten in der Phase asexueller Vermehrung war demzufolge deutlich größer als die der Homozygoten.

Wir könnten die Zahl eindrucksvoller Beispiele weiter vermehren, doch meinen wir, die wenigen ausgewählten würden genügen, um die Bedeutung des Heterozygotenvorteils in Fitness hinreichend zu dokumentieren.

6.2 Epistase und Kopplung

Im vorhergehenden Abschnitt hatten wir gesehen, daß Überdominanz in Fitness zur Aufrechterhaltung genetischer Polymorphismen führen kann. Überdominanz oder Dominanz allgemein kann als Interaktion der Allele eines Genlocus in den Heterozygoten aufgefaßt werden. Es kann aber auch Interaktionen zwischen den Allelen an verschiedenen Loci geben, und auch in solchen Fällen kann es unter bestimmten Voraussetzungen zur Einrichtung genetischer Polymorphismen kommen. KOJIMA (1959) hat als einer der ersten versucht, Bedingungen für die Stabilität solcher Polymorphismen zu definieren. MORAN (1963) konstruierte ein Epistasemodell, das bei nur zwei Loci mit je zwei Allelen schon 5 Gleichgewichtspunkte besaß, von denen 3 nachbarschaftsstabile und 2 unstabile Gleichgewichte bezeichneten. Da man eine große Zahl verschiedener Epistasemodelle entwerfen kann, sind die Verhältnisse ziemlich unübersichtlich und lassen sich keine so einfachen und generellen Lösungen finden wie für den Fall von Interaktionen zwischen Allelen des gleichen Genlocus (Dominanz).

Kompliziert wird das Problem durch die Möglichkeiten, zusätzlich verschiedene Kopplungsgrade einzuführen. Man betrachtet deshalb am besten Epistase und Kopplung gleichzeitig, denn in der Tat ist ja der Fall mit zwei unabhängig spaltenden Loci nur einer der beiden Grenzfälle. Wir wollen in unserer kurzen und unvollständigen Diskussion solcher Polymorphismen deshalb gleich Epistase und Kopplung berücksichtigen.

Natürlich wird es viele Möglichkeiten für Interaktionssysteme von Allelen an mehr als zwei Loci geben, gekoppelten wie ungekoppelten. FRANKLIN und LEWONTIN (1970) etwa stellen deshalb die Frage, ob das Gen unter diesen Umständen noch als die Einheit anzusehen sei, mit deren Hilfe man realistische Auslesemodelle konstruieren könnte. Sie kommen zu dem Schluß, man sollte besser ganze Chromosomen oder mindestens Chromosomenabschnitte einsetzen mit verschiedenen Kopplungsgraden zwischen den so erfaßten Blocks von Genloci. LEWONTIN (1971) konnte weiter zeigen, daß enge Kopplung oft Voraussetzung für maximale mittlere Fitness einer Population ist. Diese neueren Arbeiten versuchen ein altes Problem der ökologischen Genetik neu aufzurollen, das des Supergens oder des komplexen Locus. Hierunter werden in der Literatur Blocks eng gekoppelter Loci verstanden, deren Allele in funktionellen Abhängigkeiten stehen. Solche Supergene sind etwa für die Förderung der Fremdbefruchtung bei distylen Arten höherer Pflanzen verantwortlich. Sie enthalten hier so verschiedene Komponenten wie Genloci, die für die Länge der Griffel, für den Ansatz der Antheren und für Kreuzungsinkompatibilität sorgen. Der Leser wird viele Beispiele für genetische Polymorphismen auf Basis von Supergenen bei FORD (1964) finden. Beispiele für solche Genblocks sind auch die Geschlechtschromosomen, von denen jeweils eines vollständig geschützt ist gegen Aufbruch durch Crossover, oder invertierte Chromosomenabschnitte in Inversionspolymorphismen, bei denen ebenfalls Schutz gegen Crossover geboten wird. Wir können auf diese interessanten Fälle nur hinweisen. Sie sind häufig und haben große Bedeutung für die Koadaptation des Genpools von Populationen. Aber es gibt keine brauchbaren mathematischen Modelle für komplexe Situationen dieser Art. Wir könnten hier auch darauf verzichten, denn sie sind im Prinzip nichts anderes als Erweiterungen des Zwei-Loci-Falls, den wir im folgenden skizzieren.

Die Allele der beiden Loci seien A und a bzw. B und b. Es gibt vier verschiedene Gameten, jeweils mit bestimmten Häufigkeiten

	(1)	(2)	(3)	(4)
Gameten	ab	Ab	aB	AB
Häufigkeiten	g_1	g_2	g_3	g_4

Die Fitness eines Individuums (Genotyps), das nach Vereinigung des i-ten mit dem k-ten Gameten entsteht, sei W_{ik}. Dies ist wieder die Fitness im Sinne des WRIGHTschen Modells einer Population mit diskreten Generationen. Weiter seien $W_{ik} = W_{ki}$ und $W_{14} = W_{23}$. Letzteres bedeutet, daß beide doppelt-heterozygoten gleiche Fitness haben sollen. Wenn HARDY-WEINBERG-Struktur der Population angenommen wird (über beide Loci), erhält man die Häufigkeiten der Genotypen aus den g_i.

Man kann nun wieder, wie wir es im Abschnitt 4.2 ganz ähnlich für jeweils ein Allel getan haben, eine mittlere Fitness für jeden der vier Gameten über alle möglichen vier Kombinationen herleiten. Sie ist

$$\overline{W}_i = \sum_{k=1}^{4} W_{ik}g_k,$$

und die mittlere Fitness der Population wird

$$\overline{W} = \sum_{i=1}^{4} \overline{W}_i g_i.$$

Die Änderungen der Häufigkeiten der Gameten in einer Generation sind gegeben durch

$$\Delta g_1 = \frac{1}{\overline{W}}(g_1(\overline{W}_1 - \overline{W}) - RW_{14}D); \quad \Delta g_2 = \frac{1}{\overline{W}}(g_2(\overline{W}_2 - \overline{W}) + RW_{14}D)$$

$$\Delta g_3 = \frac{1}{\overline{W}}(g_3(\overline{W}_3 - \overline{W}) + RW_{14}D); \quad \Delta g_4 = \frac{1}{\overline{W}}(g_4(\overline{W}_4 - \overline{W}) - RW_{14}D).$$

Hierin ist R die Rekombinationsrate und D ein Maß für Kopplungsungleichgewicht, definiert durch den Wert der Determinante der g_i

$$D = g_1g_4 - g_2g_3.$$

Eine hinreichende Bedingung für $D = 0$ ist Unabhängigkeit der beiden Loci. Wenn $Q_a = g_1 + g_3$ und $Q_b = g_1 + g_2$ die Häufigkeiten von a und b bezeichnen, gilt $g_1 = Q_aQ_b$, $g_2 = (1-Q_a)Q_b$, $g_3 = Q_a(1-Q_b)$, $g_4 = (1-Q_a)(1-Q_b)$. Es sei darauf hingewiesen, daß $D = 0$ im allgemeinen nicht gleichbedeutend mit $R = 0.5$ sein muß.

Die Population befindet sich im Gleichgewicht, wenn alle $\Delta g_i = 0$. Allgemeine analytische Lösungen können für dieses System nicht angegeben werden. In Spezialfällen jedoch ist es möglich, Lösungen zu erhalten. So mögen die Fitnesswerte die folgenden Bedingungen erfüllen:

$$W_{44} = W_{11} = 1 - \delta; \quad W_{14} = W_{23} = 1; \quad W_{34} = W_{12} = 1 - \beta;$$
$$W_{33} = W_{22} = 1 - \alpha; \quad W_{24} = W_{13} = 1 - \gamma;$$

weiterhin gelte die Restriktion $g_4 = g_1$ und $g_2 = g_3$ für die Gleichgewichtswerte (damit also $Q_a = Q_b = \frac{1}{2}$).

BODMER und FELSENSTEIN (1967) zeigten, daß unter diesen Bedingungen folgende Gleichgewichte existieren:

$$g_1 = g_4 = \tfrac{1}{4} + \hat{D}; \quad g_2 = g_3 = \tfrac{1}{4} - \hat{D}.$$

$\hat{D}$ erhält man als Lösung der kubischen Gleichung

$$64eD^3 - 16mD^2 - 4(e - 8R)D + m = 0,$$

worin $m = \delta - \alpha$ und $e = 2(\beta + \gamma) - (\alpha + \delta)$ sind.

$\hat{D}$ ist der Gleichgewichtswert von D. Von den auf diese Weise berechneten drei Gleichgewichten sind höchstens zwei stabil, möglicherweise jedoch sind sie alle drei unstabil. Der Einfluß der Epistasis auf die Gleichgewichtswahrscheinlichkeiten drückt sich hier in e aus. Bei Abwesenheit epistatischer Interaktionen zwischen den Loci wird $m = e = 0$, so daß für $\hat{D}$ nur die Lösung 0 möglich ist.

Epistatische Interaktionen zwischen den Loci liegen vor, wenn die Fitnesswerte nicht allein durch additive Effekte der Besetzung der einzelnen Loci bedingt sind. Gibt es also Werte W_{AA}, W_{Aa}, W_{aa}, W_{BB}, W_{Bb}, W_{bb}, die wie folgt addieren:

$$W_{11} = W_{aa} + W_{bb}, \quad W_{12} = W_{Aa} + W_{bb}, \quad W_{23} = W_{Aa} + W_{Bb} \text{ etc.},$$

existiert keine epistatische Interaktion. Die Spezifikationen des obigen Epistasemodells können natürlich vielfältig variiert werden. Dies ist in Arbeiten mehrerer Autoren getan worden. KOJIMA und LEWONTIN (1970) etwa bringen eine Übersicht über die wichtigsten Fälle. Eine Monographie der hierher gehörenden Probleme, auf die der interessierte Leser verwiesen wird, haben ARUNACHALAM und OWEN (1971) versucht.

Wir haben oben darauf hingewiesen, daß es sich aus der Sicht der ökologischen Genetik bei unserem Problem um das polymorpher komplexer Loci handelt, sobald Kopplung mit ins Spiel kommt. Aber es ist – in seiner einfachsten Form ohne Kopplung – auch das Modell der ‹adaptiven Oberfläche› S. WRIGHTs, von ihm in vielen Veröffentlichungen erläutert und variiert. Neuerdings hat TURNER es von dieser Seite her in mehreren Veröffentlichungen neu aufgerollt (TURNER, 1971, für Zusammenfassung). Er kommt zu dem Schluß, das Konzept WRIGHTs sei zwar keine generell brauchbare Grundlage für die Lösung aller Probleme, die bei der Untersuchung komplexer Polymorphismen, wie der aus Epistase und Kopplung entstehenden, anfallen; es sei aber doch geeignet, viele Situationen hinreichend zu beschreiben. Unser Beispiel für einen Polymorphismus dieses Typs soll deshalb mit Hilfe von WRIGHTs Modell beschrieben werden. Der Leser wird feststellen, daß die dabei erhaltenen Resultate nicht eindeutig interpretierbar sind. Aber das ist ein bei der Untersuchung von komplexen Polymorphismen ganz normales Ergebnis. Es zeigt die Schwierigkeiten, die hier entstehen und liefert gleichzeitig wohl auch die Erklärung dafür, daß in der Literatur so wenige experimentelle Arbeiten hierzu zu finden sind.

LEWONTIN und WHITE (1960) untersuchten einen Inversionspolymorphismus an zwei Chromosomenpaaren beim Grashüpfer *Moraba scurra* in Australien. Die Autoren gehen aus von den Häufigkeiten der 9 möglichen Genotypen (die Inversionen liegen in verschiedenen Kopplungsgruppen, deshalb sind die doppelt-heterozygoten Genotypen gleichwertig). Wir bezeichnen die Inversionen mit I+ und I− bzw. II+ und II−. Eine der Untersuchungen an Stichproben erwachsener Tiere aus einer lokalen Population lieferte die folgenden Häufigkeiten:

	I− I−	I− I+	I+ I+
II− II−	59	282	231
II− II+	24	152	150
II+ II+	2	14	19

Aus dieser Tafel werden die Häufigkeiten von I+ und II+ geschätzt zu $Q_{I+} = 0.67$ und $Q_{II+} = 0.21$. Die Häufigkeiten der jeweils anderen Inversion sind dann natürlich $1-0.67 = 0.33$ bzw. 0.79. Jetzt kann man die Häufigkeiten der 9 Genotypen berechnen, die bei HARDY-WEINBERG-Gleichgewicht zu erwarten wären. So müßte z. B. die Häufigkeit für den Genotyp I+I+/II+II+ als Produkt $0.67^2 \cdot 0.21^2 = 0.0198$ erwartet werden.

Unter Verwendung dieser Häufigkeiten können dann auch die in jeder der 9 Klassen zu erwartenden Individuenzahlen hergeleitet werden. Sie sind für das obige Beispiel, in gleicher Reihenfolge

64	257	259
34	138	140
5	19	19

Wenn man jetzt weiter annimmt, die Population sei im Gleichgewicht, so daß die Häufigkeiten der Inversionstypen sich nicht mehr ändern, müssen diese Häufigkeiten die Zusammensetzung der Population von Zygoten widerspiegeln, aus der die Population erwachsener Tiere entstand. Ein Vergleich der beobachteten mit den erwarteten Häufigkeiten würde dann eine Schätzung der relativen Überlebenswahrscheinlichkeit von der Zygote bis zur Imago ermöglichen. Hierfür bildet man einfach das Verhältnis zwischen beobachteter Individuenzahl in einer Klasse zur erwarteten in dieser Klasse. Man kann weiter standardisieren, indem man einen der so erhaltenen Fitnesswerte (Überlebenswahrscheinlichkeit ist natürlich eine Fitnesskomponente) gleich 1 setzt, etwa die von I—I+/II—II—. Danach erhält man, wieder in der gleichen Reihenfolge wie oben, die folgende Tabelle der relativen Fitnesswerte der 9 Genotypen:

0.85	1.00	0.81
0.64	1.00	0.98
0.39	0.68	0.92

Natürlich ist das Resultat durch die Voraussetzungen z. T. vorausbestimmt, aber das spielt keine Rolle, solange diese Voraussetzungen stimmen.

Setzt man die Fitnesswerte in die bekannte Gleichung von $\overline{W}$ ein, so kann man jetzt auch die mittlere Fitness einer Population von *Moraba scurra* für beliebige Häufigkeiten der Inversionstypen herleiten. Dabei müssen Annahmen über den Paarungstyp gemacht werden. Hier liegen sie nahe, denn wir hatten bereits gefordert, die Population sollte im HARDY-WEINBERG-Gleichgewicht stehen und folglich zufallsmäßig paaren. Trägt man jetzt in das Koordinatensystem mit Q_{I+} als Abszisse und Q_{II+} als Ordinate die für die jeweilige Kombination $Q_{I+} : Q_{II+}$ unter den gemachten Annahmen erhaltene mittlere Fitness ein, so erhält man die adaptive Oberfläche im Sinne WRIGHTs, vorgestellt als Konturlinien oder als topographische Darstellung mit $\overline{W}$ als dritter Dimension. Für unser Beispiel ist die in Abb. 6.2.1 wiedergegebene adaptive Oberfläche erhalten worden (nach TURNER, 1972).

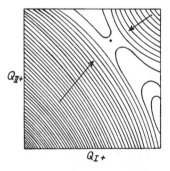

Abb. 6.2.1: Die mittlere Fitness der Population $\overline{W}$ im adaptiven Feld, abzulesen an den Konturlinien, nimmt von links unten nach rechts oben zu. Rechts oberhalb der Diagonalen gibt es einen ‹Sattelpunkt›, an dem, unter den gemachten Annahmen, die Population von *Moraba scurra* liegt. In Richtung nach rechts oben nimmt $\overline{W}$ wieder ab, nach rechts unten aber zu (nach TURNER, 1972).

Die in Abb. 6.2.1 dargestellte adaptive Oberfläche ist insofern überraschend, als sie auszuweisen scheint, daß die Population sich an einem ‹Sattelpunkt› befindet. Ein ganz ähnliches Bild ergaben die anderen, von LEWONTIN und WHITE untersuchten

Populationen von *Moraba*. Solche Sattelpunkte repräsentieren unstabile Gleichgewichte. Schon eine geringe Verschiebung der Populationszusammensetzung nach links oben oder rechts unten, etwa durch eine relativ geringfügige Störung der Populationszusammensetzung, würde Fixierung am ersten oder zweiten Chromosom bedeuten. Trotzdem wird in allen Populationen dieses unstabile Gleichgewicht gefunden.

Es hat denn auch nicht an Kritik an dieser Deutung gefehlt. ALLARD und WEHRHAHN (1964) wiesen darauf hin, daß schon eine geringe Abweichung von der angenommenen Zufallspaarung, resultierend in Inzuchtkoeffizienten um 0.05, das Bild total verändern würde. Wir haben im Abschnitt 4.3 gesehen, daß Inzucht der Population eine andere adaptive Funktion aufzwingt, ein Ergebnis, das auch im vorhergehenden Kapitel über genetische adaptive Strategien bestätigt wurde. Hier führte Inzucht zu Veränderungen der erweiterten Fitnessmenge F'. Die Neuberechnung der adaptiven Oberfläche unter Annahme von Inzucht führte zur Herleitung stabiler Gleichgewichtspunkte für die untersuchten Populationen.

Auch TURNER (1972) sucht nach Möglichkeiten, die Resultate anders zu deuten. Wir hatten schon gesehen, daß Abweichungen vom Gleichgewicht der Gametenhäufigkeiten (Kopplungsgleichgewicht), gemessen durch die Determinante D der Gametenmatrix (s. o.), die Lage von Gleichgewichtspunkten verändert. Der Autor findet, daß bei allen 16 Populationen von WHITE und LEWONTIN, aus welchem Grund auch immer, zwar schwache, aber stets positive Abweichungen vom Gleichgewichtswert $D = 0$ vorlagen. Berücksichtigt er diese Abweichungen, so erhält er die folgende Tafel der relativen Überlebenwahrscheinlichkeiten (Fitness), in der die Werte für die 9 Genotypen wieder in der gleichen Reihenfolge stehen, wie in den obigen Tabellen:

0.81	1.00	0.84
0.70	1.03	0.96
0.49	0.73	0.85

Diese Werte nun führen wiederum zur Annahme eines stabilen Gleichgewichts, wie in Abb. 6.2.2 dargestellt. Es ist sogar nur ein einziger Gleichgewichtspunkt vorhanden, so daß man von einem global-stabilen Gleichgewicht sprechen könnte. Zwar würde auch hier eine relativ geringe Störung, etwa in Richtung links oben, zur Fixierung einer der beiden Inversionen führen, aber man kann sich vorstellen, daß Immigration den Verlust der Inversion rasch wieder bereinigen würde.

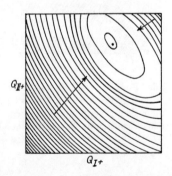

Abb. 6.2.2: Die gleiche Darstellung wie in Abb. 6.2.1, nur ist hier die, wenn auch geringe, durchschnittliche Abweichung der Determinanten D vom Gleichgewichtswert 0 berücksichtigt. Die Population befindet sich an einem global-stabilen Gleichgewicht (nach TURNER, 1972).

TURNER weist auf die weiteren Möglichkeiten hin, die Populationen von WHITE und LEWONTIN stabilen Gleichgewichten zuzuordnen, etwa durch Annahme verschiedener Selektionswerte der Inversionen im männlichen und weiblichen Geschlecht. Auch hebt er die Arbeit von MORAN (1964) hervor, der nachgewiesen hat, daß stabile Gleichgewichte von Zwei-Locus-Systemen durchaus nicht immer bei maximalen Werten von $\overline{W}$ liegen müssen. Überhaupt sei über die Validität des Verfahrens der adaptiven Oberfläche schon von der theoretischen Seite her noch zu wenig bekannt, um es generell anwenden zu können. Die hochgradige Komplexität (KARLIN und FELDMANN, 1969, fanden bis zu sieben nicht-triviale Gleichgewichte in solchen Systemen!) und ihre Beeinflußbarkeit schon durch geringe Abweichungen von idealisierenden Voraussetzungen machen seine Anwendung auf konkrete Situationen problematisch.

Der Leser möge diesen Abschnitt und insbesondere das von uns ausgewählte Beispiel deshalb mehr als eine Denkhilfe verstehen, denn als einen Hinweis auf eine oder mehrere Möglichkeiten, in konkreten Fällen eindeutige Erklärungen komplexer Polymorphismen zu finden. Ähnlich wie durch Umweltheterogenität wird bei diesen Polymorphismen Komplexität durch einen variablen Hintergrund für die Selektionswerte einzelner Gene eingeführt. Es entstehen Systeme mit interkorrelierten Komponenten, und die Schwierigkeit liegt darin, diese Interkorrelationen zu erkennen und richtig zu deuten. Es sei deshalb nochmals auf die Monographie von ARANUCHALAM und OWEN verwiesen.

6.3 Assortative Paarung

In der Literatur wurden viele Fälle bei den verschiedensten Organismenarten berichtet, in denen Paarung bevorzugt zwischen Individuen bestimmten Genotyps stattfand. Dabei kann es sich um negativ assortative Paarung handeln – verschiedene Genotypen paaren mit größerer Häufigkeit als gleiche oder doch ähnliche – oder um positive, bei der umgekehrt gleiche oder ähnliche Genotypen mit größerer Häufigkeit paaren als nach ihren relativen Häufigkeiten in der Population zu erwarten ist. Durch Abweichungen dieses Typs von der Zufallspaarung können genetische Polymorphismen eingerichtet und aufrecht erhalten werden. Anderseits findet man aber auch, daß meist (oder immer?) nicht allein die assortative Paarung verantwortlich hierfür ist, sondern gleichzeitig auch Auslese mitwirkt. Bekannte Beispiele bieten etwa Beobachtungen der Blühzeiträume früh- und spätaustreibender Pflanzen in der gleichen Population. Die Überlappung beider Gruppen ist oft nur schmal, so daß vorwiegend Pflanzen gleicher Gruppe paaren. Anderseits werden die phänologischen Unterschiede zwischen den beiden Gruppen durch zeitliche und räumliche Nischendiversität aufrecht erhalten. PATERNIANI (1969) etwa fand in einem Experiment mit zwei Maispopulationen Auslese auf bevorzugte Kreuzung in der eigenen Population erfolgreich. Er konnte zeigen, wie damit auf eine ganze Anzahl von Merkmalen ausgelesen wurde, die zur Isolierung der beiden Populationen beitrugen. Aber BROWN und ALLARD (1970) fanden, daß sich in ähnlichen Experimenten ohne Auslese eine relativ rasche und enge Annäherung an die Bedingungen idealer Zufallspaarung einstellte. Die Zahl ‹echter› durch assortative Paarung zu erklärender Polymorphismen ist deshalb wahrscheinlich weit geringer als die Zahl der Fälle, in denen letztlich Nischendiversität für Zustandekommen und Aufrechterhalten der Polymorphismen verantwortlich und die assortative Paarung ein Nebenprodukt ist.

Bekannte Beispiele für den letztgenannten Typ bieten die vielen Beobachtungen über den Besuch verschieden gefärbter oder verschieden gemusterter Blüten höherer Pflanzen durch Insekten. Nachtinsekten etwa fliegen bevorzugt weiße Blüten an, Taginsekten mögen auf andere Farbstimuli reagieren. So kommt es zu assortativer Paarung allein durch Verschiebung der Pollenvektoren, erklärt durch verschiedene Verhaltensmuster von tagfliegenden und nachtfliegenden Insektenarten. Auch in unserem Hauptbeispiel sind Verhaltensmuster mit im Spiel.

Bei der Gans, *Anser caerulescens*, gibt es einen Polymorphismus der Ausfärbung der Federn mit zwei Morphen, einem blauen und einem weißen (COOKE and COOCH, 1968). Die Verhältnisse sind in Wirklichkeit etwas komplizierter, denn es gibt auch Übergangsformen. Doch lassen sich die hier entstehenden Schwierigkeiten bei geeigneter Klassifizierung der Vögel überwinden. Die Tiere leben in großen Kolonien. Da sie, zumindest in jedem Reproduktionsintervall, in Einehe leben und da man weiter die typischen Unterschiede zwischen den Morphen schon an jungen Vögeln findet, kann man in einer solchen Kolonie alle möglichen Typen von Paarungen beobachten und ihre Nachkommen vergleichen. In einer solchen Untersuchung wurde gefunden, daß der Polymorphismus am besten durch die Spaltung eines einzigen Genlocus mit zwei Allelen B und b erklärt ist. Die Genotypen bb sind weiß und können immer einwandfrei klassifiziert werden. Bei Bb, aber gelegentlich auch bei BB, sind oft die Federn am Bauch der Tiere weiß. BB und Bb können also nicht eindeutig identifiziert werden, und B ist auch nicht vollständig dominant.

Es gibt nun eine strenge Tendenz bei der Gattenwahl. Weiße Vögel paaren häufiger mit weißen, blaue häufiger mit blauen. Aber auch noch innerhalb der blauen Gruppe (BB und Bb Genotypen) existiert diese Tendenz noch. Teilt man sie in 5 Gruppen auf, an deren einem Ende die am schwächsten den Blautyp repräsentierenden Vögel stehen und am anderen Ende die idealen Blautypen, so findet man die folgenden Anteile an mit weißen Partnern gepaarten Vögeln:

Klasse	% mit weißen gepaarter Vögel
B 1	41
B 2	28
B 3	18
B 4	15
B 5	12

Ein Vogel der Klasse B 1 ist mit größerer Wahrscheinlichkeit am B-Locus heterozygot als ein Vogel der nächst höheren Klasse usw. Man könnte diese und andere Zahlen der Autoren in einfacher Weise durch Annahme einer graduellen Bevorzugung von Partnern mit der der eigenen ähnlichen Fiederung erklären.

Aber diese Erklärung reicht nicht aus, um alle, vor allem Ergebnisse früherer Arbeiten, zu erklären. Eine befriedigende Deutung findet man jedoch, wenn man annimmt, daß der aktive Teil bei der Gattenwahl das Männchen ist, und daß jeder Vogel für die Gattenwahl durch die Fiederung eines oder beider Eltern vorgeprägt ist. Prägung von Verhaltensweisen in der Jugend ist bei Gänsen vielfach nachgewiesen worden. Danach würde also jedes Männchen Partner bevorzugen, die einem oder beiden Eltern ähneln, und die Basis für die Aufrechterhaltung des Polymorphismus wäre die Prägung.

Am Rande sei vermerkt, daß auch dieser Polymorphismus vor dem Hintergrund natürlicher Auslese gesehen werden muß. Die Morphe sind nicht allein durch ihr Gefieder unterschieden. Sie bevorzugen auch bestimmte Nistplätze und haben verschiedene

Brutzeiten. Aber das wollen wir hier vernachlässigen. Weiter sei vermerkt, daß es auch für diesen und ähnliche Fälle mathematische Modelle gibt. Der Leser wird den Anschluß an die Literatur in der Veröffentlichung von COOKE und COOCH finden.

6.4 Dichte-abhängige Auslese

Schon bei der Diskussion der r- und K-Aulese (Abs. 4.4) waren wir davon ausgegangen, daß die Populationsdichte als Umweltfaktor die Fitness verschiedener Genotypen verschieden beeinflussen kann. Dort handelte es sich aber um die Beschreibung eines langfristigen evolutionären Prozesses, während wir es hier mit der Situation von Populationen zu tun haben, deren Größe von Generation zu Generation oder, mehr generell, in der Zeit schwankt. Die Literatur hierüber ist gerade im letzten Jahrzehnt ziemlich umfangreich geworden, sowohl die über Modelle als auch die über Ereignisse experimenteller Untersuchungen zu unserem Thema. Wir bringen deshalb an dieser Stelle zunächst eines der Modelle. Der Leser wird beim Nachlesen der Originalliteratur Anschluß finden an die weitere Literatur.

CLARKE (1972) betrachtet eine Population aus N erwachsenen und fertilen Individuen. N soll innerhalb breiter Grenzen von Generation zu Generation schwanken, jedoch groß genug bleiben, um stochastische Prozesse (Drift) ausschließen zu können. Die angenommene Organismenart ist diploid und hermaphrodit. Die beiden Allele a und A eines Genlocus kommen mit den Häufigkeiten q_0 und q_1 vor. A wird zunächst als vollständig dominant angenommen, so daß es nur die beiden Phänotypen aa und A− gibt. In jeder Generation wird ein Überschuß an Nachkommen produziert, der mit E bezeichnet wird. An den Nachkommen setzt zunächst Dichte-unabhängige Mortalität an, dargestellt durch die Selektionswerte v_0 für aa und v_1 für A−. Die Nachkommenzahl der Genotypen vor Einsetzen dieser Auslese war als gleich angenommen worden. Die kombinierten Effekte von E und v_i, $w_0 = Ev_0$ und $w_1 = Ev_1$, unter der Bedingung $w_0 > 1$, $w_1 > 1$, werden als ‹innere Selektionswerte› bezeichnet. Es ist also:

	Phänotyp	
	aa	A−
Zahl des Phänotyps in der Nachkommenschaft	ENq_0^2	$NE(1-q_0^2)$
Dichte-unabhängiger Selektionswert	v_0	v_1
innerer Selektionswert	$Ev_0 = w_0$	$Ev_1 = w_1$
Zahl nach Dichte-abhängiger Auslese	$w_0Nq_0^2$	$w_1N(1-q_0^2)$

Dichte-abhängige Auslese, d. h. Dichte-abhängige Mortalität, setzt zeitlich nach der Dichte-unabhängigen Auslese ein. Die Dichte-abhängigen Selektionswerte können nur schwer durch die LOTKA-VOLTERRA-Gleichung ausgedrückt werden. Sie sollten zwischen 0 und 1 variieren. Die folgenden Ausdrücke besitzen diese Eigenschaft:

Phänotyp	aa	A−
Dichte-abhängiger Selektionswert	$\dfrac{k_0}{k_0 + w_0Nq_0^2 + \beta w_1N(1-q_0^2)}$	$\dfrac{k_1}{k_1 + w_1N(1-q_0^2) + \alpha w_0Nq_0^2}$

Die Konstanten k_0 und k_1 messen die Kapazität der Umwelt für beide Phänotypen, je in Abwesenheit des anderen. Aber sie sind numerisch natürlich nicht identisch mit der *carrying capacity* K. α und β bezeichnen den Überlappungsbereich der Nischen beider Phänotypen. Sie nehmen den Wert 0 an, wenn die Nischen nicht überlappen und werden 1 bei Identität der Nischen. Durch Kombination der Ausdrücke für Dichte-unabhängige und Dichte-abhängige Auslese findet man die Netto-Selektionskoeffizienten, hier a und c genannt. Sie geben die proportionale Zu- oder Abnahme jedes Phänotyps an und sind somit als absolute Fitnesswerte zu verstehen:

$$\text{für aa}: c = \frac{w_0 k_0}{k_0 + w_0 N q_0^2 + \beta w_1 N(1-q_0^2)}$$

$$\text{für A--}: a = \frac{w_1 k_1}{k_1 + w_1 N(1-q_0^2) + \alpha w_0 N q_0^2}$$

Die Änderung der Genhäufigkeit beträgt

$$\Delta q_0 = \frac{q_0^2(1-q_0)\ (c-a)}{a + q_0^2(c-a)}$$

und nicht triviale Gleichgewichte werden aus der Beziehung

$$a = c$$

erhalten. Solche Gleichgewichte sind stabil, wenn

$$\frac{d(c-a)}{dq_0} < 0$$

Nach einigen Umformungen erhält man als Gleichgewichtshäufigkeit von q_0:

$$\hat{q}_0 = \sqrt{\frac{w_1 N(w_0 k_0 - \beta w_1 k_1) + k_0 k_1(w_0 - w_1)}{N(w_1 k_1(w_0 - \beta w_1) + w_0 k_0(w_1 - \alpha w_0))}}$$

Aber es handelt sich nicht um ein echtes Gleichgewicht, weil zwar q_0 sich bei diesem Wert nicht mehr ändert, wohl aber N und damit auch q_0 der nächsten Generation. Nur bei $w_0 = w_1$ ist das Gleichgewicht unabhängig von N. Die Voraussetzung für die Ausbreitung des Allels A ist nachtürlich $a > c$.

Ein Vorteil dieses Modells wird jetzt klar. Es erlaubt auch die Analyse des Einflusses der Auslese auf die Populationsgröße und damit auf die Populationsdichte, denn wir nehmen ja an, die Population lebe in einem Areal begrenzter und fester Größe. Es ist

$$\Delta N = N(\ q_0^2(c-a) + a - 1)$$

Jedes nicht-triviale Gleichgewicht wird erhalten aus

$$q_0^2(c-a) + a = 1$$

und das Gleichgewicht ist stabil bei

$$\frac{d(q_0^2(c-a) + a - 1)}{dN} < 0$$

Ein gemeinsames Gleichgewicht für q_0 und N erhält man, wenn man die beiden Gleichgewichtsbedingungen als simultane Gleichungen auffaßt. Wir wollen nur noch das Resultat bringen. Die Bedingungen für das Gleichgewicht sind

$$w_1 k_1(\beta w_1 - w_0) + w_0 k_0(\alpha w_0 - w_1) < 0 \qquad \text{für } q_0$$

und

$$q_0^2(w_1 - w_0) + w_0(1-w_1) < 0 \qquad \text{für N}$$

Aus den angegebenen Beziehungen und ihren Erweiterungen lassen sich interessante Eigenschaften sowohl der Genhäufigkeiten als auch der Populationsgröße ableiten. So kann es bei kritischen Werten für N und geeignetem α zum Verlust eines der beiden Allele kommen usf. Weiter wird in Populationen, deren Fluktuationen auf Faktoren außerhalb unseres Modells zurückzuführen sind, ein ständiges Auf und Ab der Allelhäufigkeiten an einzelnen Loci zu erwarten sein. Viele Allele werden mit nur geringen Häufigkeiten vertreten sein und ihre Existenz mag dazu verführen, sie als Ergebnis eines Gleichgewichts von Auslese und Mutation aufzufassen. Unter anderen Voraussetzungen mag ein Allel sich nur bei Störungen des Gleichgewichts für N in der Population ausbreiten können, nach Wiederherstellung desselben aber als Bestandteil eines neubegründeten Polymorphismus erhalten bleiben. Unter diesen Umständen könnte jede größere Fluktuation der Populationsgröße zu genetischen Revolutionen führen, und zwar sowohl sehr große als auch sehr kleine Größen.

CLARKE weist auf ein Beispiel hin: FORD (1964) findet in einer sich expandierenden Population von *Melitaea aurinia (Lepidopterae)* zunehmende genetische Variabilität und erklärt sie durch geringeren Selektionsdruck während der Phase des Populationswachstums. Es ist aber auch möglich und vielleicht wahrscheinlicher, daß man es hier mit dem Resultat einer wechselnden Balance zwischen r- und K-Auslese zu tun hat.

Wir sehen hier nochmals die enge Beziehung zwischen Dichteabhängiger und r-K-Auslese, und wir hatten auch schon im Abschnitt 4.4 auf den Einfluß wechselnder Populationsdichte auf die genetische Variation in Populationen hingewiesen. Er ist ähnlich dem Gründereffekt MAYRs (1963 und früher) und auch der genetischen Drift. In konkreten Fällen dürfte es nicht einfach sein, diese drei auseinanderzuhalten. Weiter ergibt sich unter bestimmten Voraussetzungen ein höheres K der Population bei intermediären Genhäufigkeiten, also bei hochgradigem Polymorphismus.

CLARKE entwickelt sein Modell auch für intermediäre Heterozygote. Weitere Generalisierungen bleiben abzuwarten, aber sicher dürfte sein, daß sie noch mehr Komplexität bringen werden. Wir wollen hiermit die Erörterung des Modells abschließen und fragen, wie es mit experimentellen Beweisen aussieht. Am weitesten fortgeschritten sind hier wohl die Untersuchungen an Populationen kleiner Nager, deren große und oft deutlich zyklische Schwankungen die Ökologen seit langem beschäftigt haben. GAINES und KREBS (1971) und KREBS et al. (1973) haben hierüber in neuester Zeit zusammenfassend berichtet. CHITTY (1970 und früher) hat wohl als erster versucht, die genetischen Veränderungen solcher Populationen im Verlaufe eines Generationszyklus experimentell zu untersuchen und zu erklären. Weitere Literatur findet der Leser im Literaturverzeichnis der genannten Titel.

Zunächst einmal boten sich auch hier wieder biochemische Polymorphismen für die Beschreibung der Änderungen genetischer Zusammensetzung der Populationen an. So wurde gefunden, daß bei *Peromyscus maniculatus*, bei *Clethrionomys rutilu* und *C. gapperi* die Fitness der Heterozygoten an den Genloci für Transferrine und Albumine deutlich beeinflußt war durch die Populationsdichte. Änderungen der Genhäufigkeiten an den Transferrin Loci in Abhängigkeit von der Populationsdichte wurden auch bei *Microtus*-Arten gefunden. Bei *Microtus agrestis* gab es eine Abhängigkeit der Allelhäufigkeiten an einem Locus für Plasma-Esterase von der Populationsdichte, u. a.

GAINES und KREBS stellten an im Feld gefangenen Tieren der Arten *Microtus ochrogaster* und *M. pennsylvanicus* im südlichen Indiana besonders instruktive Versuche unter Verwendung zweier polymorpher Loci an, je einer für Leucin-Amino-Peptidase und Transferrin. Am LAP-Locus gab es bei beiden Arten zwei Allele, am Tf-Locus vier Allele, von denen eines beiden Arten gemeinsam war. Die beiden Loci sind, zumindest bei *M. ochrogaster,* nicht gekoppelt. Die Versuche liefen von Juli 1967 bis August 1969.

Die Verhältnisse in beiden Arten waren nicht gleich. So waren z. B. die Allele LAP^s und Tf^e bei *M. ochrogaster* durchweg mit relativ großen Häufigkeiten vertreten, aber nur mit mittleren bei *M. pennsylvanicus*. Änderungen in der Häufigkeit von LAP^f waren bei den Männchen von *M. ochrogaster* negativ mit Dichteänderungen korreliert ebenso wie bei *M. pennsylvanicus;* bei der letztgenannten Art bestand eine positive Korrelation des gleichen Allels zu Dichteänderungen bei den Weibchen. Tf^e war mit seiner Häufigkeit in *M. ochrogaster* positiv korreliert mit Dichteänderungen bei beiden Geschlechtern, bei *M. pennsylvanicus* aber nur bei den Weibchen.

Interessant sind hier besonders die Schätzwerte für Fitnesskomponenten, vor allem Vitalität, Reproduktion und Wachstum. Bei *M. ochrogaster* hatten bei Männchen und Weibchen LAP^s-Homozygote einen Vitalitätsvorteil gegenüber den beiden anderen Genotypen an diesem Locus. Tf^e/Tf^f-Heterozygote waren im gleichen Merkmal den Tf^e-Homozygoten überlegen, aber nur bei den Männchen. Bei *M. pennsylvanicus* im gleichen Merkmal gab es einen Vorteil von LAP^f-Homozygoten im männlichen Geschlecht gegenüber LAP^e-Homozygoten bei abnehmender Populationsgröße, während Tf^e-Homozygote in beiden Geschlechtern unter anderen Bedingungen im Vorteil waren. Unterschiede in der Reproduktion wurden zwischen noch nicht erwachsenen Individuen am Tf-Locus gefunden. Diese Beispiele mögen genügen, um die Vielfalt der Möglichkeiten zu zeigen, die sich bei Betrachtung der Genotypen an nur zwei Genloci nachweisen ließen. Es gab weitere.

Im Stadium zunehmender Populationsgröße war die Überlebensrate der Tiere relativ hoch. Die Genhäufigkeiten änderten sich in Richtung auf Zunahme von Genotypen mit hoher Reproduktionsrate. In der Abnahmephase ändert sich diese Entwicklung zugunsten von Genotypen mit größerer Vitalität.

Die Autoren schließen den Einfluß von genetischer Drift aus, weil es keine Beweise für Unterteilung der untersuchten Populationen und keine Unterschiede im Heterozygotiegrad zwischen den Populationen gab. Sie müssen aber die Frage offenlassen, ob die Änderungen der Genhäufigkeiten an den beiden Loci

- Ursache oder
- Folge

der Fluktuationen der Populationsgrößen waren.

Auch KREBS et al. (1973) können drei Jahre später weiteres Beweismaterial vorlegen (siehe Literaturverzeichnis dieses Sammelreferats). So berichten sie z. B., daß in *M. pennsylvanicus* die Überlebensrate der Männchen im März 1969 auf ein Minimum absank. Dies koinzidierte mit dem Eintritt der sexuellen Reife bei vielen erwachsenen Männchen und mit der Entwöhnung des ersten Wurfes bei den erwachsenen Weibchen. Die Überlebensrate der Weibchen sank sechs Wochen später. Dementsprechend verhielt sich die Häufigkeit des Allels LAP^s, das bei den Männchen mit der Abnahme der Überlebensrate um 25 % fiel und bei den Weibchen entsprechend sechs Wochen später. Sie finden, daß am Tf-Locus die Genhäufigkeiten ganz streng mit den Dichteänderungen der Populationen korreliert sind, aber auch sie können noch keine Erklärung hierfür geben. Aber immerhin können sie zeigen, daß zumindest die sich ändernde Struktur der Altersklassen als Erklärung ausscheidet (vgl. CHARLESWORTH und GIESEL, 1972). Weiter stellen sie die Verbindung her zu den Arbeiten über r- und K-Auslese. In der Wachstumsphase können die *Microtus*-Populationen als Kolonisatoren aufgefaßt werden, sie besiedeln auch verlorengegangene Areale neu oder füllen unzureichend saturierte Umwelten auf. In der Phase hoher Populationsdichte hingegen gelten für sie die Bedingungen der K-Auslese.

Besonders interessant ist ihre Diskussion von Experimenten zur Hypothese von CHITTY, derzufolge Verhaltensmerkmale mit im Spiel sein sollten: In der Phase hoher Populationsdichte sollen danach Tiere mit ausgeprägt aggressivem Verhalten einen Selektionsvorteil besitzen, weil sie ihre Territorien am besten verteidigen können. Territorialität scheint in der Tat die Verteilung der Tiere mitzubestimmen. Bei beiden Arten waren die Männchen am aggressivsten bei höchster Populationsdichte. Aber diese Versuche mußten natürlich zunächst einmal unter Laborbedingungen ausgeführt werden und sind deshalb weniger schlüssig als die anderen, die unter Feldbedingungen angestellt werden konnten.

Schließlich soll wenigstens hingewiesen werden auf Verbreitungsversuche, deren Ergebnisse bei KREBS et al. berichtet werden. Auch ihre Resultate stehen in guter Übereinstimmung mit den vorstehend berichteten Experimenten und Beobachtungen. Dichteabhängige Auslese oder, wenn man sie unbedingt unter dem gleichen Aspekt betrachten will, r- und K-Auslese, dürfte für viele der uns bekannten aber noch nicht hinreichend erklärten genetischen Polymorphismen verantwortlich sein, wie diese Versuche zeigen – entweder direkt oder korreliert mit anderen Auslesemechanismen.

6.5 Häufigkeits-abhängige Auslese

Bei der Häufigkeits-abhängigen Auslese wie bei der Dichte-abhängigen diskutieren wir Fragen, die mit der Konkurrenz in engem Zusammenhang stehen. Es ist deshalb nicht überraschend, daß es eine breite Überschneidung der Theorien und eine enge Berührung der Modelle zu beiden Typen von Auslese gibt. Das wird besonders deutlich an dem von uns für diesen Abschnitt ausgewählten einzigen Beispiel werden. Auch zur Theorie soll nur eine einzige Veröffentlichung diskutiert werden, die von COCKERHAM et al. (1972).

Die Verfasser gehen von einer Art Konkurrenzmodell aus: die drei Genotypen eines Locus konkurrieren in der Population untereinander, und für jede Konkurrenzsituation zwischen je zwei Individuen gibt es einen spezifischen Fitnesswert für jedes der beiden.

		In Konkurrenz mit			Mittel
		AA	Aa	aa	
	AA	W_{22}	W_{21}	W_{20}	$\overline{W}_2$
Genotyp	Aa	W_{12}	W_{11}	W_{10}	$\overline{W}_1$
	aa	W_{02}	W_{01}	W_{00}	$\overline{W}_0$

Es wird angenommen, daß die drei Genotypen in HARDY-WEINBERG-Proportionen in der Population vorkommen und daß Konkurrenz zwischen ihnen zufallsmäßig ist. Deshalb müssen die $\overline{W}_i$ als gewogene Mittel berechnet werden, z. B.

$$\overline{W}_2 = q_1^2 W_{22} + 2q_0 q_1 W_{21} + q_0^2 W_{20} \quad \text{usf.}$$

Die mittlere Fitness der Population beträgt dann

$$\overline{W} = q_1^2 \overline{W}_2 + 2q_1 q_0 \overline{W}_1 + q_0^2 \overline{W}_0$$

Nach einer Generation Auslese ist die Häufigkeit von A verändert zu
$$q_1' = q_1(q_1\overline{W}_2 + q_0\overline{W}_1)/\overline{W}$$
und die Änderung gegenüber der vorhergehenden Generation ist
$$\Delta q_1 = q_1' - q_1 = \frac{q_0 q_1}{\overline{W}}(q_1(\overline{W}_2 - \overline{W}_1) + q_0(\overline{W}_1 - \overline{W}_0)) = \frac{q_0 q_1}{\overline{W}} K(q_1, W)$$
Es gibt einen Umkehrungswert für die mittlere Fitness bei
$$\frac{d\overline{W}}{dq_1} = 0,$$
zumindest, wen das Modell symmetrisch ist, wenn also $W_{ij} = W_{ji}$, und diese Bedingung ist im wesentlichen identisch mit dem Modell älterer Autoren für Konkurrenzsituationen, in denen angenommen wurde, daß Gewinn des einen Konkurrenten durch Verlust des anderen aufgewogen wird. Wenn die W in jeder Zeile gleich groß sind, erhält man als Grenzfall die Situation mit konstanter Fitness der Genotypen.

Man kann das Modell vereinfachen, indem man statt der Matrix der W_{ij} eine solche der $d_{ij} = W_{ij} - W_{jj}$ einführt (COCKERHAM und BURROWS, 1971).

$$\begin{matrix} 0 & d_{21} & d_{20} \\ d_{12} & 0 & d_{10} \\ d_{02} & d_{01} & 0 \end{matrix}$$

Die Differenz der Genhäufigkeiten zweier aufeinanderfolgender Generationen beträgt jetzt

$$\Delta q_1 = \frac{q_0 q_1}{\overline{W}}(q_1(\overline{d}_2 - \overline{d}_1) + q_0(\overline{d}_1 - \overline{d}_0)) = \frac{q_0 q_1}{\overline{W}} K(q_1, d)$$

Die Gleichung zeigt, daß die Änderung der Genhäufigkeiten eine Funktion der d ist und nur relativiert wird durch $\overline{W}$. Ein Gleichgewicht existiert bei $\Delta q_1 = 0$. Es ist nicht-trivial, wenn $0 < \hat{q}_1 < 1$, und der kubischen Gleichung $K(\hat{q}_1, d) = 0$ genügt. Solche Gleichungen mögen eine, zwei oder drei nicht-triviale Lösungen besitzen.

Führen wir jetzt wieder die Beziehungen global-stabil und nachbarschafts-stabil ein. Existiert nur ein Gleichgewicht, so ist es entweder global-stabil oder unstabil. Bei zwei Gleichgewichten ist das eine nachbarschafts-stabil, das zweite unstabil, und bei drei Gleichgewichten kann es zwei nachbarschafts-stabile und ein unstabiles geben oder ein nachbarschafts-stabiles und zwei unstabile Gleichgewichte.

Spezifikationen des Modells können erhalten werden durch Wahl spezifischer Sätze von d_{ij}, etwa für verschiedene Dominanzgrade einschließlich Überdominanz, durch Annahmen über den Inzuchtgrad der Population u. a. Es erweist sich in all diesen Fällen als außerordentlich anpassungsfähig und dürfte für eine große Zahl von konkreten Populationen eine realistische Basis für Experimente liefern. Aber es deckt natürlich nicht alle Situationen ab, in denen Häufigkeits-abhängige Auslese erwartet werden kann. Denken wir nur an die ‹klassischen› Beispiele Häufigkeits-abhängiger Auslese in Insektenpopulationen mit mimetischen Polymorphismen, in denen die Häufigkeiten der Morphe, die Häufigkeiten ihrer Modelle, das Lernvermögen ihrer Feinde, die Dichte der Feinde u. a. eine Rolle spielen können. Wir haben ein solches Beispiel im Kapitel 5 gebracht und auch ein Modell für Analyse und Beschreibung solcher Fälle.

Als Beispiel für Häufigkeits-abhängige Auslese wählen wir ein Experiment von YARBROUGH und KOJIMA (1967). Weitere ähnliche Fälle wurden inzwischen in der

Literatur berichtet. Die Autoren untersuchen die Häufigkeiten zweier Isoallele am Esterase-6 Locus von *Drosophila melanogaster*, deren Isozyme elektrophoretisch identifizierbar sind, in Populationen, die mit verschiedenen Häufigkeiten der beiden Allele begonnen wurden. Sie finden, daß – unabhängig von der Ausgangshäufigkeit – die Genhäufigkeiten sich immer um die gleiche Gleichgewichtshäufigkeit einpendeln. Ursache hierfür ist die (mit einem hier nicht zu diskutierenden Index gemessene) unterschiedliche Lebenstüchtigkeit der drei Genotypen bei verschiedenen Häufigkeiten der Allele in der Population:

Häufigkeit von A_1	Geschätzte Lebenstüchtigkeit und Schätzfehler		
	A_1A_1	A_1A_2	A_2A_2
0.7	0.759 ± 0.048	1.140 ± 0.061	1.713 ± 0.151
0.5	0.842 ± 0.078	1.034 ± 0.049	1.099 ± 0.084
0.3	1.148 ± 0.151	1.016 ± 0.063	0.954 ± 0.052
0.15	1.677 ± 0.195	1.726 ± 0.075	0.697 ± 0.028

Man sieht sofort, daß die Lebenstüchtigkeit der Homozygoten zunimmt, wenn die Häufigkeit des Allels, für das sie homozygot sind, in der Population abnimmt. Bei einer Häufigkeit von 0.3 für das erste Allel sind die Werte für alle drei Genotypen ziemlich gleich groß, während sie bei extremen Häufigkeiten drastisch verschieden sind.

YARBROUGH und KOJIMA ließen die Frage offen, welches denn nun die Ursache der Fitnessunterschiede der Genotypen bei verschiedenen Häufigkeiten in der Population sind. In einer neueren Arbeit (KOJIMA und HUANG, 1972) wird nun festgestellt, daß der Mechanismus der Häufigkeits-abhängigen Auslese in diesem Fall nur bei hoher Populationsdichte funktioniert, die natürlich in den Populationskäfigen der ersten Versuchsreihe immer vorlag. Damit ergibt sich hier eine enge Beziehung zu den Mechanismen, die bei Dichte-abhängiger Auslese wirksam sein könnten. Aber damit nicht genug. Die Auslese fand im Larvenstadium statt. Als dritte Komponente der Auslese am Esterase-6 Locus tritt also stadienspezifische Auslese hinzu. Der Leser wird derart komplexen Situationen, die insgesamt zur Einrichtung und Aufrechterhaltung von Polymorphismen führen können, ohne daß es möglich wäre, eine einzige Ausleseursache dafür verantwortlich zu machen (entsprechend der Klassifikation der Auslesearten und Typen von Polymorphismen), in der neueren Literatur immer wieder begegnen.

6.6 Alters- und stadienspezifische Auslese

BARBER (1958) beobachtete bei Eukalyptusarten die Häufigkeit bestimmter Genotypen in jüngeren und älteren Beständen. Sie waren in den älteren Beständen selten und häufiger in den jüngeren. Also hatten die betreffenden Allele in Populationen junger Bäume einen Selektionsvorteil, der mit zunehmendem Alter verloren ging und sogar in einen Selektionsnachteil umschlug. Die vielen Untersuchungen bei *Drosophila* über die eigentlichen Ursachen verschiedener Fitnesswerte zeigten immer wieder, daß die unterschiedlichen Allele in bestimmten Entwicklungsstadien typische Wirkungen hatten, etwa im Larvenstadium, oder mit notwendigen Lebensäußerungen in bestimmten Stadien korreliert waren, wie etwa mit dem Paarungsverhalten erwachsener Fliegen. Bei langlebigen Organismenarten spricht man in ähnlichem Zusammenhang meist von altersabhängiger Auslese. Da aber die Entwicklungsstadien mit dem Alter korreliert sind, sagt dies im Prinzip das gleiche wie die Bezeichnung stadienspezifische Auslese. In Populationen mit ausgeprägter Altersklassenstruktur treten weitere Komplikationen auf.

Beginnen wir unsere Diskussion mit einem Modell von ANDERSON und KING (1970). Sie betrachten eine diploide Population mit einem spaltenden Genlocus und zwei Allelen. Die Individuen können bestimmten Altersklassen zugeordnet werden, denn unser Organismus reproduziert in regelmäßigen Reproduktionsintervallen. Diese sind dann auch das Maß, in der die Zeit zu messen ist. Lebenstüchtigkeit und Fekundität der Genotypen sind bei Männchen und Weibchen relativ gleich. Die Population ist groß genug, um Zufallsschwankungen auszuschalten. Das Modell der Population ist also in kurzem das einer Population mit diskreten Reproduktionsintervallen, aber mit überlappenden Generationen.

Für jeden Genotyp führen wir jetzt eine Selektionsmatrix ein. In der oberen Zeile der Matrix stehen die altersspezifischen Fruchtbarkeiten, während die altersspezifische Lebenstüchtigkeit an der ersten Subdiagonalen angeordnet ist. F_{ijL} ist dann die Fekundität des Genotyps mit dem i-ten und dem j-ten Allel in der Altersklasse L. V_{ijL} ist seine Lebenstüchtigkeit. N_{ijLT} ist die Zahl der Individuen dieses Genotyps und dieser Altersklasse zu Beginn des Reproduktionsintervalls T. P_{ijT} sei die Zahl der Nachkommen des Genotyps. Innerhalb jedes Reproduktionsintervalls wird angenommen, daß völlig zufallsmäßige Paarung herrscht, also ohne Rücksicht auf das Alter der Individuen. Unter diesen Umständen genügt es, die Selektionsmatrix mit dem Spaltenvektor der Nachkommenzahlen zu multiplizieren um einen Vektor der Individuen zu erhalten, welche das nächste Reproduktionsintervall beginnen:

$$\begin{Bmatrix} F_{ij0} & F_{ij1} & F_{ij2} & F_{ij3} \\ V_{ij0} & 0 & 0 & 0 \\ 0 & V_{ij1} & 0 & 0 \\ 0 & 0 & V_{ij2} & 0 \end{Bmatrix} \begin{Bmatrix} N_{ij0T} \\ N_{ij1T} \\ N_{ij2T} \\ N_{ij3T} \end{Bmatrix} = \begin{Bmatrix} P_{ij(T+1)} \\ N_{ij1(T+1)} \\ N_{ij2(T+1)} \\ N_{ij3(T+1)} \end{Bmatrix}$$

Dieser Prozeß wird in jedem Reproduktionsintervall wiederholt. Weil die Populationsdichte keinen Einfluß besitzt, wird die Population unentwegt wachsen oder ausgelöscht werden, je nach den eingesetzten und als konstant angenommenen Werten für F_{ij} und V_{ij}.

Die Verfasser rechnen ein Beispiel, für das die V_{ij} aller Genotypen als gleich, die F_{ij} beider Homozygoten als gleich und Heterozygotenüberlegenheit in diesem Merkmal angenommen wird. Die Population beginnt mit allen Individuen in der ersten Altersklasse und mit $q_1 = 0.12$ für das Allel A. Unter diesen Umständen ist die Nachkommenzahl ein geeignetes Maß für Fitness. q nähert sich dem erwarteten Gleichgewichtswert 0.5, aber die Näherung ist (im Gegensatz zu altersfreien Modellen) nicht sigmoid, sondern linear und weist systematische Schwankungen auf. In anderen Beispielen werden nach Erreichen des Gleichgewichts die Genfrequenzen geändert. Die Folge sind erhebliche Störungen der Altersstruktur während des Prozesses zur Rückkehr zum Gleichgewicht. Es gibt also Rückwirkungen auf die Altersstruktur bei Änderungen der Genhäufigkeiten und umgekehrt.

Auch ein Beispiel für die Bedeutung von r- und K-Auslese wird gebracht (unter Verwendung eines etwas anderen Modells). Hier soll AA in Fekundität und Anzahl zu Beginn einen Vorteil haben, während Aa und aa größere *carrying capacities* K besitzen. Unter diesen Umständen wächst die Population zunächst exponential, erreicht dann aber unter dem Einfluß von Auslese ein Plateau, um schließlich nach mehreren Generationen wieder weiterzuwachsen. Ursache für diese Unterbrechung des Wachstums der Population sind also nicht Umwelteinflüsse, wie man bei Beobachtung eines solchen Falles in der Natur vermuten würde, sondern es ist der Einfluß der natürlichen Auslese.

Dazu nun noch ein Anwendungsbeispiel. In der Diskussion über die Gestaltung der Landschaft in Deutschland hat bei den Waldökosystemen in der letzten Zeit die ‹Bewirtschaftung› (oder wie man es nennen will) des Rotwilds *(Cervus elaphus)* eine gewisse Rolle gespielt. Man ist wohl einig darüber, daß man es auch in der Zukunft erhalten will, aber Uneinigkeit besteht sowohl über die Größe als auch über die geographische Verteilung der Population. Für jedes der ausgeschiedenen Gebiete, in denen man Rotwild halten möchte, soll eine optimale Populationsgröße hergeleitet und angestrebt werden, ebenso eine optimale Verteilung der Altersklassen. Hierfür sind Vorschläge in großer Zahl unterbreitet worden, beginnend mit Vorschlägen für die Schätzung der Größe der Populationen dieser außerordentlich agilen Tierart.

Die Art reproduziert mit distinkten Reproduktionszyklen wie im obigen Modell. Aber Annahmen über das Paarungssystem sind außerordentlich schwierig zu beweisen. Wahrscheinlich ist es so, daß Männchen der Altersstufen 8–12 Jahre den Hauptteil der männlichen Gameten liefern, ältere und jüngere aber ganz ausfallen oder doch zumindest bei der Reproduktion benachteiligt sind. Die Folge muß ein noch größerer Einfluß der altersspezifischen Auslese und von Störungen der Altersklassenstruktur sein. Aber auch die Populationsdichte dürfte das Paarungssystem verändern. In diesem Beispiel sind die Verhältnisse also noch komplexer, und es bleibt uns zunächst nichts anderes übrig, als mit Hilfe einfacher Modelle zu zeigen, welche wesentlichen Parameter in komplexen Modellen berücksichtigt werden müssen.

HIORNS und HARRISON (1970) haben Stichprobenverfahren untersucht, mit deren Hilfe man in der Natur Auslese an verschiedenen Altersgruppen feststellen kann. Ihr Ergebnis ist nicht gerade ermutigend. Selbst bei Prüfung einfacher Hypothesen würde man Stichprobenumfänge wählen müssen, die für die praktische Anwendung einfach zu groß sind. Der Leser sei auf diese Arbeit besonders hingewiesen, da sie neben den theoretischen auch die praktischen Probleme der ökologisch-genetischen Arbeit im Feld zeigt.

Zum Schluß dieses Abschnitts wollen wir noch ein besonders interessantes Beispiel für Auslese an einer Population mit Altersstruktur bringen. COHEN (1970) hat an einem Modell gezeigt, wie die Diapause bei Insekten durch natürliche Auslese ganz spezifisch und natürlich durch Auslese auf die Umwelt der Populationen abgestimmt ist. Dabei spielt natürlich, wie auch meist bei den Arten mit festen Reproduktionsintervallen, die Anpassung an jahreszeitliche Fluktuationen der Witterung und der Ernährungsbedingungen die Hauptrolle (eine Monographie der Anpassung von Tier-Populationen an eine saisonale Umwelt bringt FRETWELL, 1972). Die Verhältnisse können deshalb bei nahe verwandten Arten oder bei verschiedenen Populationen der gleichen Art schon sehr verschieden sein. Borkenkäferarten z. B. haben in Gebieten mit längeren Sommern drei, in Gebieten mit kürzeren Sommern nur zwei Reproduktionszyklen, um nur ein Beispiel zu nennen. Gelegentlich aber dient die Diapause auch als Basis genetischer adaptiver Strategien.

So fand LESSMANN (1971) in einer Untersuchung der Ökologie der in Samen von *Pseudotsuga menziesii* (Douglasie) heranwachsenden Schlupfwespe *Megastigmus spermotrophus* drei verschiedene Morphe bezüglich der Diapause. Die Imagines schlüpfen ein, zwei oder drei Jahre nach der Eiablage im Frühjahr aus den sich entwickelnden

Samen, die im Herbst aus den Zapfen entlassen werden und auf dem Waldboden liegen bleiben.

Bei *Megastigmus* entstehen die Männchen aus unbefruchteten Eiern, die Weibchen aus befruchteten Eiern. Hat ein Weibchen erfolgreich gepaart, so legt es fortan Eier, aus denen nur Weibchen entstehen. Findet es einen für die Eiablage geeigneten Strobilus, so legt es Eier in die meisten Samenanlagen, so daß aus den Samen eines Zapfens oft nur Männchen oder oft nur Weibchen schlüpfen, je nachdem, ob die Mutter gepaart hatte oder nicht. Die Weibchen können homozygot oder heterozygot sein, die Männchen hingegen nur homozygot. Man kann deshalb aus der Zusammensetzung der Nachkommen aus dem gleichen Zapfen Hinweise auf die Art der Vererbung erhalten. Die Zahlen des Autors deuten darauf hin, daß die Dauer der Diapause durch einen Genlocus mit drei Allelen vererbt wird, von denen jedes für längere Diapause über die für kürzere Diapause dominant ist. Da *Pseudotsuga* in vielen Jahren keine, in anderen nur wenige Zapfen trägt, stellt dieser Polymorphismus offenbar eine Art Sicherheitsstrategie dar, wie etwa das Überliegen der Samen bei höheren Pflanzen o. ä. EPLING et al. (1960) haben daher auf die populations-genetischen Konsequenzen dieser Strategie aufmerksam gemacht.

Das soll uns hier aber weniger interessieren als die Verhältnisse, die in Anbetracht der Besonderheiten des genetischen Systems von *Megastigmus* (Männchen haploid, Weibchen diploid, Einfluß der Populationsdichte und damit der Wahrscheinlichkeit für Paarung auf das Geschlechterverhältnis u. a.) an diesem Genlocus zu erwarten sind. Bezeichnen wir die Allele mit A_1, A_2 und A_3. Der Index steht gleichzeitig für die Dauer der Diapause. Im Jahr T schlüpfen

A_1A_1 aus T–1
A_2A_1, A_2A_2 aus T–2
A_3A_1, A_3A_2, A_3A_3 aus T–3

Gibt es in diesem Jahr keine Douglasienblüte, so werden alle Tiere sterben. Damit ist u. a. die gesamte Klasse A_1A_1 ausgeschieden. Die Tiere des Jahres T + 1 werden alle aus den überliegenden aus T–1 und T–2 rekrutiert. Bleibt die Blüte ein weiteres Jahr aus, so können die Allele A_1 und A_2 nur unter dem Schutz der Dominanz von A_3 erhalten werden. Zwar werden sie im dritten Jahr noch vorhanden sein, jedoch mit drastisch verminderter Häufigkeit. Kommt es im dritten Jahr zur Reproduktion, so werden unter den im vierten Jahr schlüpfenden Wespen keine mit dem Allel A_3 sein, und treten aufeinanderfolgende Jahre mit besserem Zapfenhang der Douglasie auf, so nehmen die Allele A_1 rasch in der Population zu, weil sie wegen kürzester Diapause dann die größte Fitness besitzen. A_3 müßte nicht dauernd für bestimmte Jahre verloren sein, denn es gibt immer geographische Variation des Blühens und Fruchtens der Baumarten, und es kann deshalb in die Teile des Populationssystems, in denen es verloren wurde, von außen her wieder einwandern. Diese genetische adaptive Strategie kann deshalb nur in einem Populationssystem existieren, nicht in einer einzigen isolierten Population, die es bei den Insekten wohl auch nur selten gibt. Eine ihrer eindrucksvollsten Anpassungsstrategien ist deshalb auch die Strategie der Verbreitung, über die DINGLE (1972) eine zusammenfassende Arbeit veröffentlicht hat.

Danach ist weites Wandern ein Attribut von Arten, deren Umwelt eine solche Strategie herausfordert, etwa bei Insekten, deren Umwelt durch häufigen Verlust von Teilen ihres Areals gekennzeichnet ist. Bei einigen Arten wurden darüber hinaus genetische Polymorphismen nachgewiesen, die ihnen sowohl die bestmögliche Ausnutzung eines einmal besiedelten Areals ermöglichen (durch wenig wandernde, zur Bildung großer Populationen auf begrenztem Gebiet neigende Morphe), als auch die Erschließung neuer oder verlorengegangener Areale (durch bewegliche, wanderlustige Morphe). Doch hat dies nichts mehr mit dem eigentlichen Thema dieses Abschnitts zu tun.

6.7 Umweltheterogenität

Daß eine in der Zeit und im Raum veränderliche Umwelt die Einrichtung von Polymorphismen herausfordern kann, weil genetische Polymorphismen hier die optimale genetische Anpassungsstrategie darstellen, haben wir schon im Kapitel 5 gesehen, und wir hatten dort auch eine Anzahl von Beispielen kennengelernt. Im folgenden sollen weitere, typische Beispiele diskutiert werden, die einmal so ausgewählt sind, daß sie die typischen Varianten heterogener Umwelt decken, zum anderen aber auch die Verbindung herstellen zu den bis hierher diskutierten Typen genetischer Polymorphismen.

Beginnen wir mit Organismen, deren ökologische Nischen zweigeteilt sind. MATTHEWS (1971) fand beim Frosch *Pseudacris triseriata* einen Polymorphismus der Hautfarbe. Die Frösche sind entweder braungefleckt oder grüngefleckt. Sie durchlaufen jeder eine terrestrische und eine aquatische Phase. Im aquatischen Milieu haben die braungefleckten, im terrestrischen die grüngefleckten höhere Überlebenswahrscheinlichkeit. Der Polymorphismus wird durch die so entstehenden Unterschiede in der Fitness der beiden Morphe balanciert. JAMESSON (1971) untersuchte ähnliche Fälle bei anderen Anuren. Aufgrund theoretischer Überlegungen kommt er zu dem Schluß, daß ein solcher Polymorphismus die Langzeitanpassung der Art verbessert. Oft ist die Unterteilung der ökologischen Nische mehr komplex und eine Deutung solcher Polymorphismen folglich schwieriger. KIRITANI (1970) z. B. fand bei *Nezara viridula (Pentatomidae)* vier im Larven- wie im Stadium der Imagines unterscheidbare Morphe. Eine davon ist mehr fertil, überlebt jedoch die Überwinterungsphase nicht so gut wie zwei der anderen. Der vierte Typ litt ebenfalls etwas mehr in der Überwinterungsphase. Ein Vorteil an anderer Stelle konnte nicht nachgewiesen werden.

Die obigen Beispiele für genetische Polymorphismen stehen in enger Beziehung zur stadienspezifischen Auslese. Man könnte sie sogar als Beispiel für stadienspezifische Auslese auffassen, und bei ihrer Einordnung in eine passende Kategorie genetischer Polymorphismen spielt wohl das jeweilige Interesse des Autors mit eine Rolle.

Immerhin ist es aber in diesen Fällen möglich, die Umweltheterogenität zu messen und die stadienspezifische Fitnesskomponente auf bestimmte Umweltvarianten (Nischen im Sinne von Kap. 5) zu beziehen. Die Umwelt ist für die Individuen feinkörnig, da jede der beiden ‹Nischen› von jedem Individuum gleich genutzt wird. Für Gleichgewichte gelten die bei der stadienspezifischen Auslese herausgestellten Bedingungen.

Betrachten wir nun Populationen in einer Umwelt mit einem anderen Muster der zeitlichen Nischenverteilung. Die Population soll während der warmen Jahreszeit kontinuierlich reproduzieren und während der kalten Jahreszeit eine Ruheperiode durchmachen. Die Umwelt ist also von Generation zu Generation verschieden, und die Generationen überlappen. Das klassische Beispiel hierfür stammt von TIMOFEEF-RESSOWSKY (1940). Der Autor beobachtet die Häufigkeiten der Farbmuster auf den Flügeldecken des Käfers *Adalia bipunctata* im Verlaufe mehrerer Jahre und fand, daß die Häufigkeiten mit der Jahreszeit korreliert waren. Auch DOBZHANSKY und Mitarbeiter fanden ähnliche jahreszeitliche Fluktuation der Häufigkeiten von Inversionen bei

Drosophila. GERSHENSON (1945) konnte einen Polymorphismus diesen Typs in der Fellausfärbung des Hamsters *(Tricetus)* näher erklären. Helle und dunkle Formen hatten Selektionsvorteile in Abhängigkeit von der mit der Jahreszeit korrelierten Farbe des Bodens und der Bodenvegetation. Daneben gab es aber auch Unterschiede in der Überlebensrate im Winter. In diesen Fällen ist die Umwelt grobkörnig für die Population. Es bestehen aber Korrelationen zwischen den Umwelten aufeinanderfolgender Generationen. Sie werden natürlich mit Abwandlungen von Jahr zu Jahr – in jedem Jahr in immer gleicher zeitlicher Reihenfolge angeboten. Modelle für die Herleitung der Gleichgewichtsbedingungen für genetische Polymorphismen diesen Typs müßten, um realistisch zu sein, von vornherein komplex angelegt werden. Nicht nur die Art der Reproduktion (überlappende Generationen, diskrete Reproduktionsintervalle usw.), sondern gegebenenfalls auch die wechselnde Altersklassenstruktur der Populationen und die sich zyklisch ändernde Populationsdichte können hier eine Rolle spielen.

Diese Polymorphismen verleihen der Population die ‹genetische Flexibilität›, die sie benötigt, um die im Verlaufe eines Jahres auftretenden Umweltunterschiede teilweise durch Änderungen ihrer genetischen Zusammensetzung aufzufangen.

Aber auch Witterungsunterschiede zwischen einzelnen Jahren können zu zeitweisen Änderungen der genetischen Zusammensetzung von Populationen führen. BAND (1972) berichtet einen solchen Fall von einer natürlichen Population von *Drosophila melanogaster* in Michigan. Die Autorin stützt ihre Untersuchungen auf die Ergebnisse früherer Arbeiten. Sie geht von der Beobachtung aus, daß im Untersuchungsgebiet die mittleren Spannweiten der täglichen Temperaturen und die Regenmenge von Mai bis Oktober während der letzten Jahrzehnte heftig schwankten. Beide Variable sind korreliert. Die extremsten Werte wurden in der Periode 1961/62–1965/66 gemessen. Es war bekannt, daß die Häufigkeiten letaler und semiletaler Gene am zweiten Chromosom negativ korreliert waren mit der mittleren Tagesspannweite der Temperatur in der Woche vorher (die Entwicklung vom Ei zum Imago währt bei dieser Art etwa 10–16 Tage). Jetzt stellte es sich heraus, daß ihre Häufigkeiten im Frühherbst korreliert sind mit der Niederschlagsmenge im Sommer.

Es sollte deshalb bei den letalen und semiletalen Genen einen Ansatzpunkt für Auslese geben; beide Klassen von Genen können nicht mehr durch Mutationsbelastung allein erklärt werden. Die Autorin nimmt an, daß ihre Heterozygoten einen Fitnessvorteil bei schmaler Spannweite der täglichen Temperaturen besitzen, der jedoch verloren geht, wenn diese Spannweite (in eben den extremen Jahren) erweitert wird. Sie hätten somit einen Einfluß auf die Entwicklungshomöostase, auf die Pufferung der Entwicklung also gegenüber Schwankungen der Umwelt, die wir in Kapitel 5 für das einzelne Allel als Toleranz bezeichnet hatten. Die Art der Auslese in dieser und einer anderen gleichfalls untersuchten Population bezeichnet die Autorin demzufolge als ein Wechselspiel zwischen stabilisierender Auslese (Auslese auf ein intermediäres Optimum, s. u.) und disruptiver Auslese (Auslesevorteile der extremen Phänotypen, s. Band Populationsgenetik, SPERLICH, 1973).

Uns schien dieses Beispiel besonders instruktiv, weil die Fitnesskomponente die sonst schwer zu erfassende Entwicklungshomöostase ist, und weil die beobachteten genetischen Polymorphismen normalerweise unbedenklich der Mutationsbelastung zugeordnet werden würden. Aber es gibt natürlich auch andere Beispiele, in denen unter wesentlich einfacheren und übersichtlichen Bedingungen ähnliche Resultate erhalten wurden. ALLARD und WORKMAN (1963) z. B. haben die Fitness der drei Genotypen an einem Genlocus von *Phaseolus lunatus* in drei verschiedenen Populationen und je über mehrere Jahre verfolgt. Dabei waren die in der Hand des Landwirts liegenden Umweltfaktoren, wie Bodenbearbeitung, Düngung usw. konstant gehalten worden. Das Ergebnis ist in Tab. 6.7.1 dargestellt.

Tab. 6.7.1: Jährliche Fluktuationen der relativen Fitness W_{ij} der Genotypen SS und ss (Ss=1) in mehreren Bohnenpopulationen *(Phaseolus lunatus)* (nach ALLARD und WORKMAN, 1963)

Population		1951	1952	1953	1954	1955	1956	1957	1958	1959	1960	Mittel
53	SS	0.92	0.72	1.36	0.52	0.50	1.25	0.33	0.87	0.88	0.30	0.75
	ss	0.97	0.71	1.00	0.58	0.68	1.42	0.36	0.88	0.87	1.08	0.86
59	SS			2.30	0.81	0.52	0.81	0.52	0.87	0.30	1.58	0.97
	ss			0.95	0.85	0.74	0.76	0.58	0.75	0.92	0.22	0.72
65	SS		1.51	0.93	0.58	0.72	0.80	0.52	1.13	0.59	0.59	0.82
	ss		1.44	1.00	0.79	0.65	0.79	0.50	1.00	0.54	0.47	0.80
Gesamtmittel												
	SS											0.85
	ss											0.80

Die Fitness der Homozygoten in dieser Tabelle ist mit der Fitness der Heterozygoten relativiert. Insgesamt, d. h. über alle Jahre und Populationen wird Überdominanz erhalten mit $W_{SS} = 0.85$ und $W_{ss} = 0.80$. Aber in einzelnen Jahren gibt es drastische Abweichungen. So sind etwa im Jahr 1952 in der Population 65 $W_{SS} = 1.51$ und $W_{ss} = 1.44$. Hier liegt also überlegene Fitness beider homozygoter Genotypen vor. In der Population 53 andererseits waren im gleichen Jahr $W_{SS} = 0.72$ und $W_{ss} = 0.71$, lagen also die Verhältnisse gerade umgekehrt.

Wir wollen einmal davon ausgehen, daß es den Autoren gelungen war, mit Hilfe des S-Locus in allen drei Populationen den gleichen Chromosomenabschnitt zu markieren. Ist diese Annahme richtig, so drängt sich die Schlußfolgerung auf, daß die relative Fitness der Heterozygoten im Durchschnitt über alle Jahre der beider Homozygoter überlegen gewesen ist. Im langjährigen Durchschnitt gibt es also Überdominanz in Fitness. Aber zwischen den einzelnen Jahren liegen erhebliche Unterschiede vor. So nimmt zum Beispiel W_{SS} im Jahre 1953 in Population 53 den Wert 2,3 an, ist also um mehr als das Doppelte größer als W_{Ss}. Es kommt auch in einzelnen Jahren zu unterlegener Fitnes von Ss, wie etwa im Jahr 1952 in Population 65. Diese Schwankungen der Fitness der drei Genotypen, aus Unterschieden der Jahreswitterung zu erklären (Nischendiversität in der Zeit, hier von Generation zu Generation), müssen zu erheblichen Differenzen der Genhäufigkeiten von Jahr zu Jahr führen – in Abhängigkeit von der Witterung des Vorjahres und von der genetischen Zusammensetzung in der jeweils vorhergehenden Generation.

Andererseits ist nicht nur die mittlere Fitness der drei Genotypen innerhalb der gleichen Population von Jahr zu Jahr verschieden, sondern auch im gleichen Jahr zwischen den Populationen und folglich auch im Mittel über alle Jahre zwischen den Populationen. Unter den obengenannten Voraussetzungen würde dies bedeuten, daß Epistase mit im Spiel war. Nicht nur die Umwelt, sondern auch der genetische Hintergrund (= andere Allelausstattung anderer Loci), bestimmt mit über die Fitness der drei Genotypen. Die Umwelt war in diesem Fall, das sei am Rande vermerkt, grobkörnig. Denn jede Generation wuchs in einer anderen Umwelt auf. Im Modell der strategischen Analyse würde es sich also, im Mittel über alle Jahre, um den bereits diskutierten Fall von Überdominanz und grobkörniger Umwelt handeln, der immer zu polymorphen Optimumpopulationen führen sollte. Aber wir sehen jetzt, daß es eine einzige polymorphe Optimumpopulation nicht geben kann, sondern nur eine ‹shifting balance› um ein mittleres Optimum, dessen Lage durch die Geschichte der Population und durch den genetischen Hintergrund des S-Locus bestimmt wird.

Bis hierher haben wir uns mit einer in der Zeit sich zyklisch oder zufallsmäßig ändernden Umwelt auseinandergesetzt. Wir haben dabei seltene Umweltereignisse ausgeklammert, die wir im nächsten Kapitel behandeln wollen, und folglich Kurzzeitstrategien von Populationen bei zeitlicher Variation der Umwelt skizziert – nicht alle in der Literatur beschriebenen oder gar denkbaren Situationen, aber doch eine repräsentative Auswahl. Jetzt wollen wir fragen, welche optimalen genetischen Strategien Populationen bei räumlicher Umweltheterogenität spielen können. Betrachten wir zunächst wieder einen einfachen Fall und gehen wir wieder aus von der Situation eines Populationsbiologen, der sich mit einem von ihm gefundenen genetischen Polymorphismus auseinanderzusetzen hat. Der einfachste denkbare Fall ist der einer ‹Umwelttasche›, worunter wir einen Biotop verstehen wollen, der an einigen wenigen, möglichst nur an einer einzigen Nischendimension von den umgebenden Biotypen der gleichen Art verschieden ist.

Scharf abgegrenzte Umwelten findet man oft in der Nähe von Erzbergwerken, deren Abraumhalden oft mit Blei-, Zink- und Kupfer-Ionen kontaminiert sind. Diese Kontamination kann einen Grad erreichen, der das Gedeihen normaler Formen der höheren Pflanzen verhindert. Nach kürzerer oder längerer Zeit stellt sich auf diesen Halden Vegetation ein, die aus Populationen toleranter Formen in der Nachbarschaft vorkommender Arten besteht. Die toleranten Genotypen besitzen überlegene Fitness meist nur auf den kontaminierten Böden, während die ‹normalen› Genotypen auf diesen Böden Fitnesswerte nahe 0 haben. Die Halden sind also typische Umwelttaschen inmitten von Habitaten der Arten, die in der Lage sind, mit toleranten Genotypen auf kontaminierten Böden zu siedeln. Untersuchungen an solchen Populationen lieferten deshalb mit die schönsten Beispiele für so entstehende Polymorphismen.

McNEILLY (1968) etwa findet an den Rändern einer Halde in Großbritannien gemischte Populationen aus toleranten und nichttoleranten Genotypen. An diesen Rändern erfolgt Immigration nicht-toleranter Typen in die Haldenpopulation, sowohl durch Pollen- als auch durch Sameneinflug, und umgekehrt Emigration toleranter Typen in die umgebende nicht-tolerante Population. Im Untersuchungsgebiet gab es eine deutlich vorherrschende Windrichtung. Immigration erfolgte deshalb vorwiegend an der Luvseite der Halde, Emigration an der Leeseite. Der Übergang von der nicht-toleranten zur toleranten Population am windzugewandten Rand fand auf einem Streifen von nur einem Meter Breite statt. Dieser abrupte Übergang ist durch die geringe Fitness der nicht-toleranten Formen auf der Halde erklärt: Immigranten sind nicht erfolgreich auf den kontaminierten Böden. An der windabgewandten Seite hingegen ist der Anteil toleranter Formen auf dem nicht-kontaminierten Boden recht hoch. Er nimmt mit zunehmendem Abstand von der Halde allmählich ab. Der hier existierende Polymorphismus aus toleranten und nicht-toleranten Morphen entsteht also allein aus Emigration aus der Umwelttasche heraus. Die Populationen an der windabgewandten Seite der Halde sind ausgezeichnet durch einen Häufigkeitsklin der Morphe, dessen Breite bestimmt wird durch die Migrationsweite der Emigranten und durch ihre relative Fitness auf dem nicht-kontaminierten Boden.

LEDIG und FRYER (1971) haben bei *Pinus rigida* einen ähnlichen Fall beschrieben, bei dem die Emigration aus einer Umwelttasche zu einem geographisch weit ausgedehnten Polymorphismus dieses Typs führt. Die Umwelttasche ist hier eine häufig von Waldbränden heimgesuchte Kiefernebene in New Jersey. Alle Kiefern in diesem Gebiet tragen serotine Zapfen, die erst unter dem Einfluß hoher Temperaturen ihre Samen entlassen. Die Fitness der nicht-serotinen Formen in diesem Gebiet liegt wiederum nahe 0. Mit zunehmendem Abstand von der Umwelttasche nimmt die Häufigkeit der serotinen Formen graduell ab, und die Autoren konnten zeigen, daß der so entstehende Morphoklin (= Häufigkeitsklin der Morphe) aus bekannten Daten über die Migration bei *Pinus* unter Zuhilfenahme eines von HANSON (1966) für solche Fälle entwickelten mathematischen Modells erklärt werden kann.

Klinale Variation wurde bei vielen Polymorphismen nachgewiesen. Wir sehen jetzt, daß die in Kapitel 5 beschriebenen genetischen adaptiven Strategien, die zur Einrichtung von Morphoklinen führten, nicht die einzigen Erklärungsmöglichkeiten für solche Kline darstellen. FISHER (1950) und HALDANE (1948) haben eine weitere Mög-

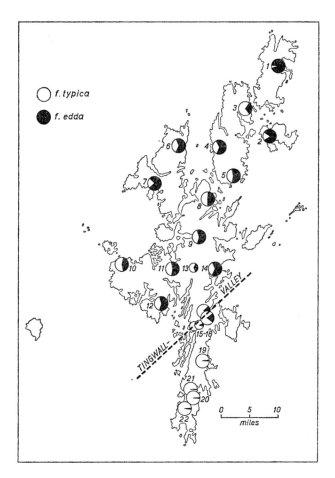

Abb. 6.7.1: Häufigkeiten der melanistischen Variante ‹edda› in Populationen von *Amathes glareosa* auf den Shetland-Inseln (nach KETTLEWELL und BERRY, 1961).

lichkeit für das Zustandekommen von Morphoklinen gezeigt, die eine Erweiterung oder Verfeinerung des Modells der Umwelttasche darstellt. Sie nehmen an, daß es im Verbreitungsgebiet einer Art zwei räumlich getrennte Nischen geben mag. Wiederum gibt es Morphe mit höherer Fitness in der einen und geringerer Fitness in der anderen Nische. Auch hier muß es als Folge von Migration eine mehr oder weniger breite Zone mit polymorphen Populationen geben, die nun wiederum einen Morphoklin aufweisen sollte.

Ein schönes Beispiel für einen Morphoklin, der so erklärt sein könnte, bringen KETTLEWELL und BERRY (1961). Dies Beispiel wurde ausgewählt, weil es gleichzeitig die Schwierigkeiten zeigt, die bei experimentellen Untersuchungen im Feld entstehen.

Die Population von *Amathes glareosa (Lepidoptera)* auf den Shetlands zeigt einen durchgehenden Häufigkeitsklin der melanistischen Variante ›*edda*‹. Der Dimorphismus ist bedingt durch einen spaltenden Genlocus mit zwei Allelen. Abb. 6.7.1 vermittelt eine Vorstellung von der Verteilung der Allele dieses Locus über die Inseln.

Die Stichprobe der Autoren von der nördlichsten Insel (Unst) enthielt nur 2.7% Individuen der *typica*-Form. Dies entspricht bei Dominanz des Allels für *edda* einer Häufigkeit des *typica*-Allels von 16.4% (geschätzt unter Annahme von HARDY-WEINBERG-Gleichgewicht für den *edda*-Locus). Auf der südlichsten Insel hingegen wurden um 99% *typica* gefangen. Dies entspricht gleichzeitig auch etwa der Häufigkeit des *typica*-Allels, da fast alle gefangenen *edda*-Individuen Heterozygote gewesen sein müssen. Abb. 6.7.2 zeigt den regelmäßigen Trend der Häufigkeiten zwischen diesen beiden Extremen.

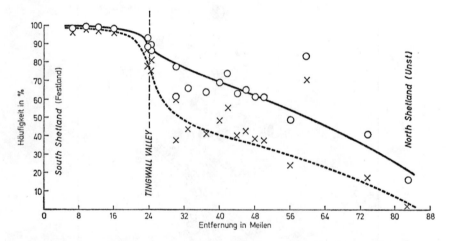

Abb. 6.7.2: Schematische Darstellung des ‹Morphoklins› aus Abb. 6.7.1. Die gebrochene Linie entspricht der Häufigkeit des *typica*-Allels, die ausgezogene der des *typica*-Phänotyps.

Dieser Trend steht in guter Übereinstimmung mit den Erwartungen aus den obengenannten Modellen von FISHER und HALDANE, und es lag nahe, ihn mit ihrer Hilfe zu erklären. Im Norden wie im Süden des Inselkomplexes mag es Nischen geben, für die monomorphe Populationen optimal wären. Die Population in der dazwischen liegenden Zone müßte dann durch einen durchgehenden Häufigkeitsklin geprägt sein, erklärt aus Migration zwischen den beiden Nischen. Nimmt man die durchschnittliche Migration der Imagines mit 4–500 m an und eine um $s = 0{,}00004$ unterlegene Fitness der Rezessiv-Homozygoten im Norden der Insel, so erhält man eine einigermaßen befriedigende Anpassung an die beobachteten Häufigkeiten entlang des Klins.

Die Autoren fanden in Wiederfangversuchen mit markierten Tieren im Norden einen Selektionsvorteil der Form *edda* von etwa 7 %. Im südlichen Teil der Insel erwies sich in ähnlichen Versuchen jedoch keines der beiden Allele als überlegen. Dieses Ergebnis kann natürlich auch darauf zurückzuführen sein, daß mit dieser Methode nur eine einzige Komponente der Fitness geschätzt wurde. Bis zu diesem Resultat gibt es also noch keinen Widerspruch zu dem von HALDANE entworfenen Modell.

Man sieht, daß man den Polymorphismus einzelner Populationen in solchen Fällen aufklären kann, wenn man das gesamte Populationssystem untersucht, dem sie zugehören. Es ist dann also nötig, das geographische Variationsmuster insgesamt zu beschreiben und zu versuchen, daraus die Ursachen der klinalen Variation zu erklären. Wir haben jetzt schon mehrere und verschiedene Fälle kennengelernt, in denen klinale Variation entstehen kann. Es sind demzufolge spezifische Versuche nötig um festzustellen, ob ein in der Natur beobachteter Klin auf die eine oder andere Ursache zurückzuführen ist.

In Kapitel 5 hatten wir ein Modell für klinale Variation entworfen, in dem eine konvexe Fitnessmenge auf der Seite des Organismus und ein geographischer Gradient auf der Seite der Umwelt zu klinaler Variation führte, ganz gleich, ob die Umwelt feinkörnig oder grobkörnig angenommen wird. Auch einen solchen Fall wollen wir hier skizzieren. KOEHN und MITTON (1972) untersuchten die Allel-Häufigkeiten am LAP-Locus (Leucin-Aminopeptidase) und am MDH-Locus (Malat Dehydrogenase) der Muscheln *Mytilus edulis* und *Modiolus demissus* im Mündungsgebiet des Flusses Nissequoque im Norden von Long Island. Sie nahmen Stichproben an vier jeweils etwa 500 m voneinander entfernten Orten, die linear von der Mündung des Flusses flußaufwärts angeordnet waren. Der Umweltgradient ist recht komplex. Salzgehalt des Wassers, Wassertemperatur, Planktonzusammensetzung u. a. Nischen-Variable ändern sich systematisch flußaufwärts, und auch die jährlichen Fluktuationen sowie Fluktuationen zwischen den Jahren mögen verschieden sein. Es gab je drei Allele am LAP- und zwei Allele am MDH-Locus. Aber die Allele beider Arten waren elektrophoretisch nicht gleichwertig. Die Häufigkeiten der beiden Allele am MDH-Locus waren bei beiden Arten an allen vier Lokalitäten gleich und die Häufigkeiten der drei Genotypen an diesem Locus entsprachen den beim HARDY-WEINBERG-Gleichgewicht erwarteten Häufigkeiten von Zygoten. Am LAP-Locus hingegen gab es deutliche Differenzen der Häufigkeiten der drei Allele zwischen den vier Lokalitäten, praktisch in allen Fällen einen Überschuß der drei Homozygoten gegenüber den nach HARDY-WEINBERG zu erwartenden Zygoten-Häufigkeiten und schließlich eine deutliche Parallelvariation der Häufigkeiten der Allele in beiden Arten über die vier Orte. Dabei ist es von besonderem Interesse, daß bei beiden Arten die Allele mit ähnlicher Mobilität ihrer Produkte bei der Elektrophorese für diese Parallelität verantwortlich waren.

Die Autoren ziehen aus ihrer Untersuchung den Schluß, daß beide Arten an beiden Genloci ähnliche genetische adaptive Strategien spielen mit ähnlichen Strukturen der Optimumpopulationen für alle vier Lokalitäten. Die hierfür verantwortliche Nischendiversität kann nicht korrekt gemessen werden. Aber es kann keinen Zweifel an ihrer Existenz geben.

Ein solcher Vergleich der Variation verwandter sympatrischer Arten entlang eines geographischen Gradienten der Umwelt vermittelt einen Eindruck von der Art der

Anpassungsstrategien also u. U. auch dann, wenn es nicht möglich ist, die eigentlich verantwortlichen Nischendimensionen festzustellen.

Schopf und Gooch (1971) fanden übrigens in einem ähnlichen Fall einen Temperaturgradienten parallel zu einem Klin am LAP-Locus über 35 km an der Küste ostwärts Cape Cod.

Eine umfangreiche Literatur ist in den zurückliegenden beiden Jahrzehnten um zwei Modelle für Auslese entstanden, die unter bestimmten Voraussetzungen zur Einrichtung und Aufrechterhaltung genetischer Polymorphismen führen können. Sie sind im Ansatz einfach und können als Grundlage für die Planung von Laborversuchen dienen. Wir wollen sie deshalb in diesem Zusammenhang wenigstens skizzieren, obgleich sie mitenthalten sind in dem mehr generellen Konzept der Strategie-Analyse (Kapitel 5).

Levene (1953) geht aus von einer Umwelt mit zwei räumlich getrennten Nischen. In jeder der beiden Nischen soll eines der beiden Allele eines Genlocus einen Selektionsvorteil gegenüber dem jeweils anderen besitzen. Wir wollen hier wenigstens auf das Ergebnis der mehr generellen Lösung dieses Problems durch Bulmer (1971) hinweisen, der zur Beschreibung der Migration zwischen den Nischen die von Bodmer und Cavalli-Sforza (1968) entwickelte Migrations-Matrix verwendet.

Das zweite Modell ist das von Mather (1955) für disruptive Auslese. Hierunter wird eine Situation verstanden, in der auf entgegengesetzt extreme Phänotypen ausgelesen wird, im Gegensatz zur gerichteten Auslese, bei der nur Phänotypen an einem Extrem, oder zur stabilisierenden Auslese, bei der mittlere Phänotypen einen Auslesevorteil besitzen. Wie Thoday und Gibson (1970) betonen, haben die meisten Versuche zur disruptiven Auslese das Ziel gehabt, die Voraussetzungen für die Entstehung genetischer Isolierung zwischen den extremen Phänotypen zu klären; für eine genetische adaptive Strategie also, die zu sympatrischer Artbildung führen würde.

Über dieser Frage ist die nach dem Beitrag der disruptiven Auslese zur Einrichtung und Aufrechterhaltung genetischer Polymorphismen in den Hintergrund getreten, obgleich sie im Konzept Mathers mit an erster Stelle stand und obgleich von ihm die Entstehung genetischer Isolierung als Extremfall angesehen wurde. In der Tat wurden in vielen Versuchen mit disruptiver Auslese breitere genetische Variation als in der Ausgangspopulation erreicht (z. B. Tigerstedt, 1969), oder sie führte zu bimodalen Verteilungen des Auslesemerkmals bis zur völligen Trennung der beiden disruptiv ausgelesenen Phäne.

Thoday und Gibson nennen die Voraussetzungen für das Auslesemerkmal selbst, unter denen disruptive Auslese Erfolg haben kann. Soll sie zur Isolierung der disruptiv ausgelesenen Phäne führen, so müssen Nebenbedingungen vorhanden sein, wie
- eine hinreichend hohe Heritabilität (im weiteren Sinn) des Auslesemerkmals und
- eine Art Häufigkeits-Abhängigkeit, die Aufrechterhaltung beider Klassen ermöglicht.

Nur dann kann es zur Bimodalität der Verteilungskurven der Phäne und damit zu diskreten Morphen, sowie schließlich zur genetischen Isolierung der Morphe gegeneinander kommen. Schon beim erstgenannten Ergebnis sollte es irgendwelche Faktoren geben, die gegen ‹Hybriden› zwischen den beiden Klassen diskriminieren.

In Kapitel 5 haben wir ein typisches Beispiel für einen Polymorphismus aus disruptiver Auslese kennengelernt: Die Entstehung eines mimetischen Polymorphismus bei Lepidopteren. Clarke und Sheppard (1972) bringen neben neuen Befunden eine Zusammenstellung der experimentellen Beweise dafür, daß dieser Prozeß als fortgesetzte disruptive Auslese zu verstehen sei. Eine zu Beginn des Prozesses wahrscheinlich noch sehr unvollständige Ähnlichkeit der mimetischen Form mit dem Modell, die ihr aber nichtsdestoweniger schon einen Selektionsvorteil verschaffen mag, wird im weiteren Verlauf der disruptiven Auslese dem Modell immer ähnlicher. In den untersuchten Fällen spielte dabei der Aufbau eines Modifikationssystems eine Hauptrolle, das zu vollständiger Dominanz des einen der beiden Allele eines Genlocus führte, welche den Polymorphismus in den einfachsten Fällen erklären. So fand man mehrfach, zuerst wohl CLARKE und SHEPPARD (1960), den gleichen mimetischen Polymorphismus in allopatrischen Populationen der gleichen Art, jeweils bedingt durch ein Allelenpaar und strenge Dominanz. Kreuzt man die entgegengesetzten Morphe zwischen den Populationen, so bricht das Modifikationssystem für Dominanz zusammen, die Vererbung des Merkmals ist nahezu intermediär.

Bei einem anderen Polymorphismus, dem Industriemelanismus bei *Biston betularia*, konnte an alten Schmetterlingssammlungen der Prozeß der Evolution des Dominanzsystems verfolgt werden. Die ersten Exemplare, gesammelt in einer Zeit, in der die melanistische Form noch sehr selten war, und die deshalb mit hoher Wahrscheinlichkeit Heterozygote waren, sind noch intermediär zwischen den melanistischen und der typischen Form. Erst im Verlaufe von mehreren Jahrzehnten wird vollständige Dominanz erreicht.

Am Beispiel der Entstehung mimetischer Polymorphismen wird auch die von THODAY und GIBSON hervorgehobene Häufigkeits-Abhängigkeit klar. Je häufiger das Modell vorkommt, relativ zur Häufigkeit der mimetischen Form, um so rascher verläuft der Lernprozeß der Feinde, und um so besser ist sie geschützt. Daneben gibt es optimale Häufigkeiten, auch der typischen und mimetischen Morphe in der Population selbst, wie in Kapitel 5 gezeigt. Diese Abhängigkeit verhindert den Aufbau einer Isolierungsbarriere zwischen den beiden Formen.

Als Faktoren, welche die Diskriminierung der ‹Hybriden› reduzieren und folglich dem Auslesedruck entgegenwirken, werden u. a. genannt:
- Dominanz (s. o.),
- geschlechtsgebundene Vererbung,
- mütterliche oder zytoplasmatische Vererbung,
- Kopplung in der Repulsionsphase, die zur Auslese der Rekombination unter den Nachkommen der ‹Hybrid›-Weibchen führen.

In diesen Fällen ist die Einrichtung von genetischen Polymorphismen wahrscheinlich, die Errichtung genetischer Isolierungsbarrieren jedoch nicht. Der Einrichtung von genetischen Polymorphismen wirken entgegen
- relativ geringe Lebenstüchtigkeit und/oder geringe Fruchtbarkeit der extremen Phänotypen,
- Inzuchtdepression in den ‹Populationen› der beiden extremen Phäne.

Man findet in der Literatur eine hinreichende Zahl von Belegen für diese Thesen. In TIGERSTEDTs (1969) Versuchen wurde bei *Drosophila melanogaster* auf kurze bzw. lange Entwicklungszeit vom Ei bis zur Imago ausgelesen. Das Merkmal hat eine relativ geringe Heritabilität, und außerdem ist die Fitness der Phäne mit langer Entwicklungszeit deutlich geringer. Gerichtete Auslese auf verkürzte oder verlängerte Entwicklungszeit war dementsprechend erfolgreich, disruptive Auslese führte lediglich zu breiterer genetischer Varianz (siehe auch Abb. 9.1.6, S. 175). In den ersten Versuchen von THODAY und Mitarbeitern wurde auf die Zahl sternopleuraler Chaetae ausgelesen. Das Merkmal hat eine hohe Heritabilität. Seine Variation wird in der Hauptsache durch einige wenige Genloci bedingt. Hier kam es rasch zu bimodalen Verteilungen und schließlich zu teilweiser genetischer Isolierung.

Aber auch in TIGERSTEDTS Experimenten (vgl. auch NAMVAR, 1971) führte disruptive Auslese zu einer veränderten genetischen Strategie. Brachte man die disruptiv auf Entwicklungszeit ausgelesenen Linien und als Vergleich die stabilisierend auf mittlere Entwicklungszeit, die gerichtet auf lange und kurze Entwicklungszeit ausgelesenen und die Ausgangspopulation selbst in Populationskäfige, in denen sie relativ unbehindert wachsen konnten, so wuchsen die disruptiv ausgelesenen Populationen immer am raschesten. Die disruptive Auslese war im Nebeneffekt Auslese auf rasches Populationswachstum gewesen, was aller Wahrscheinlichkeit darauf zurückzuführen war, daß sie die breiteste genetische Variation besaß und demzufolge mit der neuen Umwelt am besten fertig wurde. Mit r-Auslese hat dies wohl nichts zu tun.

Auch in Versuchen von Pflanzenzüchtern wurde inzwischen mehrfach festgestellt (zuerst wohl von MURTY et al., 1972), daß disruptive Auslese an irgendeinem Merkmal zur Herstellung breiterer genetischer Variation auch in anderen Merkmalen und damit zu einer breiteren Ausgangspopulation für die züchterische Auslese führen kann. Dies mag unter anderem auch auf den Aufbruch von Kopplungsgruppen in den normalerweise unter stabilisierender oder gerichteter Auslese gehaltenen Populationen zurückzuführen sein, die beide andere Kopplungsrelationen als disruptive Auslese begünstigen. Auch hierauf haben MATHER sowie THODAY und Ko-Autoren mehrfach aufmerksam gemacht und es in ihren Experimenten bestätigen können.

Damit sind wir bei unserem letzten Problem in diesem Abschnitt angelangt, der Bedeutung genetischer Polymorphismen für die Eroberung einer möglichst breiten Nische, für die genetische Flexibilität von Populationen und andere genetische adaptive Strategien. Da wir hierauf noch einmal in anderem Zusammenhang zurückkommen, und da einiges hierüber schon gesagt wurde, mögen kurze Hinweise genügen. FORD und seine Schule haben mit Wiederfangversuchen mit markierten Schmetterlingen und mit direkten Beobachtungen des Verhaltens beutemachender Vögel zeigen können, daß die Überlebenswahrscheinlichkeit der melanistischen Formen in Industriegebieten um ein Mehrfaches größer ist als die der *typica*-Formen. Ein dauerndes Überleben der reinen *typica*-Population in diesen Gebieten wäre deshalb wohl kaum möglich. Die bei disruptiver Auslese breitere genetische Varianz der Populationen hat in den untersuchten Fällen zu höherer mittlerer Fitness in neuen Umwelten geführt, im weiteren Sinne durch rasche Reaktion auf die Auslesebedingungen in der neuen Umwelt, also durch bessere genetische Flexibilität im Sinne von LERNER (1954).

Auch die von DOBZHANSKY und Mitarbeitern mehrfach nachgewiesene höhere Fitness für Chromosomenstrukturen polymorpher Populationen deutet auf überlegene Fitness solcher Populationen in bestimmten Umweltsituationen. Die Zahl der Beispiele, in der polymorphe Populationen eine heterogene Umwelt besser ausbeuten, ließe sich beliebig vermehren. Selbst der Anteil an rezessiv-letalen und semiletalen Genen, normalerweise der Mutationsbürde der Population zugeschrieben, kann hier eine Rolle spielen, wie u. a. das aus diesem Grund ausgewählte Beispiel von BAND zeigte (ein weiteres Beispiel wäre hier wieder die im Abschnitt Überdominanz beschriebene Sichelzellenanämie; das Allel s gehört überall dort zur genetischen Bürde, wo Malariainfektionen gar nicht oder nur sehr selten vorkommen, es bringt einen Fitnessvorteil für die Population in Gebieten mit häufiger Infektion).

Neben der Auslese auf Allele mit höchster Fitness und mit Richtung auf Fixierung dieser Allele hat deshalb in den letzten Jahrzehnten die breite genetische Variation in natürlichen Populationen immer mehr Beachtung gefunden. DOBZHANSKY (1963) hat die hinter dieser Variation stehende Auslese als ‹Diversifizierende› Auslese bezeichnet. Sie kann viele Ursachen haben, wie wir gesehen haben, und wir ziehen es deshalb für die Zwecke der ökologischen Genetik vor, LEVINS' Konzept der genetischen adaptiven Strategien von Populationen und sein Modell der Population als adaptives System auch im folgenden zu verwenden. Damit entsteht kein Widerspruch zur herkömmlichen Populationsgenetik. Denn auch die von ihr behandelten Spezialfälle ‹diversifizierender› Auslese sind nichts anderes als Spezifikationen adaptiver Funktionen vor dem Hintergrund bestimmter Eigenschaften des genetischen Systems der Population und ihrer Umwelt.

6.8 Transiente Polymorphismen

Wenn eine Population vorübergehend einer besonderen Umwelt ausgesetzt war, so mögen drastische Änderungen der Genhäufigkeiten die Folge sein. Dies ist ein vorübergehender Zustand und würde in solchen Fällen von transienten Polymorphismen sprechen. Sie kennzeichnen keinen Gleichgewichtszustand oder dergleichen, sondern eine Phase der Population, in der diese aus der direkten Nachbarschaft eines Gleichgewichtspunktes entfernt wurde.

Eine andere Form eines transienten Polymorphismus wäre der während der Substitution eines Allels durch ein neues mit höherem Auslesewert zu beobachtende. Unsere Vorstellung von DARWINscher Evolution schließt ja die Annahme ein, daß immer wieder vorhandene Allele durch neue ersetzt werden, die durch Mutation entstanden sein mögen oder in die betreffende Population mit transientem Polymorphismus dieses Typs einwandern. Ein Beispiel hierfür wollen wir im folgenden bringen, das von SQUILLACE (1971) gebracht wurde.

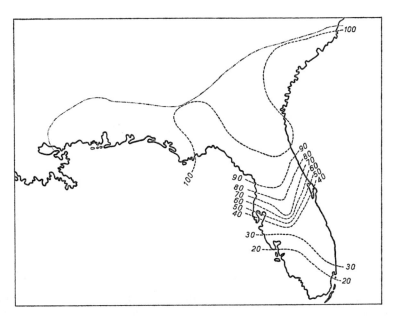

Abb. 6.8.1: Typischer Häufigkeitsklin eines Monoterpens über das Areal von *Pinus eliottii* (nach SQUILLACE, 1971).

Die niederen Terpene der Koniferen zeigen überall, wo man sie daraufhin untersucht hat, ausgeprägte genetische Polymorphismen. Da sie relativ einfach strukturiert sind, dürften an ihrer Synthese nur wenige Gene oder Genloci beteiligt sein. Die Häufigkeiten der Morphe variieren in der Regel klinal, und man darf deshalb ökologische Ursachen für Einrichten und Aufrechterhalten der Polymorphismen annehmen. Bei *Pinus eliottii* im Südosten der Vereinigten Staaten fand der Autor parallele klinale Variation der von ihm untersuchten niederen Terpene (Abb. 6.8.1) mit einer Ausnahme: Limonen, das auch im Komplex der *Pinus caribaea* nachgewiesen wurde, zeigt ein Häufigkeitsmaximum in einem Gebiet an der Ostküste Floridas (Abb. 6.8.1). Dies Gebiet liegt direkt gegenüber den Hauptinseln der Bahamas, wo *P. caribaea* dichte Populationen bildet oder zumindest in der Vergangenheit gebildet hat. In diesem relativ kleinen Gebiet in Florida erreicht die relative Häufigkeit des Limonen in *P. eliottii* fast 100 %. Seine Häufigkeit nimmt in allen Richtungen stetig und ziemlich gleichmäßig ab. Man kann deshalb annehmen, das Gen für Limonen, oder was immer für eine genetische Struktur dahinterstehen mag, sei aus der Population der mit *P. eliottii* leicht kreuzbaren karibischen Kiefer immigriert, besäße dort einen Selektionsvorteil und sei im Begriff, sich in der Population auszubreiten. Am Ende des vom Selektionsvorteil des Gens und der Migrationsweite und -rate bestimmten Wanderungsprozesses wäre es überall mit einer Häufigkeit um 100 % zu erwarten. Dieser Polymorphismus ist dann natürlich nicht stabil, d. h. mit über die Generationen unveränderten oder um einen Mittelwert fluktuierenden Häufigkeiten der Morphe zu bezeichnen, sondern stellt ein Übergangsstadium in der Evolution der Population dar. Natürlich gibt es in

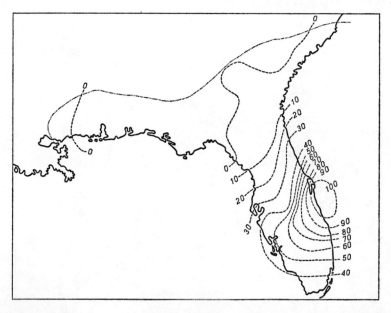

Abb. 6.8.2: Im Gegensatz zu den typischen Verbreitungsmustern der Monoterpene bei *Pinus eliottii* ist das des Limonens nicht korreliert mit ökologischen Variablen. Es zeigt ein Zentrum gegenüber den Bahamas und verbreitet sich von dort aus durch die gesamte Population der Art (nach SQUILLACE, 1971).

unserem Beispiel keine anderen Beweise für die Annahme, daß gerade dieser Typ eines genetischen Polymorphismus vorliegt, als: mangelnde Erklärung des Häufigkeitsklins durch ökologische Faktoren; die Art der Verteilung der Häufigkeiten der Morphe um das Zentrum an der Ostküste Floridas; die von den geographischen Verteilungen anderer Komponenten des komplexen Polymorphismus der niederen Terpene bei *P. eliottii* abweichende Verteilung gerade dieses Morphs und eine gewisse Wahrscheinlichkeit dafür, daß das Allel, wenn von *P. caribaea* stammend, gerade im jetzigen Gebiet mit größter Häufigkeit zu erwarten wäre.

6.9 Wie häufig sind genetische Polymorphismen und die verschiedenen Typen genetischer Polymorphismen in der Natur?

Man könnte versucht sein, die verschiedenen Typen von genetischen Polymorphismen zu klassifizieren, etwa nach den Überschriften der Abschnitte dieses Kapitels und unter Hinzufügung weiterer Kategorien. Aber wir wollen diese Überschriften nicht als Kategorien verstanden wissen, denn wir haben immer wieder sehen müssen, daß oft oder gar in den meisten Fällen ein Zusammenspiel verschiedener Ursachen vorlag. Es handelt sich bei den gewählten Überschriften demnach mehr um einen Katalog einer Auswahl von Ursachen für genetische adaptive Strategien auf Basis genetischer Vielfalt, und wir hoffen, die wesentlichsten Ursachen erfaßt zu haben.

Trotzdem könnte man natürlich grobe Fragen nach dem Hintergrund der genetischen Gesamtstrategie von Populationen stellen. Eine erste Frage könnte etwa lauten: Wie hoch ist der Anteil polymorpher Genloci in einer Population? Hierbei gibt es eine große Zahl von theoretischen Untersuchungen über maximale Anteile polymorpher Loci und ähnliches, derentwegen wir auf den Band Populationsgenetik von SPERLICH verweisen. Wir wollen diese Frage gleich anhand von Beispielen erörtern, zumal sie auf theoretischer Ebene noch völlig unbefriedigend geklärt ist. Daß man sie experimentell überhaupt vernünftig angehen kann, verdanken wir wieder der biochemischen Genetik, und die wichtigste Methode ist wiederum die elektrophoretische Trennung von Isoenzymen. Man kann natürlich einwenden, daß diese Methode die Produkte verschiedener Allele nur dann trennt, wenn sie verschiedene Laufeigenschaften haben, und daß man hieraus vielleicht einen Bias der Schätzungen nach unten erhält. Auch werden immer wieder ähnliche Loci erfaßt, eben die Loci, für deren Untersuchung Reihenmethoden entwickelt worden sind. Aber ihre Zahl steigt ständig und folglich wird man mit immer zuverlässigeren Daten rechnen können. Man muß heute damit rechnen, daß 40–60 % der Genloci einer Population polymorph sein können (oder mehr?).

Ein besonders instruktives Resultat findet POWELL (1971). Er untersuchte mittels Gelelektrophorese an 22 Loci einer Population von *Drosophila willistoni* die dort existierenden Proteinpolymorphismen. In der Wildpopulation betrug der durchschnittliche Anteil heterozygoter Loci je Individuum 19 %. Weiter setzt er 13 Populationskäfige an mit je 500 Fliegen aus der gleichen Population. Dabei werden folgende Umweltfaktoren variiert: Nährhefe mit den Stämmen y_1 und y_2 (y_1 bedeutet, daß alle 8 Futterbehälter mit y_1 versetzt wurden, y_1/y_2 je vier mit Stamm y_1 und y_2 usw.), Nährmedium mit den Mischungen f_1 und f_2 und Temperatur bei 19 und 25° C. In der Tabelle 6 sind die Ergebnisse nach 45 Wochen zusammengestellt.

Tab. 6: Durchschnittlicher Anteil heterozygoter Loci je Individuum (%) und durchschnittliche Zahl von Allelen je Locus bei konstanter und heterogener Umwelt in einem Versuch von POWELL (1971) mit *Drosophila willistoni*

Umwelt	Anteil heteroz. Loci (%)	Allele je Locus
Konstant		
$y_1 f_1 25$	7,29	1,68
$y_1 f_1 25$	7,80	1,68
$y_2 f_1 25$	8,04	1,68
$y_1 f_2 25$	7,96	1,68
$y_1 f_1 19$	7,98	1,64
Mittel konstante Umwelt	7,81	1,67
Ein Faktor variiert		
$y_1/y_2 25$	11,09	1,91
$y_1/y_2 25$	9,06	2,00
$y_1 f_1/f_2 25$	10,16	2,05
$y_1 f_1/f_2 25$	9,33	1,91
$y_1 f_1 19/25$	8,86	1,95
$y_1 f_1 19/25$	9,21	1,68
Mittel ein Faktor variiert	9,62	1,92
Drei Faktoren variiert		
$y_1/y_2 f_1/f_2\ 19/25$	13,90	2,00
$y_1/y_2 f_1/f_2\ 19/25$	12,81	2,23
Mittel drei Faktoren variiert	13,36	2,12
Wildpopulation	19.00	

Setzt man die Zahl heterozygoter Loci in der Wildpopulation = 100, so sind also bei drei variierenden Faktoren 70, bei einem noch 51 und bei ‹konstanter› Umwelt noch 41 % des ursprünglichen Anteils heterozygoter Loci gegeben. Der Autor schließt hieraus, daß die von ihm in der Wildpopulation beobachteten Proteinpolymorphismen zu einem großen Teil durch Nischendiversität bedingt sind.

Man kann die gleiche Frage auch andersherum stellen und fragen, ob nicht eine größere Zahl vorhandener Genloci insgesamt *ceteris paribus* zu einem geringeren Anteil polymorpher Loci führen sollte. Traditionelles Objekt für solche Untersuchungen sind Polyploide. ALTUKHOV et al. (1972) fanden bei dem tetraploiden Lachs, *Oncorhynchus keta*, den wohl geringsten Anteil polymorpher Proteinloci, der bei Fremdbefruchtern in der Literatur bisher berichtet wurde, nämlich nur 14 %. Die Erklärung könnte oder wird mit großer Wahrscheinlichkeit darin zu suchen sein, daß bei den Tetraploiden mit disomer Spaltung je zwei verschiedene Varianten jedes Locus homozygot gehalten werden können. Ein ähnliches Argument gilt, wie wir bereits festgestellt hatten, für duplizierte Loci.

Damit wollen wir die Diskussion der genetischen Polymorphismen im einzelnen abschließen. Die im letzten Abschnitt dieses Kapitels mitgeteilten Zahlen zeigen, daß sie eine erhebliche Bedeutung für die Anpassungsstrategien natürlicher Populationen haben müssen. Im nächsten Kapitel soll diese Feststellung weiter vertieft werden.

7. Noch einmal genetische adaptive Strategien

Die Modelle und Beispiele der beiden vorhergehenden Kapitel vermitteln einen Eindruck von der Bedeutung genetischer adaptiver Strategien für die Anpassung von Populationen. Das ‹adaptive System› Population verfügt in seinem Informationssystem, dem genetischen System, über eine Vielzahl von Möglichkeiten einer extrem unzuverlässigen oder systematisch fluktuierenden Umwelt zu begegnen. Eine ihrer Strategien, dabei wiederum vielfältig variiert, ist das Ausspielen verschiedener Genotypen – eine gemischte Strategie im Sinne der Theorie strategischer Spiele. Die mathematischen Modelle der beiden vorhergehenden Kapitel sollten zeigen, wie verschieden die adaptiven Funktionen sein können, die es in einem konkreten Fall zu optimieren gilt, jeweils unter definierten Voraussetzungen über Eigenschaften des genetischen Systems und der Umwelt.

Die verwirrende Vielzahl von Realisationen adaptiver Funktionen hat immer wieder Versuche herausgefordert, generelle Modelle zu entwickeln, mit deren Hilfe man versuchen könnte, diese lästige Komplexität irgendwie zu ordnen und trotz aller Schwierigkeiten, ausgehend von einem vorgegebenen Zustand, den weiteren Verlauf des Prozesses der Mikroevolution (Makroevolution haben wir ausgeklammert) vorauszusagen. Solche prädiktiven Modelle (SLOBODKIN, 1967 u. a.) könnten etwa angeschlossen werden an TANSLEYs Modell des Ökosystems, LEVINS' Modell der Population als adaptives System und DARLINGTONs Modell des genetischen Systems. Dabei würde das genetische System am Anfang der Überlegungen stehen müssen, weil es als Informations-Untersystem aus dem Untersystem Population des Ökosystems abstrahiert werden kann. Eine stetige Annäherung an das Ziel, prädiktive Modelle zu entwickeln, setzt demzufolge eine intime Kenntnis vieler Details des genetischen Systems voraus, die wir nicht besitzen. Der Leser sei verwiesen auf ein Symposium über die Probleme an der molekularbiologischen Stufe (SMITH, 1972), das einen Teil der hier existierenden Probleme abdeckt und den Anschluß an weitere Literatur vermittelt. Wir können hier nur auf die Grenzen verweisen, die der ökologischen Genetik von dieser Seite her gesetzt sind. Aber es ist natürlich notwendig, auch an anderer Ebene experimentell und theoretisch weiterzuarbeiten, und die Ansatzpunkte für solche Arbeiten können sehr verschieden sein. Die folgenden Beispiele wurden aus einer Vielzahl in der Literatur zu findender Arbeiten dieser Art ausgewählt. Mit der Auswahl gerade dieser Beispiele wird keine Gewichtung versucht.

In den vorhergehenden Kapiteln sind nach probatem Muster relativ einfache evolutionäre Situationen untersucht worden. Dies war nötig, um die wichtigsten Komponenten des Prozesses der Anpassung einzeln kennenzulernen; aber auch dort stellte es sich heraus, daß man auf diese Weise kein vollständiges Bild der genetischen Anpassungsstrategie einer Population entwerfen kann. ISTOCK (1970) versucht deshalb mehrere dieser Komponenten gleichzeitig zu variieren, um ihre Interaktionen kennenzulernen. Er geht davon aus, daß ‹... die Theorie der Evolution, wie sie während der zurückliegenden hundert Jahre entwickelt wurde, ständig an Plausibilität gewonnen hat. Sie ist zur Zeit die einzige vernünftige Erklärung für die Vielfalt der Lebensformen. Aber, trotz häufiger Betonung des Gegenteils, erklärt sie noch nicht genug. Sie kann weder hinreichend vollständige Erklärungen der jeweils einzigartigen Konstellation von

Eigenschaften einer der existierenden Arten geben, noch ist es möglich, mit ihrer Hilfe die weitere Evolution einer Art vorauszusagen, wenn ihre Ausgangssituation und die künftige Umwelt bekannt sind. Dies ist nicht auf bekannte und fundamentale Schwächen der Theorie zurückzuführen, sondern auf Unvollständigkeit. Die derzeitige quantitative Theorie ist immer noch nicht breit, reich und explizit genug, um einen angemessenen Teil der zur gleichen Zeit beobachteten Eigenschaften einer Art zu erklären, und von einer befriedigenden Erklärung der Koevolution von biologischen Gesellschaften, die aus vielen Arten bestehen, sollte man am besten gar nicht sprechen. Die älteren seitens der Genetik abgesicherten Modelle für Auslese werden noch heute als zentrale Teile der Evolutionstheorie angesehen. Sie haben in der Tat prädiktive Eigenschaften, aber Voraussagen auf ihrer Grundlage sind wenig mehr als Wiederholungen von Feststellungen über innere Eigenschaften der Modelle, von denen man ausgeht. Man beachtet die Regeln der Genetik, und die Genhäufigkeiten ändern sich. Aber die Phänotypen, an denen die Auslese ansetzt, bleiben undefiniert, werden willkürlich definiert oder sind bedeutungslos für die Fitness der Individuen und die kollektive Fitness der Population. Wesentliche und gerichtete Konsequenzen von ökologischen und von Entwicklungsprozessen bleiben außer Betracht. Die Modelle sagen nichts aus über die Bedingungen, unter denen die Organismen leben und reproduzieren. Die meisten Modelle verzichten auf Informationen über die Populationsgrößen, über Schwankungen der Populationsgrößen und über räumliche Verteilungen. Folglich bleibt der umfassende Prozeß von Anpassung, Auslöschung, Artbildung und Spezialisierung verborgen.›

Der Autor versucht nun, dem vereinfachten Fitnesskonzept der Populationsgenetik das einer realisierten oder ökologischen Fitness gegenüberzustellen, indem er, ohne dies ausdrücklich zu betonen, eine Art systemtheoretisches Modell einer Population oder einer interagierenden Gruppe von Populationen entwirft, welches eine Auflösung der Netto-Fitness in ihre Komponenten zuläßt. Die Notwendigkeit hierfür haben wir schon mehrfach betont und auch Beispiele dafür gegeben. Seine Forderungen an ein realistisches Fitnessmodell sind denn auch in wesentlichen Punkten schon erläutert worden. Es sind dies:

1. Alle Genotypen müssen übersetzt werden in Phänotypen. Diese Übersetzung wird fortlaufend deutlicher, wenn man sie kontinuierlich über das gesamte Leben jedes Individuums verfolgt. Durch Umwelteinflüsse verursachte, gerichtete oder zufällige Abweichungen von der ursprünglichen genotypischen Information müssen während des ganzen Übersetzungsprozesses verfolgt werden.

2. Die realisierte Fitness für die Population und für jedes ihrer Individuen tritt während dieses Prozesses immer klarer hervor. Individuelle Fitness zu irgendeinem Zeitpunkt ist eine Funktion des Zustandes der gesamten Population und des Alters des Individuums.

3. Die Erfahrung der Population über ihre Umwelt wird widergespiegelt in ihrer veränderten genetischen Zusammensetzung, die nach Rekombination und Mutation eine revidierte Form der physiologischen (genetischen) Populationsfitness darstellt. Der adaptive Prozeß wird sich im physiologischen Zustand manifestieren, aber er ist nur relevant oder spezifisch adaptiv unter Bezugnahme auf die reale Umwelt. (Die drei nun vom Verfasser behandelten Fälle sind trotz des breit angelegten Ansatzes ziemlich speziell, so daß wir auf sie verzichten können. Auch sind seine Gedanken nicht unbedingt neu.)

Während in der vorstehend skizzierten (und in anderen) Arbeiten der Ansatz nicht breit genug ist, um mehr zu zeigen als die bekannte Tatsache, daß die fundamentalen

Theoreme der Populationsgenetik sehr vereinfachte Situationen modellieren, wird in einer weiteren Gruppe von Veröffentlichungen versucht, die logischen Strukturen von adaptiven Systemen auf das genetische System, auf Populationssysteme usw. zu übertragen. Als Beispiel mag der Versuch von KURIJAN (1971) dienen, in welcher die Entscheidungsprobleme behandelt werden, die innerhalb eines genetischen Systems während des Anpassungsprozesses (Mikroevolution) auftreten und wie man sie logisch einwandfrei formulieren kann vor dem Hintergrund der bisherigen Ergebnisse der allgemeinen Genetik. Eine dritte Gruppe von Veröffentlichungen schließlich behandelt die Logik der DARWINschen Evolution. Als Beispiel sei genannt die von WILLIAMS (1970).

Alles in allem sind die Ergebnisse von Versuchen, mehr umfassende Modelle nicht nur zu entwickeln, sondern auch auf konkrete Situationen in der Natur anzuwenden, bislang wenig befriedigend. Das liegt sicherlich nicht allein an der Unzulänglichkeit der Modelle. Es ist auch schwierig, sie mit hinreichend zuverlässigen Zahlen auszufüllen.

Erfolgreicher waren hingegen Versuche, optimale genetische adaptive Strategien für die Lösung durch Anpassungsstrategien vorgegebener Aufgaben zu finden. Man kann z. B. fragen, welche Eigenschaften Populationen und Individuen von kolonisierenden Arten besitzen (BAKER und STEBBINS, 1965), unter welchen Voraussetzungen es zu Konkurrenzgleichgewichten kommen kann und anderes mehr. In jedem Fall handelt es sich um komplexe Aufgaben, und es mag oder wird in der Regel je mehrere adaptive und genetische adaptive Strategien zu ihrer Lösung geben. Auch ist der Grad an Komplexität hier noch nicht so hoch, daß man nicht auch mit Erfolg diese oder jene Hypothese im Experiment testen könnte. Wir wollen deshalb in den folgenden Abschnitten dieses Kapitels einige Beispiele hierzu bringen.

7.1 Kurzzeit- und Langzeit-Anpassungen

Populationen kurzlebiger Organismenarten, wie die von *Drosophila melanogaster* in den Versuchen von BAND, reagieren auf die systematische Änderung der Witterung im Verlaufe eines Jahres durch genetische Flexibilität. Die Häufigkeiten der Genotypen werden durch Auslese verändert. Oft werden gleiche Häufigkeitszyklen in aufeinanderfolgenden Jahren beobachtet. Die genetischen Anpassungsstrategien solcher Populationen erlauben es ihnen offenbar innerhalb bestimmter Grenzen, auf Auslese zu reagieren und bei Nachlassen oder Richtungsänderung des Auslesedrucks wieder zum alten Optimum zurückzukehren. Oft sind die Spannweiten, innerhalb derer diese genetische Flexibilität von Populationen wirksam bleibt, ziemlich groß. Genetische Flexibilität wird für eine Population in wechselnder Umwelt zur Notwendigkeit, sobald die Schwankungen der Umwelt nicht mehr durch die Umwelttoleranz der Phänotypen aufgefangen werden kann. Sie leistet dann einen Beitrag zur Aufrechterhaltung einer relativ hohen mittleren Fitness oder mag gar Voraussetzung für die Aufrechterhaltung einer ausreichenden mittleren Fitness der Population sein.

LERNER (1954) hat darauf hingewiesen, daß in vielen Situationen mit wechselnder Umwelt die besonderen Eigenschaften des genetischen Systems, die nach Aussetzen oder Änderung des Auslesedrucks eine Rückkehr zum alten Status begünstigen oder innerhalb bestimmter Grenzen garantieren, der Population die optimale Ausnutzung ihrer genetischen Flexibilität ermöglichen würden. Er nannte dies die genetische Homöostase einer Population und brachte Beispiele für Auslesemodelle, welche die geforderten Eigenschaften besitzen: Voraussetzung für genetische Flexibilität und Homöostase einer

Population ist immer eine hinreichend breite genetische Variation, und genetische Homöostase wäre dann vor allem aufzufassen als ein Mechanismus im genetischen System, welcher die Population gegen Verlust genetischer Variation absichert. Ähnliche Eigenschaften hatten aber auch einige der im vorhergehenden Kapitel diskutierten genetischen Polymorphismen. Es ist deshalb nicht unbedingt nötig, die genetische Homöostase allein auf die von LERNER diskutierten typischen homöostatischen Mechanismen zu beschränken. Auch der Autor selbst tut dies nicht.

LEVINS (1965) hat darauf hingewiesen, daß auch Migration Beiträge zur genetischen Homöostase leistet, wenn man sie über ganze Populationssysteme betrachtet. Extreme Änderungen der Genhäufigkeiten in einer der Unterpopulationen eines solchen Populationssystems als Folge extremen Auslesedrucks, extremer Einengung der Populationsgrößen oder aus anderen Ursachen, werden durch Immigration ausgeglichen. Es gibt deshalb so etwas wie eine optimale Migrationsrate. Die Lage des Optimums wird dabei einerseits bestimmt durch die Heterogenität der Umwelt über die verschiedenen (geographischen) Unterpopulationen und durch die Breite der Umweltschwankungen für die einzelnen Unterpopulationen. Stellt man sich etwa jede der Unterpopulationen in einer spezifischen jeweils in der Zeit konstanten Umwelt vor, so würde Immigration aus anderen Unterpopulationen die mittlere Fitness jeder Unterpopulation vermindern. Hier wäre Migration nur schädlich, und die optimale Strategie jeder Unterpopulation würde der Aufbau von Barrieren gegen Immigranten sein.

Hierzu ein Beispiel. Die gegen Schwermetall toleranten Populationen höherer Pflanzen auf den Halden von Erzbergwerken siedeln in typischen Umwelttaschen. Die Fitness (relative und absolute) der nicht-toleranten Genotypen auf den Halden liegt nahe 0 (s. o.), die relative Fitness der toleranten liegt hier bei 1. Umgekehrt ist sie bei den nicht-toleranten außerhalb der Halden bei 1, bei den toleranten außerhalb der Halde kleiner als 1 anzunehmen, obgleich nicht nahe 0. Immigration in die Haldenpopulation von Samen ist infolgedessen bedeutungslos für die mittlere Fitness der toleranten Population, nicht aber Immigration von Pollen, denn sie führt dazu, daß unter den Nachkommen der toleranten Formen immer wieder ein gewisser Anteil nicht-toleranter Individuen zu erwarten ist. ANTONOVICS et al. (1971) haben in ihrer zusammenfassenden Darstellung der Evolution von Toleranz gegen Schwermetalle bei höheren Pflanzen auch die Ergebnisse der bisherigen Versuche über die Pollenimmigration in die Haldenpopulationen referiert. Klare Resultate sind natürlich vor allem bei windbestäubenden Arten zu erwarten, bei denen der Pollen über weite Distanzen transportiert wird und deren Blühperioden relativ kurz sind.

Hier könnten die Haldenpopulationen theoretisch drei Strategien spielen: Saisonale Isolierung (früheres oder späteres Blühen als die umgebende Population), Erwerb von Unverträglichkeit gegenüber einfliegenden Pollen und (umgekehrt) Verlust des Selbstunverträglichkeitssystems. Kreuzungsunverträglichkeit gegenüber der umgebenden Population wurde in keinem Fall beobachtet. Diese letzte und wirksamste Strategie, deren Erwerb sympatrischer Artbildung gleich käme (siehe Anmerkungen zur disruptiven Auslese im vorhergehenden Kapitel), mag am Ende eines langandauernden Evolutionsprozesses stehen. Voraussetzung ist möglicherweise die Evolution epistatischer Gensysteme, die man vor allem bei Populationen erwarten darf, deren Umwelt in vielen Nischendimensionen von den Umwelten anderer Populationen der gleichen Art verschieden ist. Aber saisonale Isolierung wurde vielfach beobachtet und ebenso quantitative Verbesserung der Selbstfertilität. Beides ist wahrscheinlich in engem Zusammenhang zu sehen. Bei den am Anfang dünnen Populationen auf den Halden dürfte der meiste Pollen von außen her einfliegen. Saisonal wenigstens teilweise isolierte

Individuen mit gleichzeitig geringer Selbstunverträglichkeit müßten unter diesen Umständen die höchste Fitness besitzen. Züchter würden sagen, daß hier auf zwei Merkmale gleichzeitig ausgelesen wird nach den Prinzipien der Indexauslese (siehe «Angewandte Genetik» von BREWBAKER, 1967). Als Ergebnis wird eine für die Haldenpopulationen veränderte Migrationsstruktur erhalten, die nur so lange andauert, als die einfachen aber drastischen Nischenunterschiede bestehen bleiben. Natürliche Auslese hat die Migrationsrate vor dem Hintergrund neuer Umweltstrukturen und temporär neu optimiert.

Aus dem fundamentalen Theorem der Auslese von FISHER (1930) folgt, daß der Ausleseerfolg im Merkmal Fitness eine Funktion der additiv-genetischen Varianz V_A ist. Aber auch FISHER hat bereits darauf hingewiesen, daß Umweltschwankungen die lineare Beziehung zwischen Verbesserung der Fitness und V_A beeinflussen können. Er hat deshalb eine – etwas vage – Größe in seine algebraische Formulierung des Theorems aufgenommen, die diesem Umstand Rechnung tragen sollte. Im Prinzip wird ihm auch heute noch kaum ein Angehöriger der Gilde der ökologischen Genetiker widersprechen wollen. Nur ist die Gewichtung dieser ökologischen Störkomponente im Theorem heute eine andere. BULMER (1971) hat deshalb den Einfluß der Auslese auf die genetische Variabilität neu überdacht. Der Leser wird dort den Anschluß an die umfangreiche Literatur hierzu finden. Wir heben dieses Problem an dieser Stelle und nachdem wir an vielen Beispielen gezeigt haben, daß DOBZHANSKYS diversifizierende Auslese oder wie man es immer nennen will, kein Kuriosum, sondern bei vielen adaptiven Merkmalen der Regelfall ist, weil FISHERS Idee störender Einflüsse von Umweltschwankungen im ‹normalen› Ausleseprozeß offenbar doch recht langlebig ist. Man sollte also gerade bei den für die Anpassung von Populationen wichtigen Merkmalen nicht erwarten, daß sie keine genetische Variabilität mehr besitzen, weil diese durch Auslese ausgeschöpft sei, sondern im Gegenteil eine beträchtliche genetische Variabilität und folglich großes V_A. Fehlt diese genetische Variation, so dürfte meist kanalisierende Auslese die Ursache sein, vom Autor selbst (WADDINGTON, 1957), als eine von vielen genetischen Strategien gesehen. In solchen Fällen gibt es immer eine optimale Ausprägung der zu kanalisierenden Merkmale über alle Umwelten. Kanalisierende Auslese ist also die der diversifizierenden gerade entgegengesetzte Form der Auslese, etwa vergleichbar der normalisierenden Auslese SCHMALHAUSENS. Hier geht es darum, die Entwicklung aller Individuen einer Population oder Art so zu kanalisieren, daß in bestimmten Merkmalen immer der gleiche Phänotyp erreicht wird. Dies müßte in der Tat der Ausgang der FISHERschen Auslese sein, wenn die ökologische Komponente seines Modells wirklich nur ein Störfaktor wäre.

Demgegenüber beobachten wir aber in natürlichen Populationen immer wieder breite genetische Variation offensichtlich adaptiver Merkmale, und wir haben deshalb Grund anzunehmen, daß sie zurückzuführen ist auf die Notwendigkeit der Populationen, genetische Flexibilität zu wahren, Bestandteil des homöostatischen Systems der Population im Sinne LERNERs ist. Hierfür spricht auch die Beobachtung, daß man bei mehrfach wiederholter rigoroser künstlicher Auslese auf ein oder mehrere Merkmale die Fitness von Populationen ruinieren kann. STERN (1961) z. B. hat bei der Sandbirke *(Betula pendula)* aus einer Population von mehreren hunderttausend zweijährigen Sämlingen 6 ausgelesen, von denen je zwei männlich, weiblich oder männlich und weiblich blühten. Nach nur drei Generationen Auslese am Merkmal ‹frühes Blühen› erhielt er eine Population, deren Mitglieder sämtlich schon in der ersten Vegetationsperiode Blütenknospen bildeten. Normalerweise blüht *B. pendula* erstmalig zwischen dem 6. und 20. Lebensjahr. Aber gleichzeitig war die Fitness der ausgelesenen

Population vernichtet worden. Das ‹frühblühende› Extrem unter den Pflanzen waren solche, bei denen schon die Plumula, d. h. die erste zwischen den Keimblättern angelegte Knospe eine Blütenknospe war. Die Pflanzen starben natürlich. Bei den meisten anderen war der monözische Habitus gestört. Sie bildeten nicht mehr, wie es bei *B. pendula* die Regel ist, männliche Blütenkätzchen an den Enden von Langtrieben, und weibliche an Kurztrieben, sondern jede Knospe konnte entweder ein männliches, ein weibliches, ein androgynes oder ein gynandrisches Kätzchen hervorbringen. Auch die Gipfelknospe, die sonst immer eine vegetative Knospe ist, blieb hiervon nicht ausgenommen. Gleichzeitig wurde aus dem ‹Baum› *Betula pendula* eine Staude. Denn die Triebe, über und über mit Blütenkätzchen besetzt und ohne vegetative Knospen, starben natürlich im Sommer ab, und im nächsten Frühjahr trieben die Wurzelstöcke neu aus. Abb. 7.1.1 gibt hierfür ein Beispiel.

Abb. 7.1.1: Typischer Wipfeltrieb einer *Betula pendula* in einer auf frühes Blühen ausgelesenen Population. Männliche Blütenkätzchen stehen an den Kurztrieben und die Terminalknospe besteht aus einem Bündel weiblicher Kätzchen. Der Baumhabitus der 1jährigen Pflanze ist zerstört.

Hier ist ganz offensichtlich in nur drei Generationen als Folge rigoroser Auslese das Grundmuster der adaptiven Strategie der Art verändert worden. Diese Strategie hat als Voraussetzung die Stellung in der Sukzession. *B. pendula* gehört überall zu den nach Zusammenbruch von Waldökosystemen zuerst auftretenden Bäumen, sie ist ein typischer ‹Pionier›. Zur Aufgabe als Pionier gehört die Wiederherstellung einer Baumschicht, unter der sich die nachfolgenden Baumarten ansiedeln, und gegen die sie sich später durchsetzen. Nach drei Generationen Auslese auf frühes Blühen, hier Auslese auf frühe und vorzugsweise Anlage von Blütenknospen statt vegetativer Knospen, hatte die Population ihre adaptive Strategie von Grund auf verändert. Sie ähnelte im Bauprinzip ihrer Individuen mehr den Arten der Sektion *nanae*, den Zwergbirken, als denen der Sektion *albae*, deren Arten sämtlich zum Pioniertyp gehören (die Arten einer anderen Sektion der Birken gehören zu den nahe am Klimax stehenden Arten der Baumschicht von Waldökosystemen). Hier war die in der Natur vielfach variierte, aber im Grundprinzip stets gleiche adaptive Struktur der Entwicklung der Individuen der Art durchbrochen worden. Gleichzeitig aber war auch die reproduktive Komponente der Fitness zerstört.

Dies Ergebnis steht für viele andere von Versuchen mit Auslese, welche die Grenze der genetischen Flexibilität einer Population überschreitet, und damit die genetische Homöostase. Drastische Auslese zerstört diese beiden auf die Milieuschwankungen der Umwelt der Population abgestimmten Komponenten des genetischen Systems. Die Informationen über die Umwelt, gespeichert im genetischen System der Art, stimmen nicht mehr, und Genotypen, die bislang zur genetischen Bürde der Population gehört haben mögen, erreichen die höchste Fitness im neuen Milieu. Die weiteren Ergebnisse des obengenannten Versuchs zeigen, daß die Population nach der drastischen Auslese auf frühes Blühen immer noch genügend genetische Reserven besitzt, um nach Aussetzen des neuen Auslesedrucks wieder zum alten Zustand zurückzukehren. Gleichzeitig wird aber auch die Fitness der extrem frühblühenden Genotypen immer größer. Die Zahl von Individuen mit nicht funktionsfähigen Kätzchen geht zurück. Der Anteil an reproduktiv voll funktionsfähigen Individuen wächst – ganz gleich, ob man die monözischen Typen bei der Auslese bevorzugt, oder ob man auf Diözie ausliest. Beides ist erfolgreich.

Untersucht man die genetische Variation des ersten Blühtermins in natürlichen Populationen, so findet man frühes Blühen, gekoppelt mit reichlichem Blühen und dementsprechender Ausformung der Krone in Populationen von *Betula pendula*, die von frühen Katastrophen heimgesucht sind. Das ist der Fall z.B. in der norddeutschen Tiefebene in vorwiegend landwirtschaftlich genutzten Gebieten. In Gebieten mit relativ stabilen Wäldern, z.B. in den Mittelgebirgen, sind die Populationen von *P. pendula* mehr angepaßt an die Aufgabe in Konkurrenz zu überleben. Sie sind ausgesprochene ‹Bäume› mit durchgehenden, geraden Stämmen, und sie blühen im Mittel später. Aber in allen Fällen gibt es eine breite und vorwiegend additiv-genetische Varianz des Merkmals erster Blütermin. Die Populationen verfügen über genetische Flexibilität, mit deren Hilfe sie auch mit unvorhergesehenen Umweltsituationen fertig werden, solange diese eine in der Vergangenheit erfahrene Spannweite nicht überschreiten. Damit sie rasch auf diese Umweltveränderungen reagieren können, muß die genetische Varianz in den für die Reaktion relevanten Merkmalen vom additiven Typ sein. Nur so, das geht schon aus der für die gesamte ‹quantitative Genetik› und damit für die gesamte sogenannte Selektionstheorie richtungsweisende Arbeit von R. A. FISHER in den Proceedings der Royal Society von Edinburgh aus dem Jahre 1918 hervor, kann die Population effektiv auf Massenauslese reagieren. Gibt es also genetische Variation in irgendeinem adaptiven Merkmal, und welches Merkmal wäre nicht adaptiv, so deutet dies auf die Notwendigkeit für die betreffende Population, eine genetisch adaptive Strategie zu spielen, mit deren Hilfe sie Umweltschwankungen auffangen kann. Es dürfte sicher sein, daß daneben auch genetische Homöostase existiert, welche die Population vor übertriebenen Reaktionen bewahrt.

Werden andererseits die Grenzen überschritten, die ihr gesetzt sind, weil es eine optimale Breite der genetischen Variation gibt, so kann diese genetische adaptive Strategie zusammenbrechen. Es ist dann nicht mehr möglich, irgendwelche Voraussagen über ihre weitere Evolution zu machen. Der Zusammenbruch dieses genetischen adaptiven Systems muß gekennzeichnet sein durch einen rapiden Abfall der mittleren Fitness der Population, wie es in vielen Selektionsversuchen nachgewiesen wurde.

In vielen Fällen sind die kritischen Grenzen der Reaktion von Populationen auf Auslese markiert durch sogenannte Plateaus. Die Population reagiert über mehrere Generationen auf Auslese, ganz in Übereinstimmung mit FISHERS fundamentalem Theorem, demzufolge die Reaktion auf Auslese eine lineare Funktion der additiv-genetischen Varianz und der Ausleseintensität ist, aber dann mögen die homöostatischen Sicherheitsvorkehrungen im genetischen System überwiegen. Es gibt zwar noch additiv-genetische Variation, aber Auslese bleibt erfolglos (FALCONER, 1960). Diesen Sachverhalt hat vor allem MATHER und seine Schule herausgestellt. Setzt man die Auslese trotzdem fort, so mag es nach einer gewissen Zahl von Generationen zu neuem Fortschritt kommen. Dem Plateau folgt eine Periode weiteren Selektionserfolgs. Hier können Mutationen im Spiel gewesen sein oder der Aufbruch enger Kopplung oder beides. Auf alle Fälle deutet Erreichen eines Plateaus darauf hin, daß die Grenzen der genetischen Flexibilität erreicht wurden. Weiter geht es nicht, ohne daß das genetische System in wesentlichen Komponenten verändert wird.

Diese Grenzen dürften, wie bemerkt, vorgegeben sein durch die Erfahrung der Population über die Umwelten zurückliegender Generationen, durch die Struktur ihrer langfristigen Umwelt, die kurzfristige Schwankungen vorsieht. Genetische Flexibilität und genetische Homöostase sind deshalb im genetischen System verankerte Mechanismen, die Strategien der Population gegenüber kurzfristigen Schwankungen der Umwelt darstellen. Plateaus sichern sie, ebenso wie Migration, vor übertriebenen Reaktionen. Sie beweisen die Existenz des konservativen Elements im genetischen System.

Man könnte versuchen, die Richtigkeit dieser Feststellungen im Experiment zu testen. Hierfür gibt es mehrere Möglichkeiten. Man könnte z. B. versuchen festzustellen, ob Populationen, die ein Ausleseplateau erreicht haben, bei Aussetzen der Auslese dazu tendieren, wieder den alten Zustand herzustellen. Das ist in vielen Versuchen gefunden worden. Man könnte weiter prüfen, unter welchen Voraussetzungen eine Population ein einmal erreichtes Plateau verläßt, indem sie neuerlich auf Auslese reagiert. Auch solche Versuche liegen vor, doch ist es äußerst schwierig, im Einzelfall festzustellen, wo die Ursachen zu suchen waren. In vielen Fällen scheint der Aufbruch von Blocks eng gekoppelter Gene, also Rekombination am Chromosom, der Grund gewesen zu sein. In diesen Fällen wurde demzufolge die Fitnessmenge radikal verändert. Schließlich könnte man das Ergebnis von Ausleseversuchen vergleichen, in denen an gleichen Merkmalen und in gleicher Richtung, aber mit verschiedenen Intensitäten ausgelesen wurde. Alle diese Versuche jedoch leiden darunter, daß Zufallseffekte mit hereinspielen, und daß sie infolgedessen oft nicht reproduzierbare Ergebnisse liefern.

Trotz der hier bestehenden Schwierigkeiten für eindeutige Interpretationen kann man wohl feststellen, daß die immer wieder gefundene breite additiv-genetische Varianz in Merkmalen, die mit der Fitness an der Stufe des Individuums und der Population in engem Zusammenhang stehen, Ausdruck der genetischen Flexibilität der Populationen ist und nicht etwa durch Auslese noch nicht ausgeschöpfte genetische Restvarianz darstellt. Wenn das so ist, müßten die Verhältnisse in teilweise oder überwiegend asexuell reproduzierenden Populationen anders sein. Hier besteht nicht die Notwendigkeit nach erfolgreichen Genen zu suchen, die in jeder Generation umkombiniert werden müssen. Vielmehr werden hier erfolgreiche Genotypen ausgelesen, und einzelne Genotypen können nicht nur durch einen hohen ‹Zuchtwert› im Merkmal Fitness, sondern auch durch hohe Fitness als Folge günstiger epistatischer Effekte erfolgreich sein. Hier handelt es sich nicht um Fitness, gemessen durch die Zahl generativ produzierter Nachkommen, sondern um Fitness, gemessen durch die Zahl vegetativer Nachkommen.

Der entscheidende Unterschied zwischen beiden Situationen liegt darin, daß im ersten Fall (generative Fitness) allein die additiv-genetische Varianz durch Auslese genutzt werden kann, im zweiten aber auch die nicht-additive. Vegetativ reproduzierende Populationen sollten deshalb mehr nicht-additive genetische Varianz besitzen. Hierauf hat schon WRIGHT in den dreißiger Jahren hingewiesen. Wir bringen aus der großen Zahl vorliegender Ergebnisse nur eines.

WATKINS und SPANGELO (1968) konnten zeigen, daß bei der Erdbeere *(Fragaria)* die nicht-additive genetische Varianz der von ihnen untersuchten Merkmale vergleichsweise hoch ist. *Fragaria* reproduziert vegetativ durch Sproßableger. Reproduktion aus Samen dient vor allem der Erschließung neuer Areale und der Herstellung von Rekombinanten.

Obgleich also im einen Fall additiv-genetische Varianz und im anderen nicht-additive genetische Varianz für die genetische Vielfalt natürlicher Populationen verantwortlich ist, wird durch die genetische Variation in beiden Fällen das gleiche Ziel erreicht: Herstellung genetischer Flexibilität.

Genetische Flexibilität wird im wesentlichen aufzufassen sein als eine Sicherheitsstrategie gegenüber den normalen Schwankungen der Umwelt, die innerhalb bestimmter Spannweiten und mit verschiedenen Häufigkeiten immer wieder auftreten. Eine Population, die dauernd überleben soll, müßte daneben aber auch langfristig wirksame Sicherheitsstrategien spielen. Es wird innerhalb langer Zeiträume immer wieder zu unvorhersehbaren und drastischen, oft katastrophalen Umweltänderungen kommen, die es aufzufangen gilt. Sie sollte, um ein viel strapaziertes Fachwort zu benutzen, ‹präadaptiert› sein. Darunter ist die Forderung zu verstehen, sie möge in der Lage sein, mit solchen unvorhersehbaren Ereignissen fertig zu werden. Aber damit ist nicht eine spezifische Komponente des genetischen Systems bezeichnet, die sich in einfacher Weise definieren ließe. Für Präadaptation mag es die verschiedensten Ursachen geben. Beispiele für die Existenz von Langzeit-Strategien dieser Art haben wir schon kennengelernt.

So gehört etwa das in Abschnitt 6.1 als Beispiel für Überdominanz gebrachte Gen s für Sichelzellenanämie beim Menschen normalerweise zur genetischen Bürde der Population. Bei Häufung von Malariainfektionen aber wird es Bestandteil eines adaptiven genetischen Polymorphismus, der in der Tat die mittlere Fitness der Population unter extremen Bedingungen erheblich verbessern kann. Auch die von KHAN (1969) vorgenommenen Schätzungen der Häufigkeiten gegenüber Schwermetall toleranter Individuen in Populationen mehrerer Arten höherer Pflanzen auf normalen Böden vermitteln einen ähnlichen Eindruck. Die toleranten Phänotypen können in den Populationen sehr selten sein, und sie besitzen darüber hinaus so geringe Fitness, daß man sie in einigen Fällen ebenfalls der genetischen Bürde dieser Populationen zurechnen kann. In die gleiche Richtung deuten Beobachtungen an DDT-resistenten Insekten, an gegen den Myxomatosevirus resistenten Kaninchen u. a. In allen diesen Fällen gibt es in den Populationen seltene genetische Varianten, sehr oft mit drastisch unterlegener Fitness, die ihr aber trotz seltenen Vorkommens und trotz geringer Fitness, Möglichkeiten verschaffen, auch unvorhergesehene, drastische oder gar katastrophale Umweltsituationen zu meistern.

Wir können dies an dieser Stelle nicht vertiefen, zumal experimentelle Ergebnisse oder gar Simulationen ganzer evolutionärer Prozesse in diesem Zusammenhang spärlich sind und vieles Vermutung bleibt. Aber die Feststellung, daß auch präadaptive Strategien ohne genetische Vielfalt nicht denkbar sind, ist gerechtfertigt. Weiter darf man wohl mit einiger Sicherheit annehmen, daß es sich hier nicht um Strategien handeln muß, die unter der immer wiederholten Erfahrung in bestimmten Bandbreiten schwankender Umwelten entstanden sind, wie etwa die zur genetischen Flexibilität oder zur genetischen Homöostase führenden Einrichtungen des genetischen Systems. Es mag vielmehr vieles oder alles dem Zufall überlassen bleiben. Präadaptation wäre dann nichts weiter als ein willkommenes Nebenprodukt der Evolution, die mit immer neuen genetischen Varianten experimentiert.

7.2 Geographische genetische Variationsmuster

Die Anpassung einer Art über ihr Verbreitungsgebiet erfordert die Einpassung der lokalen Populationen in verschiedene ökologische Nischen. Vergleichende Untersuchungen lokaler Populationen der gleichen Art über einen größeren Teil ihres Areals liefern deshalb oft Einblicke in ihre adaptiven und genetisch-adaptiven Strategien. Die alte Genökologie (= Rassenökologie) hat immer wieder Beispiele hierfür produziert, und TURESSONs ‹Ökotyp›, die Bezeichnung für eine an besonders ökologische Bedingungen angepaßte lokale Population oder Gruppe von lokalen Populationen, beherrschte lange Zeit die Literatur auch der angewandten biologischen Disziplinen (Landwirtschaft, Forstwirtschaft usw.). Neben dem Konzept des Ökotyps stand seit den dreißiger Jahren das der klinalen Variation. Geographische Gradienten der Nischenhäufigkeiten oder der lokalen Mittelwerte an einzelnen Nischendimensionen führen zu geographischen Trends in der Prägung quantitativer Merkmale oder in den Häufigkeiten der Allele vieler Genloci bzw. der Morphe eines Polymorphismus. Der Begriff der klinalen Variation wurde von HUXLEY geprägt, obgleich das Phänomen selbst schon lange vorher bekannt war. Ein ‹Klin› war für HUXLEY primär ein Hilfsmittel der intraspezifischen Taxonomie, wie es denn auch deutliche Parallelen zwischen TURESSONs Ökotyp und Fachwörtern der Taxonomie gibt.

Klin und Ökotyp waren bis vor etwa 15 Jahren die Konzepte, auf denen Beschreibung und Erklärung genetischer Variationsmuster basierte. Klinale Variation ist geographisch-kontinuierlich, diskontinuierliche Komponenten wurden oft als ökotypisches Element eines solchen Variationsmusters aufgefaßt. Das geographisch genetische Variationsmuster insgesamt mußte dann gewissermaßen die Umwelt der Art über ihr Verbreitungsgebiet widerspiegeln oder doch die geographische Verteilung der Ausprägung derjenigen Nischendimensionen, die Beiträge hierzu leisten. Inzwischen sind die Vorstellungen differenzierter geworden. Wir haben z.B. gesehen, daß es bei bestimmter Form der Eignungsmenge auch bei kontinuierlicher geographischer Variation einer Nischenhäufigkeit an deren kritischem Wert zu einem Umschlag vom einen zum anderen Optimumphänotyp kommen kann. Kontinuierliche Variation einer Umweltkomponenten führt hier zu diskontinuierlicher genetischer Variation. Umgekehrt haben wir aber auch zeigen können, daß diskontinuierliche Variation von Umweltkomponenten, etwa Existenz zweier Nischen auf benachbarten Arealen, wegen Migration zu kontinuierlichen Trends von Genhäufigkeiten Anlaß geben kann.

Trotzdem hat es sich in vielen Fällen herausgestellt, daß es berechtigt ist, in der Natur beobachtete Kline, insbesondere die ‹großen› Kline HUXLEYs (Trends über weite Teile des Artareals), als Projektion der Variation von Umweltvariablen in die genetische Struktur der Art aufzufassen. Es muß dann möglich sein, Korrelationssysteme zu entwerfen, mit einem Satz ökologischer Variabler auf der einen und einem Satz genotypisch bedingter Merkmalsprägungen auf der anderen Seite, welche es ermöglichen, die genetische Anpassungsstrategie der Art über ihr Areal in statistische Maßzahlen zu erfassen. Die Literatur ist voll von Beispielen dieser Art. Oft genügen dabei einfache und multiple Regressionstechniken nicht, da es enge Interkorrelationen der Umweltvariablen gibt sowie genetische Korrelationen zwischen den Prägungen der einzelnen Merkmale. In solchen Fällen wurden die multiple Faktorenanalyse oder die Hauptkomponentenzerlegung angewandt, mit deren Hilfe man aus solchen Sätzen interkorrelierter Variabler einzelne und unabhängige ‹Ursachen› herausschälen kann. Ein Beispiel hierfür gibt MORGENSTERN (1969). Dort findet man auch den Anschluß an weitere Literatur. Wir wollen die Diskussion dieses für die Lösung vieler Aufgaben nützlichen Verfahrens hier nicht vertiefen, sondern nur noch auf die Arbeit von BRYANT (1974) über die Korrelation von Isozymvariabilität und Umweltschwankungen hinweisen.

Neben den Populationsmittelwerten, um die es bis hierher ging, ist in neuerer Zeit auch die genetische Variation innerhalb lokaler Populationen als Bestandteil des genetischen Variationsmusters erkannt worden. Wir haben in den vorhergehenden Kapiteln immer wieder gesehen, daß die genetische Variabilität der Populationen integrierender Bestandteil der genetischen adaptiven Strategien ist. Eine Erklärung der genetischen Variation innerhalb der Population, wo sie möglich ist, sollte deshalb das Bild der genetischen adaptiven Strategien einer Art abrunden. Hierzu ein einfaches Beispiel. CAIN und CURREY (1963) verglichen nicht nur die Häufigkeiten der Morphe des bekannten Polymorphismus der Farbe und der Bänderung der Gehäuse von *Cepaea* (und anderen Gattungen), die normalerweise eine gute Korrelation mit Umweltvariablen zeigen (obgleich immer wieder auch Widersprüche zu dieser einfachen Erklärung gefunden werden, z. B. von OWEN und BENGTSON, 1972, die auf Island, wo Drosseln fehlen, deren selektives Töten von Schnecken in Abhängigkeit von Farbe und Musterung des Untergrunds für die Aufrechterhaltung des Polymorphismus verantwortlich sein sollen, den gleichen Polymorphismus bei *Cepaea hortensis* fanden), sondern auch die Variation innerhalb der lokalen Populationen. Das Hauptergebnis war die Feststellung eines ‹Flächeneffekts›. Hierunter verstehen die Autoren eine positive Korrelation zwischen der Größe des Areals der lokalen Populationen und der Breite der Variation des Polymorphismus. Sie meinen, daß es normalerweise auf größeren Flächen auch größere Nischendiversität geben würde, und daß allein aus diesem Grunde ihr Flächeneffekt zu erwarten sei.

CLARKE (1966) gab jedoch für die Entwicklung derartiger Flächeneffekte eine andere theoretische Deutung. Diese basiert auf der Evolution von Morph-Ratio-Klinen. Das Modell ist so interessant, daß es in diesem Zusammenhang erwähnt werden sollte. Es könnte für die Beobachtungen an *Cepaea* und an *Partula* eine Erklärung liefern und mag darüber hinaus für weitere Untersuchungen auf dem Gebiet der ökologischen Genetik von allgemeiner Bedeutung sein. Nehmen wir eine Reihe von Populationen an, die entlang eines stufenlosen Gradienten verteilt ist, der den Selektionswert der Genotypen an einem Lokus beeinflußt. Wenn ein Polymorphismus an diesem Locus durch balancierte Heterozygotie (Heterozygotenvorteil) aufrechterhalten wird und wenn der Selektionsvorteil proportional zur Lage der Population entlang dem Gradienten (symmetrisch und glockenförmig) ist, dann können die Genotypen und ihre Selektionswerte wie folgt geschrieben werden:

Genotypen	A_1A_1	A_1A_2	A_2A_2
Selektionswerte	$1-d$	1	d
Fitness	W_{11}	W_{12}	W_{22}

In diesem Modell ist d eine Funktion der Entfernung, p die Frequenz von A_1 und q die Frequenz von A_2.

Nach FISHER (1930) ist im Gleichgewicht dann

$$\hat{q} = \frac{W_{12} - W_{11}}{2W_{12} - W_{11} - W_{22}}.$$

Unter Berücksichtigung von d ergibt sich

$$\hat{q} = d.$$

Diese Gleichung zeigt eine lineare Abhängigkeit der Genfrequenz vom ökologischen Gradienten.

Wir nehmen nun an, daß diese Beziehung durch einen Modifikator (B), welcher die Genotypen des ersten Locus unterschiedlich beeinflußt, verändert wird. Weiterhin soll aus Gründen der Einfachheit dieser Modifikator dominant sein und die homozygot Rezessiven (bb) keinen Einfluß auf die Fitness haben. Wenn r, s und t den Grad der Interaktion des Modifikatorlocus mit den Genotypen des ersten Locus angeben, dann ist die Fitness der verschiedenen Kombinationen wie folgt:

Genotypen	A_1A_1	A_1A_2	A_2A_2
bb	$1-d$	1	d
B–	$1-d+r$	$1+s$	$d+t$

B wird der Population inkorporiert, wenn die durchschnittliche Fitness $\overline{W}_B$ größer als die des nicht beeinflußten rezessiven Genotyps, $\overline{W}_{bb}$, ist.

$$\overline{W}_B > \overline{W}_{bb}.$$

Dies ist der Fall, wenn

$$p^2(1-d+r) + 2pq(1+s) + q^2(d+t) > p^2(1-d) + 2pq + q^2 d$$

oder

$$q^2(r+t-2s) + 2q(s-r) + r > 0 \text{ ist.}$$

Der Anstieg des Klins ist dann $\dfrac{1}{1 + 2s - r - t}$.

Der Einfluß von B auf den Klin ist von der relativen Größe der Interaktion mit dem A-Locus abhängig. Der Klin wird steiler, wenn $2s < r + t$. Diese Situation entspricht der einer disruptiven Selektion. Wenn $2s > r + t$, dann ist der Klin weniger steil und es liegt stabilisierende Selektion vor. Das B-Allel wird nur fixiert, wenn r, s und t positive Werte haben. Anderenfalls hängt die Frequenz von B von q ab. Dies führt an Stellen, an denen die B-Genotypen ihren Vorteil verloren haben, zu Knicken oder Stufen in der Gleichgewichtsfrequenz von q.

Dies tritt am häufigsten an den Endpunkten eines Klins auf (Marginalbedingungen), und zwar dann, wenn r, oder r und s negativ werden. Wenn die obige quadratische Gleichung gelöst wird, kann gezeigt werden, daß B zunimmt, wenn

$$q > \frac{s - r - \sqrt{s^2 - rt}}{2s - r - t}.$$

Eine Stufe entwickelt sich im Klin dann, wenn

$$d = \frac{s - r - \sqrt{s^2 - rt}}{2st - r - t} \text{ ist.}$$

Es ist zu beachten, daß keine Veranlassung besteht, einen steileren ökologischen Gradienten oder eine Diskontinuität zu erwarten, wenn sich Stufen in der Genfrequenz ergeben. Die Stufen, die in der Genfrequenz auftreten, sind die Folgen von Interaktionen zwischen den Loci, die die Fitness in der Population beeinflussen.

SOULE (1971, 1972) hat sich bei Eidechsen mit dem gleichen Problem auseinandergesetzt. Er verwendet zur Beschreibung der genetischen Variation der Eidechse *Uta stansburiana* in zwei kontinentalen und 18 insularen Populationen (Inseln im Golf von Kalifornien) ein Gesamtvariationsmaß

$$GV = (\ln |S|)^{\frac{1}{2}n}$$

Hierin ist n die Zahl der Merkmale und $|S|$ die Determinante der Kovarianzmatrix. Weiter, da dieses Maß unter bestimmten Voraussetzungen verzerrt wird, schätzt er den mittleren Variationskoeffizienten

$$\bar{V} = (\sum_{i=1}^{n} V_i)/n$$

V_i steht für den Variationskoeffizienten des i-ten Einzelmerkmals. Das Hauptergebnis seiner Arbeit ist die Feststellung, daß die genetische Variation einer Inselpopulation positiv korreliert ist mit dem Logarithmus der Inselgröße (r = 0.80), daß auf der gleichen Insel etwa noch auszuscheidende Unterpopulationen im Merkmal genetische Variation eng korreliert sind, und daß Migration zwischen halbisolierten Populationen die Variation erhöht.

Ein besonders eindrucksvolles Ergebnis einer ähnlichen Untersuchung stammt von CAMIN und EHRLICH (1958). Die Autoren untersuchten die Häufigkeiten von Bänderungsmustern der Wasserschlange *Natrix* im Erie-See. Sie fanden auf den Inseln im See sehr viel häufiger ungebänderte Morphe als in der Uferregion. Dies ist zurückzuführen auf die bessere Tarnung der gebänderten Schlangen auf dem meist gemusterten Untergrund am Ufer im Vergleich zu den Inseln, auf denen die Schlangen auf einfarbigen Felsen ausruhen. Wahrscheinlich wird der Rest an Polymorphismus auf den Inseln durch Immigration aufrechterhalten.

Aber auch von anderen Organismenarten wird eingeschränkte genetische Variation in Inselpopulationen berichtet, die also auf weniger Nischendiversität und folglich mehr spezialisierende Auslese zurückgeführt werden kann. So fanden AYALA et al. (1971) bei *Drosophila willistoni* auf den Kleinen Antillen das mittlere Individuum zweier Festlandspopulationen zu 18.4%, das von 6 Inselpopulationen zu 16.2% heterozygot an den untersuchten Isozym-Loci. Drastischer eingeschränkt waren auf den Inseln mituntersuchte Chromosomenpolymorphismen.

Aus ähnlichen Gründen sind oft die an den Rändern des Artareals placierten Unterpopulationen genetisch weniger heterogen. Hier ist wohl nicht nur die sehr spezifische und intensive gerichtete Auslese, sondern auch die ständig wiederholte Neubegründung der Randpopulationen aus jeweils wenigen Individuen die Ursache.

Vergleiche der genetischen Variation in den Unterpopulationen einer Art liefern also ebenso wie Vergleiche der Mittelwerte Hinweise auf die Anpassungsstrategien und damit auch auf die Umweltsituation der Unterpopulationen. Die genetische Variation der Unterpopulationen wird deshalb mit Recht als Komponente des geographisch-genetischen Variationsmusters einer Art aufgefaßt.

Außerhalb des Kreises von Populationsgenetikern, die mit den Ergebnissen der ökologischen Genetik vertraut sind, macht man sich oft falsche Vorstellungen über die genetische Reaktion von Populationen auf Nischendifferenzen, d. h. man überschätzt die Umwelttoleranz der Genotypen und unterschätzt somit den Grad genetischer ökologischer Spezialisierung. So wird man zwar durchaus an die Existenz von Ökotypen in extrem verschiedenen Nischen glauben, weniger aber an Reaktion auf feinere Nischenunterschiede. Hierzu zwei Beispiele aus neueren Untersuchungen. KUMLER (1969) vergleicht die Nährstoffansprüche der Pflanzen von *Senecio silvaticus* aus Herkünften von Stranddünen und aus dem Bergland. Die Herkunft aus dem Bergland reagiert extrem in der Nähe der Minima mineralischer Nährstoffe. VAN DER TOORN (1971) fand bei *Phragmites communis* langstengelige Typen in der Süßwasserzone und kurzstengelige auf Niederungsmooren. Im Brackwasser kommen beide vor. Die langstengeligen aus dem Süßwasser wuchsen besser auf mineralreichem Boden, die kurzstengeligen auf Niederungsmoor.

Die Zahl solcher Beispiele ist Legion. Aber die Zahl von Beispielen für Anpassung an feiner unterschiedene Nischen nicht minder. Eines der schönsten stammt von SYLVEN (1937). Der Autor importierte Herkünfte von *Trifolium repens* aus Dänemark und Deutschland nach Südschweden. Alle drei importierten Stämme waren den heimischen unterlegen. Aber schon nach einer einzigen Generation am neuen Anbauort hatten zwei der drei Stämme die Leistung der heimischen erreicht. Der nach wie vor unterlegene Stamm war bezeichnenderweise der einzige unter den drei importierten, der zuvor über viele Generationen auf hohen Ertrag ausgelesen worden war, und der deshalb seine genetische Flexibilität weitgehend eingebüßt hatte.

Eine Reihe von Veröffentlichungen von SNAYDON und Mitarbeitern ist ähnlichen Fragen gewidmet. Wir haben sie unter den vielen Beispielen in der Literatur für unsere Diskussion ausgewählt. SNAYDON und BRADSHAW (1962a, b) untersuchten die Anpassung von *Trifolium repens* an spezifische Böden. In einem Versuch mit Klonpflanzen erwiesen sich immer die Pflanzen als überlegen, die von einem Boden herstammten, der dem des Versuchs entsprach. Dabei gab es Korrelationen von $r = 0.96$ zwischen der Reaktion der Pflanzen in Gefäßversuchen im Bereiche geringer Phosphatgaben und dem Phosphatgehalt des Herkunftsbodens. Pflanzen von phosphatarmen Böden konnten mehr Phosphat aufnehmen und speichern als solche von phosphatreichen.

In anderen Versuchen wurde die Bedeutung der Konkurrenz für die Auslese herausgestellt (SNAYDON, 1961, 1962, 1971). In einem Fall, wiederum bei *Trifolium repens*, traten die Unterschiede zwischen den Herkünften erst in Versuchen mit Konkurrenz deutlich hervor. Jede Herkunft war auf ihrem eigenen Boden konkurrenzüberlegen. Dabei konnte die Konkurrenzwirkung in einzelne Bestandteile zerlegt und festgestellt werden, an welcher Ebene sie jeweils stattfindet. Auch in Versuchen mit dem Gras *Festuca ovina* wurden ähnliche Resultate erhalten, hier mit Herkünften von kalkarmen und kalkreichen Böden (SNAYDON und BRADSHAW, 1961). Die Autoren heben hervor, daß die Kalk- und Sauerherkünfte sich mindestens ebenso verschieden verhielten, wie die ‹kalkliebenden› im Unterschied zu den ‹kalkfliehenden› Arten der Pflanzensoziologen.

In zwei weiteren von uns ausgewählten Arbeiten (SNAYDON, 1970; SNAYDON und DAVIES, 1972) schließlich wird der Prozeß der Ausbildung von Bodenrassen beim Gras *Anthoxanthum odoratum* verfolgt. Hierfür stand ein Dauerversuch zur Verfügung, dessen 35 × 20 m große Parzellen über 40–60 Jahre mit verschiedenen Kalkgaben gedüngt worden waren. Die Korrelation des Wachstums der ‹Herkünfte› zu ihrem eigenen Boden betrug r = 0.95. Aber die Differenzen zwischen beiden Typen waren doch deutlich geringer als die zwischen natürlichen Populationen auf Böden mit mit der einen oder anderen Versuchsvariante vergleichbarem Kalkgehalt. Die Autoren schließen die Möglichkeit nicht aus, daß hierfür die genetische Enge des Ausgangsmaterials verantwortlich sein könnte.

Nun handelt es sich bei unseren Beispielen um Untersuchungen an Pflanzen, und die Meinung ist weit verbreitet, bei den mehr und aktiv ortsbeweglichen Tieren lägen die Verhältnisse doch ganz anders. Hier würde eine derart feine Anpassung an die ihrer räumlichen Ausdehnung und dem Grad ihrer Differenzierung als Mikronischen zu bezeichnenden Umwelteinheiten nicht stattfinden. Das ist sicher richtig, aber nicht der absolute Regelfall. ECKROAT (1971) z. B. findet bei der Forelle *Salvelinus fontinalis* mit Hilfe eines Proteinpolymorphismus deutliche genetische Unterschiede zwischen Populationsstichproben aus schmalen Bächen schon über nur 300 Yards Entfernung zwischen den Probeplätzen. Natürlich ist die Erklärung hier schwieriger als in den oben skizzierten Versuchen mit Pflanzen.

Alle diese Beispiele, mit Ausnahme des letzteren, betrafen die Anpassung an ein Umweltmosaik. Die genetischen Variationsmuster sind dementsprechend mehr oder weniger diskontinuierlich. Als nächstes Beispiel wollen wir deshalb einen Fall großräumig-klinaler Variation untersuchen. Unter der großen Zahl von Beispielen für klinale Variation diesen Typs haben wir die klinale Variation der Häufigkeiten cyanogener Pflanzen bei *Trifolium repens* ausgewählt, die zuerst von DADAY (1954) beschrieben wurde. Dieser Polymorphismus existiert auch bei der mehr verwandten Art *Lotus corniculatus*, so daß man in unklaren Situationen hoffen kann, aus Vergleichen zwischen beiden Arten Informationen zu gewinnen.

Beim Weißklee findet man in vielen Pflanzen die Glukoside Linamarin und Lotaustralin. Beide werden in vitro langsam abgebaut zu Keton und HCN. Sie liefern das Material für die nach Verletzung cyanogener Morphe gebildete Blausäure. Ihr Abbau wird beschleunigt durch das Enzym Linamarase. Enthält eine Pflanze beides, also Glukosid und Enzym, so bildet sie nach Verletzung in kurzer Zeit nachweisbare Mengen Blausäure.

Die Produktion der Glukoside wird kontrolliert durch ein dominantes Gen Ac. Die acyanogenen Pflanzen (bei Anwesenheit von Linamarase) sind deshalb die homozygotrezessiven ac/ac. Ähnlich kontrolliert ein dominantes Allel Li die Synthese des Enzyms. li/li-Individuen besitzen keine Linamarase. Man kann durch Zugabe von jeweils Glukosid oder Enzym die Klasse der acyanogenen Phänotypen weiter aufteilen.

DADAY kartierte die Häufigkeiten der Morphe in natürlichen Populationen von *Trifolium repens* über einen großen Teil Europas (Abb. 7.2.1). Er fand einen deutlichen und mehrdimensionalen Morphoklin. Aber auch innerhalb von Ausschnitten aus dem untersuchten großen Areal gab es deutliche klinale Abhängigkeiten der Häufigkeiten der Morphe etwa von der Höhenlage des Herkunftsorts bei alpinen Populationen (Abb. 7.2.2). Eine Erklärung durch einfache Modelle wie denen von HALDANE (1948), FISHER (1950) oder CLARKE (1966) schied demnach aus. Außerdem handelt es sich um einen komplexen Polymorphismus (siehe Ab. 6.2), da die Eigenschaft ‹cyanogen› durch Epistase der Allele zweier Loci bedingt ist.

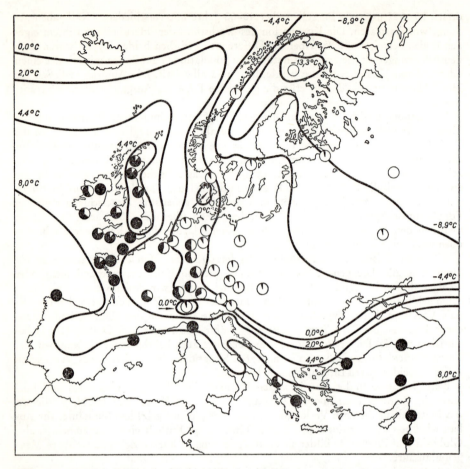

Abb. 7.2.1: Häufigkeitsklin der Glukosidgene bei *Trifolium repens* (nach DADAY, 1954, und BRIGGS und WALTERS, 1970). Der schwarze Anteil in den Kreisen bezeichnet die Häufigkeit des dominanten, der weiße die des rezessiven Allels. Die ausgezogenen Linien sind die Januar-Isothermen.

DADAY fand eine erste Erklärung für die Art der klinalen Variation aus einer Korrelation der in den natürlichen Populationen gefundenen Morphen-Frequenzen zur Januarisotherme, die man als kennzeichnend für die Wintertemperatur ansehen kann. Zur Temperatur während der Vegetationsperiode bestand keine Korrelation. Beide dominanten Allele treten vom Mittelmeer in nordöstlicher Richtung kontinuierlich zurück, ebenso mit zunehmender Höhenlage. Abnahme der Januartemperatur um 1° F bedeutet Abnahme der Häufigkeiten der dominanten Allele um 4.2 bzw. 3.2 %. Möglicherweise existieren auch verschiedene Isoallele, doch wurde dies bisher nicht nachgewiesen. Als Ursache für die klinale Variation in diesem Polymorphismus wird der Einfluß der Glukoside bzw. von HCN auf den Stoffwechsel in Abhängigkeit von der Temperatur angesehen. Niedere Temperaturen aktivieren die Glukosidase, und die

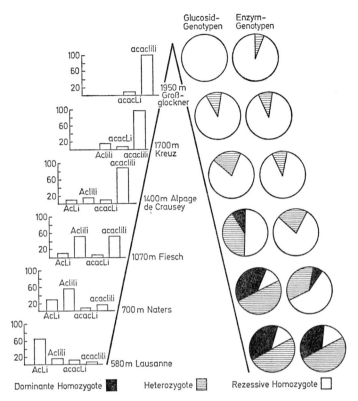

Abb. 7.2.2: Häufigkeiten der vier Allele des Blausäure-Polymorphismus bei *Trifolium repens* entlang eines Altitudinalgradienten in den Alpen (nach DADAY, 1954, und DOWDESWELL, 1971).

entstehende Blausäure mag Konzentrationen erreichen, die ausreichen, um die Gewebe zu schädigen (DADAY, 1965). Solche tiefen Temperaturen mögen nicht in allen Jahren auftreten, so daß sie eine grobkörnige Nischenvariable repräsentieren mögen. Andererseits müßte dann aber die cyanogene Form in anderen Situationen einen Auslesevorteil besitzen.

Es lag nahe, nach anderen korrelierten Umweltvariablen zu suchen. FOULDS und GRIME (1972a) fanden einen geringeren Anteil an Ac-Phänotypen in Populationen von *T. repens* auf trockenen Böden. In einer anderen Arbeit (FOULDS und GRIME, 1972b) wiesen sie nach, daß diese in Dürreversuchen die geringeren Überlebenschancen besaßen. Das Ergebnis war durch Präsenz oder Fehlen von Li nicht beeinflußt. So schließen sich die Autoren DADAYs Meinung an, derzufolge Kopplung von Ac mit unbekannten Genloci den Polymorphismus mitbestimmen könnte. Bei *Lotus corniculatus* gab es keine Abhängigkeit der Dürreresistenz von der Besetzung des Ac- oder des Li-Locus. Die Autoren halten es für möglich, daß beschädigte Pflanzen des cyanogenen Typs unter Trockenbedingungen benachteiligt sind. Aber der Nachweis steht aus.

Hingegen konnten sie eindeutig nachweisen, daß cyanogene Pflanzen in allen Behandlungen ihrer Versuchsreihe geringere sexuelle Reproduktion zeigten. Unter Dürrestreß wurde sie vollständig unterbunden, wenn die acyanogenen noch blühten und fruchteten. JONES (1962) hatte ähnliches unter Feldbedingungen bei *L. corniculatus* beobachtet, und DADAY (1965) hatte gefunden, daß die Ac-Phänotypen in Gebieten mit höheren Wintertemperaturen die größere reproduktive Fitness besaßen.

Damit wurden schon drei Einflüsse bezeichnet, die an der Einrichtung und Aufrechterhaltung des Polymorphismus und seiner klinalen Variation beteiligt sein mögen. Aber die Verhältnisse sind nicht gleich bei *Trifolium* und *Lotus*. Dies ist keine Überraschung, denn es wurde auch in anderen Fällen paralleler Polymorphismen verwandter Arten gefunden, daß ihre Bedingtheit abhängig ist von den besonderen Nischen der Arten u. a. Ähnlich scheint es nun auch mit der vierten Ursache zu sein. JONES (1962, 1966) hat wohl als erster über die unterschiedliche Gefährdung cyanogener und acyanogener Pflanzen durch Mollusken und Insektenlarven hingewiesen. So fand er in Freilandbeständen von *L. corniculatus* die angefressenen Pflanzen stets acyanogen. Und in Käfigversuchen mit 2 Arten von Schmetterlingslarven sowie Nackt- und Gehäuseschnecken wurden unter 3 angebotenen, verschieden stark cyanogenen Formen immer die am schwächsten cyanogenen bevorzugt. Selbst Mäuse fraßen bevorzugt die schwach cyanogenen, dies aber nur, wenn ihnen zusätzliches Futter geboten wurde, z. B. Möhren. Anderenfalls differenzierten sie nicht. Er schließt daraus, daß man die Freßgewohnheiten der Tiere jeweils berücksichtigen muß.

In einer weiteren Arbeit (JONES, 1968) findet er eine deutliche Korrelation der Anteile cyanogener Pflanzen zwischen beiden Arten in Mischpopulationen aus *L. corniculatus* und *T. repens*. Ebenso bestand eine Korrelation zwischen benachbarten Populationen, deren Stärke vom Abstand beeinflußt war (vgl. auch JONES, 1970).

Aber BISHOP und KORN (1969) fanden in Auswahlversuchen mit Nackt- und Gehäuseschnecken an verschieden stark cyanogenen Morphen von *Trifolium repens* keinerlei Bevorzugung. CRAWFORD-SIDEBOTHAM (1972) wiederholte deshalb die Auswahlversuche sowohl bei *Lotus* als auch bei *Trifolium* unter Verwendung von 13 verschiedenen Arten von Nackt- und Gehäuseschnecken. Für jede Wiederholung des Versuchs wurde die konsumierte Blattmenge durch Wägung des trockenen Kots bestimmt, und hier ergab sich nun eine deutliche Bevorzugung der acyanogenen Morphe bei beiden Arten, Sie war jedoch ausgeprägter in den Versuchen mit *L. corniculatus*. Die Autoren folgern weiter, daß die Bevorzugung der acyanogenen Morphe besonders im Sämlingsstadium den größten selektiven Effekt haben muß. In der Tat fällt das Sämlingsstadium bei beiden Arten in den Frühling, in die Jahreszeit also, in der die Populationsdichten der Mollusken am größten sind.

Nun könnte man meinen, daß auch die Gefährdung durch Mollusken, Insektenlarven u. a. in den verschiedenen Teilen der Verbreitungsgebiete der beiden Arten verschieden ausgeprägt und vor allem auch umweltabhängig sei. Die deutlichen großräumigen und die mehr lokalen Kline im geographischen Variationsmuster von *T. repens* mögen also eine recht komplexe Erklärung haben. Das ist auch der Grund, aus dem wir gerade dieses Beispiel für die Diskussion eines großräumig geographischen genetischen Variationsmusters ausgewählt haben. Solche Variationsmuster mögen, obgleich sie aus ökologischer Sicht einleuchtende einfache klinale Komponenten zeigen, im Grunde komplexen Ursprungs sein.

Bestimmte Charakteristika geographischer genetischer Variationsmuster, gleich ob klein- oder großräumig, mögen erst verständlich werden, wenn man auch die genetische Strategie reproduktiver Isolation von Unterpopulationen in Rechnung stellt. Auch hierauf wurde bei der Diskussion der genetischen adaptiven Strategien und der genetischen Polymorphismen schon hingewiesen. Greifen wir dieses Problem noch einmal auf und betrachten zunächst Fälle reproduktiver Isolierung kleinerer Populationen. Hier sind wiederum die Verhältnisse auf den Abraumhalden von Schwermetallminen am besten untersucht. Für eine Übersicht über die vorliegenden Resultate sei wieder auf die Arbeit von ANTONOVICS et al. (1971) verwiesen.

McNEILLY und ANTONOVICS (1968) fanden bei *Agrostis tenuis* und *Anthoxanthum odoratum* keine Unverträglichkeitsbarrieren zwischen Haldenpopulationen und den Populationen auf benachbarten Weiden. Aber Kreuzungen zwischen beiden Populationen lieferten weniger Samen als Kreuzungen innerhalb beider Populationen (bei *Anthoxanthum*). In allen Fällen blühten die Haldenpopulationen früher, im Durchschnitt um eine Woche, mit einer deutlichen Tendenz stärkerer saisonaler Isolierung der kleineren Halden. JOWETT (1964) hatte in seinen Untersuchungen an *Agrostis tenuis* ähnliche Ergebnisse erhalten. Er wies darauf hin, daß *Agrostis* ein perennierendes Gras ist, und daß man aus diesem Grunde mit einer rascheren Entstehung distinkter Formen rechnen kann als bei annuellen Gräsern. Der Auslesedruck war in seinem Material nicht sehr groß gewesen. ANTONOVICS (1968a), wiederum bei *Agrostis tenuis* und *Anthoxanthum odoratum*, fand als weitere Ursache für Isolierung der Haldenpopulationen ihre wiedergewonnene Selbstfertilität. Mit Simulationsstudien (s. auch ANTONOVICS, 1968b) konnte er zeigen, daß Gene für Selbstfertilität sich unter Bedingungen, wie sie auf den Halden vorliegen, rasch verbreiten können. Hoher Selektionsdruck, Kopplung mit dem Genlocus für Toleranz, Dominanz des Gens für Selbstfertilität und Rezessivität des Gens für Toleranz beschleunigen diesen Prozeß. Auch die Unterschiede zwischen annuellen und perennierenden Formen treten in seinen Monte-Carlo-Studien klar hervor. LEFÈBVRE (1970) fand in einer Haldenpopulation von *Armeria maritima* zwar ebenfalls wiedergewonnene Selbstfertilität, aber er deutet seine Befunde anders. *Armeria* hält auf den Halden nur kleine Populationen mit noch dazu erheblich schwankenden Individuenzahlen. Die Art müsse praktisch das Areal auf der Halde ständig neu besiedeln, und eben dies würde bei Rückgewinnung der Selbstfertilität erleichtert.

Der Prozeß der genetischen Isolierung kleiner Populationen unter hohem Auslesedruck ist natürlich auch aus anderen Gründen interessant (McNEILLY und BRADSHAW, 1968, u. a.). Leider sind die genetischen Voraussetzungen, also etwa der Art der genetischen Varianz, an der die Auslese ansetzt, nur in wenigen Arbeiten angesprochen worden. Aber man darf wohl annehmen, daß vorwiegend additiv-genetische Varianz mit im Spiel war, wie es z. B. DESSUREAUX (1959) für die Toleranz der Luzerne gegen Mangan fand. Auch wäre es interessant, mehr über den physiologischen Hintergrund der Toleranz zu wissen, ihn über viele Populationen der gleichen Art und zwischen den Arten zu vergleichen und anderes mehr. Hierüber wissen wir einiges (vgl. ANTONOVICS et al., 1971), aber noch nicht genug, um es hier zu diskutieren und die genetischen Strategien der Anpassung für konkrete Fälle nachzuvollziehen. Hingegen wissen wir aus Monte-Carlo-Studien des obengenannten Typs (wir haben nur eine Literaturstelle zitiert) recht gut Bescheid über die theoretischen Voraussetzungen. Wenn also etwa SCHARLOO (1971, vgl. auch unsere Diskussion der disruptiven Auslese) provokativ fragt, ob genetische Isolierung durch disruptive Auslese tatsächlich jemals vorgekommen ist, so beantworten die Arbeiten an den genetisch recht gut isolierten Haldenpopulationen diese Frage eindeutig mit ja. Genetische Isolierung oder, was das gleiche ist, Einschränkung von Immigration, sollte also eine nicht gerade seltene Komponente geographisch-genetischer Anpassungsstrategien sein.

Eine andere Art genetischer Isolierung von Populationen der gleichen Art sollte zu erwarten sein, wo Subspezies der gleichen Art zusammentreffen. STEBBINS in seinem klassischen Buch über die Evolution bei höheren Pflanzen und noch akzentuierter MAYR in seiner bekannten Monographie der Artbildung bei höheren Tieren, gehen bei ihren Modellen für ‹normale› Artbildung davon aus, daß Populationen der gleichen Art, die lange Zeit geographisch gegeneinander isoliert und verschiedenen Umwelten ausgesetzt waren, je ihren eigenen evolutionären Weg gehen würden. Als Folge davon seien jeweils spezifisch ‹koadaptierte› Genpools zu erwarten. Hierunter versteht man spezifische Abstimmung der Effekte aller Gene im Genpool untereinander, oft auch ‹Integration› des Genpools genannt. Kommen solche Populationen wieder in Kontakt, so stellt sich oft heraus, daß ihre Genpools unverträglich sind. Nachkommen nach Kreuzung zwischen den Populationen besitzen geringere Überlebenschancen, geringere Fruchtbarkeit o. ä. Haben die Populationen auch morphologische Unterschiede erworben, so bezeichnet man sie meist als Unterarten. Genetische Isolierung wäre hier also eine gute Strategie zur Verhinderung oder mindestens zur Einschränkung der Produktion von Nachkommen mit geringer Fitness, und sie wird in der Natur auch oft beobachtet. Ist der Prozeß der genetischen Isolierung weit genug fortgeschritten, so ernennt man die betreffenden Unterarten meist zu ‹guten Arten›.

Auch für dieses Modell gibt es eine Reihe von Computer-Simulationen, beispielsweise die von CROSBY (1970) über die Bedingungen für die Entstehung von Barrieren zwischen Unterarten durch Erwerb saisonaler Isolierung u. a. Aber es gibt auch eine Reihe experimenteller Befunde, die zeigen, daß dieser Prozeß in der Natur nicht selten vorkommt. Abb. 6.7.1 zeigt die Verteilung der melanistischen Form *edda* von *Amathes glareosa* auf den Shetlands (KETTLEWELL und BERRY, 1961), die wir schon als mögliches Beispiel für einen Klin aus Migration zwischen zwei Nischen kennengelernt haben. Hier zeigt es sich jetzt, daß es am Tinwall-Tal einen deutlichen Bruch im klinalen Muster der Häufigkeiten gibt. Noch deutlicher geht dies aus Abb. 6.7.2 hervor.

KETTLEWELL und BERRY (1969) und KETTLEWELL et al. (1969) haben dies durch weitere Experimente zu erklären versucht. Sie stellen u. a. fest, daß nördlich und südlich des Tales etwa gleiche Häufigkeiten von *edda* beobachtet werden, daß die Häufigkeiten von *edda* entlang des Klins über viele Jahre ziemlich konstant blieben, daß Vögel in der Tingwall-Region kaum eine Rolle für die Auslese spielen, und daß es deshalb nahe liegt, physiologische und Verhaltensunterschiede zwischen den Populationen anzunehmen, die nur in zwei verschieden koadaptierten Genpools aufrechterhalten werden können. Das Tingwall Tal wäre somit die Grenze zwischen zwei Populationen je mit spezifisch koadaptierten Genpools, wie wir sie für Unterarten gefordert hatten.

Ein schönes Beispiel hierfür bringen auch CREED et al. (1970). Sie finden bei *Maniola jurtina* in Südengland eine Grenzregion zwischen zwei durch die Zahl weißer Flecken auf den hinteren Flügeln leicht zu unterscheidenden Populationen des Schmetterlings. Beide Flügelmuster sind streng vererbt, d. h. durch Umwelteinfluß kaum zu verändern. Im ersten Beobachtungsjahr (1956) konnten sie die Grenze zwischen den beiden Populationen auf breiter Front kartieren. Schon im nächsten Jahr aber hatte sie sich um 3 Meilen ostwärts verschoben, eine Entwicklung, die bis 1968 anhielt, mit wechselndem Ausmaß der jährlichen ‹Wanderung› der Grenze zwischen beiden Populationen. Auf die interessante Diskussion dieses Beispiels durch die Autoren müssen wir hier verzichten.

In diesem Zusammenhang wollen wir noch wenigstens einige Beispiele für Koadaptation als Folge von Auslese aus dem Bereich der angewandten Genetik bringen. In der Literatur zur theoretischen Populationsgenetik wird man solche Beispiele in großer Zahl finden. HASKELL (1961) untersucht Merkmalskorrelationen zwischen Sämlingen und erwachsenen Pflanzen. Fast immer gibt es bei Auslese im einen Entwicklungsstadium korrelierte Reaktionen im anderen. Schon allein aus diesen physiologischen Abhängigkeiten muß man schließen (WADDINGTON, 1957), daß es bei der Auslese in Populationen höherer Organismen eigentlich immer darum gehen wird, den gesamten Entwicklungsablauf auf die neue Situation einzustellen. MURTY et al. (1970) bestätigen dies in Untersuchungen komplexer genetischer Korrelationen bei *Sorghum* und bei *Pennisetum*. 14 Merkmale wurden gleichzeitig verrechnet und jeweils eine Matrix der genetischen Korrelationen aufgestellt. Bei *Sorghum* reichten zwei ‹Faktoren› für die Erklärung der Matrix aus. Der eine umfaßte alle Merkmale, die für das vegetative Wachstum verantwortlich waren, der zweite alle reproduktiven Merkmale. Bei *Pennisetum* reichten die Faktoren über die Grenzen beider Stadien hinaus. In einem Vergleichsversuch an *Brassica* mit disruptiver Auslese fanden die Autoren, daß schon wenige Generationen disruptiver Auslese genügten, um die vorher existierende und wahrscheinlich unter stabilisierender Auslese zustande gekommene genetische Korrelationsmatrix völlig zu verändern. CLEGG et al. (1972) schließlich stellten zwei Gerstenpopulationen her, über die sie die Entwicklung der Gametenfrequenzen an 4 Enzymloci verfolgen konnten. Es gab deutliche Korrelationen über die Generationen, auch zwischen nicht-gekoppelten Loci. In beiden Populationen wurden am Schluß die gleichen komplementären Gametentypen über alle 4 Loci gefunden. Die Autoren schließen daraus, daß Auslese nicht nur in einzelnen Genen ansetzt, sondern an korrelierten Multi-Locus-Einheiten, die sie strukturiert. Wir hätten gesagt koadaptiert.

So sollte man also damit rechnen, daß die genetischen Strategien durch natürliche Populationen durch diesen Prozeß maßgeblich mitbestimmt sind.

7.3 Biochemischer Polymorphismus

Die Entwicklung der Forschung auf dem Gebiet der molekularen Genetik und den diesem benachbarten Gebieten der Biochemie hat zu einer fast vollständigen Revision des früheren Genkonzepts und damit auch der Evolutionstheorie geführt. Wir sind heute in der Lage, schon geringfügige Änderungen in der Sequenz von Aminosäuren, aus denen die Proteine aufgebaut sind, festzustellen. Die Enzymproteine sind die am besten untersuchten organischen Wirkstoffe. Dies auf Grund der Tatsache, daß sie bereits in äußerst geringen Konzentrationen nachweisbar sind. Ihnen gilt natürlich auch ein besonderes Interesse, da sie das Endprodukt der primären Genwirkung im Grundprinzip der Genetik darstellen:

$$\text{DNA} \xrightarrow{\text{Transkription}} \text{RNA} \xrightarrow{\text{Translation}} \text{Protein (Enzym)}$$
Replikation

Dieser Abschnitt über den biochemischen Polymorphismus wird sich daher hauptsächlich mit Enzymformen oder Isoenzymen befassen. Selbstverständlich umfaßt der Begriff «biochemischer Polymorphismus» alle Arten chemischer Moleküle organischen Ursprungs, bei denen geringfügige Unterschiede in der chemischen Struktur, die jedoch nicht die Funktion der Moleküle verändern, festgestellt werden können. In diesem Zusammenhang wollen wir nicht auf stereochemische und elektrochemische Probleme der Enzyme eingehen. Es genügt darauf hinzuweisen, daß wahrscheinlich in den meisten Fällen Isoenzyme durch Austausch einer Aminosäure in der Polypeptidkette durch eine andere entstehen. Ein solcher Austausch kann das elektrische Potential eines ganzen Enzyms und damit seine Mobilität in einem elektrischen Feld verändern. Es wird hier vorausgesetzt, daß der Leser Grundkenntnisse auf dem Gebiet der Enzymchemie besitzt. Eine klare Definition des Polymorphismus vom Standpunkt des Genetikers kann im Buch von SPERLICH (1973) nachgelesen werden. Eine Reihe von Beispielen wird im 6. Abschnitt dieses Buches gegeben. Wir wollen uns hier hauptsächlich unter Aspekten der Ökologie und Evolution mit dem biochemischen Polymorphismus befassen. Dies beinhaltet eine der aktuellsten Streitfragen unter den heutigen Genetikern, nämlich die Frage nach der adaptiven Bedeutung von Isoenzymen.

Es ist wiederholt ein erheblicher Polymorphismus in vielen Enzymsystemen unabhängig davon nachgewiesen worden, ob das Versuchsobjekt ein Fremd- oder Selbstbestäuber war. Bei den Tieren kann zusammenfassend festgestellt werden, daß *Drosophila*-Fliegen, Hufeisen-Krabben, Mäuse und auch der Mensch alle etwa das gleiche Ausmaß an biochemischem Polymorphismus zeigen. Populationen dieser Organismen sind an etwa 50 % ihrer Loci polymorph, während deren Individuen im Durchschnitt 10–20 % heterozygote Loci aufweisen. Interessante, erst kürzlich an natürlichen Populationen von *Drosophila obscura* entlang ihrer nördlichen Verbreitungsgrenze durchgeführte Analysen zeigen die erstaunliche Tatsache, daß sogar unter den widrigen Bedingungen dieser Randbezirke alle oder doch fast alle Populationen ihre polymorphen Loci erhalten haben (LAKOVAARA und SAURA, 1971). Die Autoren schreiben dies einer Art von balancierender Selektion zu.

Dieser Stand der Untersuchungen verursacht ein erhebliches Dilemma. Die Anzahl funktionaler Loci wird bei *Drosophila* auf etwa 10^4 und beim Menschen in der Größenordnung von 10^5 geschätzt. Die meisten höheren lebenden Organismen, sowohl Pflanzen als auch Tiere, haben vermutlich Genzahlen, die zwischen diesen beiden Werten liegen. Wenn wir nun den oben erwähnten Polymorphismus berücksichtigen und annehmen, daß ein derartig hoher Grad von Heterozygotie durch natürliche Selektion aufrechterhalten wird, dann haben die Populationen ein unmöglich hohes Ausmaß an genetischer Belastung zu tragen. Wenn nämlich genetische Variation an einem gegebenen Locus durch Selektion erhalten wird, dann impliziert dies, daß einige bis viele Genotypen, die durch die Allele an diesem Locus determiniert werden, einen adaptiven Nachteil haben. Hierdurch wird die durchschnittliche Fitness aller Genotypen, die Populationsfitness, vermindert. Nehmen wir z. B. an, daß in einer *Drosophila*-Population die Individuen an 1000 ihrer Loci heterozygot sind. Nehmen wir weiter an, daß diese Loci die Fitness unabhängig beeinflussen und daß jeder polymorphe Locus für eine Reduktion der Populationsfitness um 1 % verantwortlich ist. Die durchschnittliche Fitness der Population würde dann 0.99^{1000} sein oder 0.00004 ihrer potentiellen reproduktiven Kapazität betragen. Dies ist eine untragbare genetische Belastung.

Diese paradoxe Situation ist durch zwei grundverschiedene Theorien zu erklären versucht worden: 1. durch eine neodarwinsche und 2. durch eine nicht-darwinsche. Von diesen beiden ist der Neodarwinismus so gut bekannt, daß es keiner weiteren Ausführungen bedarf. Es muß jedoch darauf hingewiesen werden, daß es gerade die Ergebnisse aus jüngsten Untersuchungen über den biochemischen Polymorphismus der Isoenzyme waren, die Zweifel an der unverrückbaren Gültigkeit des Neodarwinismus hervorriefen. Die «Kosten der natürlichen Selektion», wie HALDANE (1957) dieses Paradoxon bezeichnet, wird auch «HALDANES Dilemma» genannt. Die Substitution eines Genes durch ein anderes ist das, was wirklich etwas «kostet» bzw. der Population eine Substitutionsbelastung auferlegt. HALDANE berechnete, daß bei einem angemessenen Verlust von 10 % des reproduktiven Überschusses einer Population die «Kosten der Evolution» eine Gensubstitution in jeweils 300 Generationen beinhalten kann. Zu diesem Problem führt KIMURA (1968) aus, daß die bekannten Raten der DNA-Evolution, die hauptsächlich durch Untersuchungen an Hämoglobin und Cytochrom C bekannt geworden sind, alle 1–2 Jahre eine Gensubstitution bei Säugetieren vermuten lassen. Dies würde von einem streng neodarwinschen Standpunkt aus eine untragbare genetische Belastung bzw. Reduktion der durchschnittlichen Populationsfitness bedingen. Um diese Schwierigkeiten zu überwinden, vermutet KIMURA, daß die Evolution der molekularen Formen des Proteins hauptsächlich ein nicht-adaptiver oder neutraler Prozeß ist. Neue Codons, die frühere Codons ersetzen, würden neue Aminosäuren codieren. Dieser Einsatz soll jedoch weitgehend selektiv neutral sein. In der neueren Literatur wird dies als nicht-darwinsche Evolution bezeichnet. Andererseits aber weisen neuere elektrophoretische Untersuchungen von Allozymen sowohl bei Tieren als auch bei Pflanzen meist immer auf adaptive Differenzen kleiner molekularer Veränderungen hin (LEWONTIN und HUBBY, 1966; AYALA, 1972; ALLARD und KAHLER, 1972; BRYANT, 1974). Der allgemeine Hinweis auf den Selektionswert des Enzympolymorphismus kommt entweder durch Beobachtung an Klinen von Allozymfrequenzen, die mit ökologischen Gradienten korreliert sind, oder durch Untersuchungen von Allozymfrequenzen in natürlichen Populationen. Andere Hinweise auf selektive Kräfte, die auf den Enzympolymorphismus einwirken, ergaben sich in Laborexperimenten. So zeigten z. B. *Drosophila*-Populationen, die mit verschiedenen Genfrequenzen angesetzt waren, beinahe immer die Tendenz, ihre Allozymfrequenzen in Richtung auf ein offensichtlich stabiles Gleichgewicht zu verändern. Bei Pflanzen haben eingehende Untersuchungen an der Kulturgerste *(Hordeum vulgare)* und dem Barthafer *(Avena barbata)* eindeutig vermuten lassen, daß Allozymfrequenzen durch Selektion bestimmt werden (ALLARD und KAHLER, 1972). Dies konnte sowohl in künstlichen Selektionsversuchen *(Hordeum)* als auch durch Beobachtungen an natürlichen Populationen *(Hordeum* und *Avena)* gezeigt werden. Es gibt also auf den ersten Blick zwei diametral entgegengesetzte Theorien über die molekulare Evolution. Dieses Problem kann zur beiderseitigen Zufriedenheit gelöst werden, wenn berücksichtigt wird, daß neue molekulare Formen, die durch Mutation entstanden sind, eine fortgesetzte Reihe von Fitnesswerten bilden, wobei die Mutationen in ihrer Wirkung von außerordentlich schädlich über neutral bis geringfügig vorteilhaft sein können (CROW, 1972).

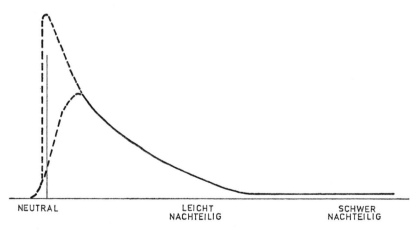

Abb. 7.3.1: Verteilung von neu entstandenen Genmutationen. Die gebrochenen Linien sind Vorschläge für Extrapolationen der ausgezogenen Linie, die sich auf Beobachtungen stützt (nach CROW, 1972).

Wenn wir die Abb. 7.3.1 betrachten, wird deutlich, daß nur zwei der Fitnesskategorien absolut unterschieden werden können, nämlich die neutrale und die letale. Aber auch innerhalb dieser beiden Gruppen haben wir Gene mit unterschiedlicher Expressivität. In der Regel sehen wir Letalgene entweder als dominant oder als rezessiv an. Tatsächlich jedoch sind diese Unterschiede gradueller Natur, sie reichen von vollständiger über partielle Dominanz bis zu einem speziellen Fall, der Kodominanz, und weiter bis zu einer mehr oder weniger ausgeprägten Rezessivität. Aus diesem Grund muß absolute Genneutralität nur sehr selten sein. Es konnte ebenfalls gezeigt werden, daß die Mehrzahl der neuen Mutanten nur wenig rechts von der Neutralität einzuordnen sind – nämlich als leicht schädlich. Auf Grund ihrer «Beinahe-Neutralität» sind derartige Gene jedoch nur schwer zu entdecken. Es ist daher nur möglich, die Häufigkeit solcher Mutanten durch Extrapolation aus Beobachtungen an schädlicheren Mutationen zu gewinnen. Aus gleichen Gründen muß offensichtlich auch eine Neutralität der Fitness sehr empfindlich gegen geringste Variationen in der Umwelt des Organismus und nicht zuletzt gegen Veränderungen im genetischen Hintergrund sein. Durch die Diskussion des Sachverhaltes kommen wir zu der Schlußfolgerung, daß die Vorstellung über die Neutralität der Gene ein zwar bedeutendes aber sehr theoretisches Konzept darstellt. In gewisser Weise ist es mit der Theorie über den stochastischen Ausgang in Versuchen mit zwei konkurrierenden Populationen verwandt, die beinahe die gleiche Strategie anwenden und die gleiche Nische besetzt haben. In beiden Fällen, der Genneutralität und der Nischenidentität wird die natürliche Selektion eventuell Gene über Populationen diversifizieren, so daß sie aus der nicht stabilen «neutralen» Zone gleiten.

Es bleibt jedoch noch eine bedeutende Frage übrig, nämlich die, ob winzige Selektionsvor- oder Selektionsnachteile von Mutanten wirklich eine Bedeutung für die Formung der Populationsstruktur haben. Hierzu legen Untersuchungen über Allozyme sowohl an Tieren als auch an Pflanzen die Vermutung nahe, daß sogar durch geringste Abweichung von der Neutralität das Gen in eine neodarwinsche Hierarchie eingeordnet wird. Dies würde bedeuten, um WILLS (1973) zu zitieren, daß es eine beachtliche Klasse von Genen gibt, die auf Grund ihrer nur geringen Abweichung von der Neutralität für lange Zeit in der Population bleiben. Diese Klasse von Genen mag sogar die Masse des genetischen Materials in einer Population bilden, da ihre Anwesenheit nicht oder doch nur in geringer Weise die genetische Belastung erhöht. Diese Klasse von Genen wird als funktional selektierte Polymorphe bezeichnet. Eine Situation wie diese ist nur äußerst schwierig zu beweisen. Bis jetzt steht jedoch zumindest ein klarer Fall zur Verfügung. Es handelt sich um den Octanol-Dehydrogenase-Locus in *Drosophila pseudoobscura*-Populationen (WILLS und NICHOLS, 1971, 1972). Die Schwierigkeiten, solche funktional selektierten Polymorphe zu erfassen, liegt 1. in der Heterogenität des genetischen Hintergrundes, die Untersuchungen über die Funktion einzelner Gene beeinflußt, und 2. in der Schwierigkeit, selektiven Druck auf bestimmte Gene auszuüben, der ihrer direkten Funktion entsprechen würde.

Zusammenfassend können wir feststellen, daß zur Zeit mit großer Wahrscheinlichkeit die Neodarwinsche Theorie im Hinblick auf die Evolution eines biochemischen Polymorphismus bevorzugt werden muß. Wie es scheint, müssen die meisten neuen Mutationen dieser Art auf der leicht schädlichen Seite der Neutralität eingeordnet werden (siehe Abb. 7.3.1). Es gibt aber immer einige Gene, die geringfügig vorteilhaft sind und sich selbst als funktionale Polymorphe erhalten. Eine Rangordnung neuer Mutanten ist kürzlich von WILLS (1973) vorgeschlagen worden. Selbst wenn diese Rangordnung im Hinblick auf die verschiedenen Genproportionen falsch ist, so ist sie doch durch ihre allgemeine Bedeutung für die Klassifikation biochemischer Polymorphismen nützlich (Abb. 7.3.2).

Es scheint offensichtlich zu sein, daß zukünftige Untersuchungen über die Bedeutung des biochemischen Polymorphismus für die Evolution grundlegende Gesichtspunkte über die Wirkung einzelner Gene aufdecken werden. Dies setzt sowohl eine genaue Kontrolle der Umwelt und des Selektionsdruckes als auch einen gleichen genetischen Hintergrund voraus. Das Problem ist außerordentlich komplex. Bevor nicht mehr experimentelle Unterlagen zur Verfügung stehen, ist auf Grund neutraler Wirkung auf biochemischer Ebene eine nicht-darwinsche Evolution nicht auszuschließen.

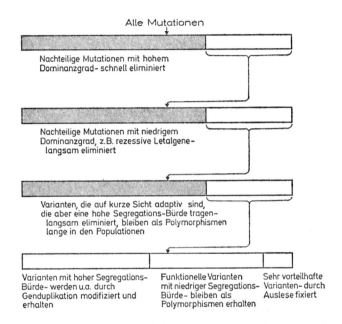

Abb. 7.3.2: Das Diagramm zeigt die Häufigkeit von neu entstandenen Mutationen in natürlichen Populationen. Die schraffierten Flächen der Säulen zeigen die Mutanten, die durch natürliche Selektion eleminiert worden sind. Die Säulenbegrenzung ist fiktiv (nach WILLS, 1973).

8. Koevolution im Ökosystem

Die bekannten Beispiele gegenseitiger Abhängigkeit der Evolution verschiedener Organismenarten – Koevolution – gehören mit zu den schönsten Beispielen für DARWINsche Evolution überhaupt. Auch in den vorstehenden Kapiteln hatten wir schon Beispiele für Koevolution kennengelernt. Die Anpassungsstrategien von Räubern an morphologische, physiologische und Verhaltensweisen ihrer Beutetiere, von Pflanzenfressern an die Besonderheiten pflanzlicher Nahrung, von Pflanzenarten an Eigenschaften tierischer Pollen- und Samenverbreiter, von Parasiten an ihre Wirte, von Bäumen an ihre oft schon obligatorisch gewordenen Mykhorrhizen, von Pflanzen und Tieren an konkurrierende Arten und viele andere aus Koevolution zu erklären sind jedem Naturfreund bekannt. Aus ihrer Erforschung erwuchs die Kette von Modellen der Ökologen für biologische Gesellschaften, an deren vorläufigem Ende das Modell des Ökosystems steht.

Es kann nicht unsere Aufgabe sein, hierüber einen einigermaßen vollständigen Überblick zu geben. Vielmehr wollen wir zwei Ursachen für Koevolution herausgreifen, einmal für Koevolution von Arten mit ähnlichen ökologischen Nischen und zum zweiten für Organismen mit sehr verschiedenen ökologischen Nischen, und wir wollen versuchen, an diesen Beispielen wesentliche Modellansätze zu zeigen, die auch in anderen Situationen von Koevolution verwendbar sind. Gleichzeitig wollen wir wieder versuchen, die Folgen von Koevolution für ganze Ökosysteme mitzubehandeln, denn, wie im Abschnitt über die Evolution ganzer Ökosysteme bereits angedeutet, wird die Evolution von Ökosystemen, die primäre Sukzession der Ökologen, in hohem Maße mitbestimmt durch Koevolution der beteiligten Organismenarten. Im ersten Abschnitt dieses Kapitels wird es deshalb um das Problem der Konkurrenz zwischen Arten mit ähnlichen Nischen gehen (unter Einschluß der Konkurrenz zwischen Individuen der gleichen Art) und im zweiten um die Koevolution von Wirten und Parasiten in den sogenannten Wirt-Parasit-Systemen.

8.1 Konkurrenz

Schon DARWIN hatte die Bedeutung der Konkurrenz für die natürliche Auslese erkannt. Unter den Begründern der Populationsgenetik hat vor allem HALDANE in seinem Buch über die Ursachen der Evolution und in vielen Aufsätzen immer wieder darauf hingewiesen, daß die Fitness von Genotypen bei Pflanzen wie bei Tieren meist nur richtig geschätzt werden kann, wenn man ihre Konkurrenzeignung – oder wie man es sonst nennen will – mit in Rechnung stellt. Nun ist leider auch die Konkurrenz ein ausgesprochen komplexes Phänomen. Man kommt schon in Schwierigkeiten, wenn man leidlich korrekt definieren will, was man unter Konkurrenz zu verstehen hat. Wie so oft sind diese Definitionsschwierigkeiten erst richtig klar geworden, als man gezwungen war, konkrete und mathematisierte Modelle zu konzipieren, mit deren Hilfe Konkurrenzsituationen beschrieben und analysiert werden sollten.

Betrachten wir zunächst eine solche Situation bei Tieren. Weibchen einiger Arten von *Drosophila* legen ihre Eier am liebsten dort ab, wo bereits andere Weibchen versammelt sind und, wenn möglich, auch schon Eier deponiert haben und Larven heranwachsen. Andere Weibchen verhalten sich anders. Sie sind sozusagen die Pioniere, die als erste ankommen wollen, und die es gar nicht schätzen, daß vor ihnen schon andere Artgenossen kolonisiert haben. In beiden Phasen im Leben von *Drosophila* – Auswahl des Platzes für und Vollzug der Eiablage einerseits und Aufwachen der Larven andererseits – hat die gegenseitige Beeinflussung von Individuen verschiedenen Genotyps bei *Drosophila* durchaus verschiedene Aspekte. Einmal einen positiven, in der zweiten Phase aber einen negativen. Ähnlich ist es oder kann es bei höheren Pflanzen sein. Wächst ein Pflanzenbestand auf, etwa auf offenem Gelände, so gewähren Nachbarn einer Pflanze Schutz vor austrocknenden Winden, vor zu kräftiger Sonneneinstrahlung u. a. In dieser Phase, die man jederzeit eindrucksvoll an den Windschurgefällen an der Luvseite von Waldpflanzungen in Gebieten mit permanenter Windeinwirkung demonstriert findet, dominiert die gegenseitige Förderung. Später, wenn der Pflanzenbestand heranwächst, mag gegenseitige negative Beeinflussung von Wachstum und Reproduktion aus ‹Konkurrenz› um Licht, Wasser und mineralische Nährstoffe dominieren. Das Nettoresultat der gegenseitigen Beeinflussung mag also negativ oder positiv sein. Und obendrein wird es beeinflußt von der Umwelt. Bei reichlichem Nährstoff- und Wasserangebot mag die Konkurrenz um diese Ressourcen überhaupt keine Rolle spielen, bei ausreichendem Abstand zwischen den potentiellen Konkurrenten auch nicht.

Es ist also hier notwendig zu stratifizieren nach Umweltbedingungen, Entwicklungsphase, vegetativer und reproduktiver Fitness. Aber das ist ja nicht neu, nur kommen hier weitere Dimensionen hinzu, welche den vieldimensionalen Fitnessraum mitbestimmen und damit die Komplexität erhöhen. Daraus resultiert einerseits die Notwendigkeit zur Vorsicht bei der Interpretation experimenteller Daten, andererseits aber auch umgekehrt die Notwendigkeit zunächst mit vereinfachten Modellen zu arbeiten, um nicht von vornherein durch Wahl eines zu hohen Komplexitätsgrades alle Bemühungen um eine experimentelle und theoretische Näherung aussichtslos zu machen. Im folgenden wollen wir uns deshalb auf relativ einfache Modelle beschränken und wir wollen den Leser schon jetzt darauf hinweisen, daß es uns mehr darum geht, die Problematik zu zeigen als konkrete und experimentell analysierte Beispiele zu interpretieren und zu generalisieren.

Wir müssen weiter klar unterscheiden zwischen Konkurrenz zwischen Individuen der gleichen Art (Innerartkonkurrenz) und solchen verschiedener Arten (Zwischenartkonkurrenz). Die Häufigkeit beider Typen von Konkurrenz ist abhängig von den Populationsdichten der konkurrierenden Arten. r- und K-Auslese, dies war klar, sind Wörter, die zwischen verschiedenen Situationen von Innerartkonkurrenz qualitative Unterschiede herstellen sollen. Aber jetzt kommt als neue Dimension das Nebeneinander von Innerart- und Zwischenartkonkurrenz hinzu, das Abhängigkeiten auch von der Populationsdichte der jeweils anderen Art einführt.

Diese Überlegungen führen uns zu einer Einengung des Begriffs Konkurrenz. Zwar ist es offensichtlich, daß gegenseitige Beeinflussung von Individuen der gleichen oder verschiedener Arten positive wie negative Effekte auf einer oder auf beiden Seiten haben kann. Und es ist auch klar, daß diese Effekte, bezogen auf bestimmte Entwicklungsstadien quantitativ und im Vorzeichen verschieden sein können. Aber eine Näherung an das Konkurrenzproblem auf dieser Frontbreite wäre von vornherein aussichtslos. Wir beschränken uns deshalb auf noch überschaubare Typen gegenseitiger Beeinflussung, indem wir Innerartkonkurrenz und Konkurrenz zwischen Arten mit überlappenden Nischen betrachten. Konkurrenz zwischen verschiedenen Genotypen der gleichen Art ist natürlich Konkurrenz an ähnlichen Nischendimensionen (Ressourcen), aber Konkurrenz zwischen verschiedenen Arten kann oft ganz verschiedene Formen annehmen, wenn man, wie manche Autoren dies getan haben, jede Interaktion zwischen einander begegnenden Individuen gleicher Art oder verschiedener Art als Konkurrenz bezeichnet. Dann würde man das gesamte Phänomen der Koevolution, das ja auch Interaktionen dieses Typs im weitesten Sinn einschließt, unter der Überschrift Konkurrenz abhandeln müssen.

Konkurrenz existiert also an irgendeiner Nischendimension, die für die konkurrierenden Individuen Bedeutung hat, und an der sie durch Veränderungen quantitativer Art die Werte an dieser Dimension wechselweise beeinflussen. Diese Beeinflussung mag nichtsdestoweniger positiv wie negativ sein. Interferenz an der gleichen Nischendimension bedeutet nicht notwendigerweise Überlappung der ökologischen Nischen, aber wir wollen nur solche Fälle betrachten, in denen diese Interpretation zulässig ist.

Das Wachstum der Population einer Art i im Beisein einer zweiten Art j wird üblicherweise (vgl. LEVINS, 1968) durch die folgende Konkurrenzgleichung beschrieben, die aus der LOTKA-VOLTERRA-Gleichung abgeleitet werden kann:

$$\frac{dN_i}{dt} = r_i N_i \frac{K_i - N_i - \alpha_{ij} N_j}{K_i}$$

N_i ist hier die Größe der Population der i-ten Art, N_j die der j-ten Art, K_i bezeichnet den *«saturation level»* für die i-te Art, r_i die *«innate capacity of increase»*, und der Koeffizient α_{ij} ist eine Art Maß für den Einfluß der im Überlappungsbereich der Nischen beider Arten konkurrierenden j-ten Art auf die i-te, zu multiplizieren natürlich mit der Populationsgröße der j-ten Art. Weitere Erklärungen findet der Leser bei GOEL et al. (1971) oder bei MACARTHUR (1972).

Nun kann es im gleichen Biotop nicht nur zwei, sondern mehr konkurrierende Arten geben. Dann erhält man für jede der, sagen wir m Arten eine Gleichung des folgenden Typs:

$$\frac{dN_i}{dt} = \frac{r_i N_i}{K_i} (K_i - N_i - \sum_{j \neq i}^{m} \alpha_{ij} N_j).$$

Die Gruppe konkurrierender Arten hätte ein Gleichgewicht erreicht, wenn alle Wachstumsraten $dN_i/dt = 0$ sind oder, was das gleiche bedeutet, alle

$$K_i = N_i + \Sigma \alpha_{ij} N_j$$

Bezeichnet man jetzt den Spaltenvektor der N_i mit N und den der K_i mit K, so erhält man in Matrixschreibweise die Beziehung

$$AN = K$$

A ist hier die sogenannte Community Matrix

$$A = \begin{matrix} 1 & \alpha_{12} & \alpha_{13} & \ldots & \alpha_{1m} \\ \alpha_{21} & 1 & \alpha_{23} & \ldots & \alpha_{2m} \\ \alpha_{31} & \alpha_{32} & 1 & \ldots & \alpha_{3m} \\ \cdot & & & & \\ \cdot & & & & \\ \alpha_{m1} & & & & 1 \end{matrix}$$

Diese Matrix enthält also die Größen, die unter unseren Annahmen als Konkurrenzkoeffizienten oder dgl. aufgefaßt werden können. Sie müßten, falls wirklich Konkurrenz stattfindet, für alle Paare i:j positive Vorzeichen haben. Mit Hilfe dieses Gleichungssystems können aber auch andere Systeme interagierender Populationen als die konkurrierender Arten im gleichen Biotop beschrieben werden, z. B. Räuber-Beute-Systeme. Hier wären die Vorzeichen der Koeffizienten negativ (Lit. etwa bei GOEL et al., 1971; COHEN, 1970, u. a.).

Nur bei gleicher Nischenbreite (s. u.) gilt die Beziehung $\alpha_{ij} = \alpha_{ji}$. Dann besteht zwischen den symmetrisch angeordneten Konkurrenzkoeffizienten eine Korrelation von $r = +1$. Diese Korrelation wird um so geringer werden, je variabler die Nischenbreiten sind. Damit ändern sich dann auch bestimmte Eigenschaften des Systems konkurrierender Arten, dessen Gleichgewicht die Community Matrix beschreibt. Wir wollen deshalb diesen Begriff näher definieren.

Betrachten wir zunächst eine eindimensionale Nische (vgl. Abs. 1.3), etwa eine Temperaturnische. Die Darstellung der Nische ist hier nichts anderes als ein Ausschnitt aus der Temperaturskala mit einem unteren Grenzwert und einem oberen Grenzwert unterhalb dessen bzw. oberhalb dessen die Population nicht mehr in der Lage ist, dauernd zu überleben. An diesen Ausschnitt ist sie angepaßt, seine Breite gibt die Breite der Temperaturnische an. In mehr komplexen Nischen wird dieser Sachverhalt zwar nicht verändert, wohl aber wird er unübersichtlich und unanschaulich, wenn man die Nischenbreite gleichzeitig über mehrere Dimensionen messen muß. Deshalb muß man sie dann meist auf andere Art charakterisieren. Hierfür gibt es in der Literatur eine Reihe von Vorschlägen (LEVINS, 1968, für einen Überblick).

Nehmen wir an, es gäbe k Umwelten und wir würden jeweils die Proportionen p_k bestimmen, mit denen die Art in jeder der Umwelten vertreten ist. Dann wäre

$$\log B = -\Sigma p_k \log p_k$$

ein solches Maß für die Nischenbreite, oder auch

$$B = 1/\Sigma p^2_k$$

LEVINS hat an einigen Beispielen gezeigt, daß beide Maße in konkreten Fällen sehr ähnliche Ergebnisse liefern. Auch andere Maße wären denkbar.

Man sollte meinen, daß Populationen mit breiterer Nische die größere mittlere Fitness haben, und daß die Evolution einer jeden Population und unter allen Umständen mitbestimmt sei durch ihr Bestreben zur Nischenverbreiterung. Das mag in einfacher gelagerten Situationen durchaus der Fall sein, und wir werden einen solchen Fall gleich kennenlernen. In anderen wird aber die Diversität der Umwelt und die daraus resultierende Notwendigkeit komplexer Anpassungsstrategien dem entgegenstehen. Ein Urteil über die Nischenbreite in komplexen Nischen kann deshalb mit den oben angegebenen oder ähnlichen Maßzahlen nur ganz grob gefällt werden. Wir hatten einen solchen Fall schon in Abs. 5.3 kennengelernt. Ein Vergleich der *Typha*-Arten hatte dort ergeben, daß eine der Arten eine breitere Nische an der Klimadimension, die andere eine breitere Nische an einer Bodendimension besaß. Die erste war ein Klimageneralist und Bodenspezialist, für die zweite galt das umgekehrte Verhältnis.

Nun zu unserem Beispiel. ROUGHGARDEN (1972) schätzte anhand der Daten von SCHOENER und GORMAN (1968) über Populationen der Eidechse *Anolis roquet* auf den Westindischen Inseln den Einfluß der Zusammensetzung der Populationen der Art aus verschiedenen Phänotypen auf die Nischenbreite an der Nahrungsdimension. Hierfür wurden die Eidechsen in vier Klassen eingeteilt. Aufteilungskriterium war die Kopflänge, denn es hatte sich herausgestellt, daß zwischen der Länge der Beutetiere (meist Insekten) und der Länge des Kopfes eine gute Korrelation bestand. Die Mittelwerte der Klassen, von uns mit 1–4 numeriert, betrugen 12.55, 15.00, 16.25 und 18.20 mm. Die Verteilungen der Längen der Beutetiere überlappen natürlich («Nischenüberlappung»), aber die Mittelwerte waren deutlich verschieden. Sie betrugen 3.60, 4.75, 11.70 und 14.90 mm. Dabei lagen die Spannweiten der Verteilungen zwischen etwa 1 mm als unterer und 10 mm als oberer Grenze bei der kleinsten gegenüber 49 mm bei der größten Klasse. Konkurrenz gegenüber der jeweils kleinen Klasse wird also von allen drei höheren über deren gesamter Nische ausgeübt, während die jeweils kleinere Klasse mit der jeweils höheren nur über einen Ausschnitt aus deren Nische konkurriert.

In einer früheren Arbeit (ROUGHGARDEN, 1971) hatte der Autor eine Funktion für die Fitness des Phänotyps mit der mittleren Beutelänge x mm gegenüber allen anderen (Beutelänge y mm) angegeben:

$$W_{(x)} = r + 1 - \frac{r}{k_{(x)}} \sum_y \alpha_{xy} N_{(y)} \qquad (8.1.1)$$

α_{xy} ist hier natürlich immer 1. Alle anderen werden aus den überlappenden Kurvenanteilen berechnet:

$$\alpha_{xy} = \frac{I_{xy}}{A_x}$$

A_x steht in dieser Gleichung für die Fläche unter der Kurve der Verteilung der Beutetiere des x-ten Phänotyps über der Achse mit der Skala der Beutetierlängen, I_{xy} ist der von der Kurve für den Phänotyp y überlappte Teil dieser Fläche. Das Äquivalent zu Community Matrix, hier besser als Konkurrenzmatrix bezeichnet, enthält dann die folgenden Konkurrenzkoeffizienten:

1.000	0.740	0.625	0.590
0.460	1.000	0.900	0.680
0.321	0.735	1.000	0.800
0.250	0.450	0.650	1.000

Wie zu erwarten, wird etwa die erste Klasse am meisten durch Konkurrenz durch Mitglieder der zweiten, am wenigsten durch Mitglieder der dritten Klasse beeinträchtigt (obere Zeile von links nach rechts). Und Mitglieder der ersten Klasse üben in gleicher Reihenfolge mehr Konkurrenz auf Mitglieder der anderen aus (erste Spalte von oben nach unten). Die Konkurrenz ist also eine Funktion des Nischenabstands, hier zu messen auf der Skala der Nahrungsdimension. Da es sich realiter nicht um diskrete Klassen von Phänotypen handelt, sondern um kontinuierliche Variation der Schädellänge und damit der Unterschiede in der Beutewahl, sollte man besser mit einer Konkurrenzfunktion rechnen. Es bietet sich eine Funktion vom Typ $\alpha_{xy} = \alpha(x-y)$ an. Die Differenz kann positive und negative Werte annehmen. Die negativen Werte folgen in diesem Beispiel der Gleichung $\alpha_d = 0.893^d$, die positiven der Gleichung $\alpha_d = 0.767^d$. d steht für den Nischenabstand. Der (negative) Einfluß größerer auf kleinere Tiere ist erwartungsgemäß größer als der (ebenfalls negative) Einfluß kleinerer auf größere. Die Konkurrenz Matrix ist infolgedessen asymmetrisch.

Die Gleichung 8.1.1 ist eine Dichte-abhängige Fitnessfunktion. Setzt man in diese Gleichung die oben erhaltenen Werte $\alpha_{xy} = \alpha(x-y)$ ein, so erhält man sie in einer Form, die es erlaubt, die für Ausnutzung der Nahrungsressourcen optimale Zusammensetzung der Population aus den Phänotypen herzuleiten. ROUGHGARDEN tut dies für sexuelle und asexuelle Fortpflanzung. Er findet, daß die optimale Besetzung der Phänotyp-Klassen abhängt vom Konkurrenzregime und daß bei asexueller Fortpflanzung die Optimumpopulation rasch, bei sexueller – wenn überhaupt – nur sehr langsam erreicht wird. ROUGHGARDEN weist darauf hin, daß Übergang zur Selbstbefruchtung den gleichen Effekt haben kann wie asexuelle Fortpflanzung. Seine anderen und sehr interessanten Schlußfolgerungen wollen wir hier nicht diskutieren, sondern nur noch einmal das Hauptergebnis festhalten: Die bestmögliche und rasche Ausnutzung einer breiten Nische ist offenbar in ähnlichen Fällen nur bei Vorhandensein phänotypischer Diversität möglich; eine optimale Gestaltung der Verteilung der Phänotypen durch Auslese ist oft nur möglich bei asexueller Vererbung oder vorwiegender Selbstbefruchtung, d. h. bei genetisch diskreten Teilpopulationen. Das können natürlich auch verschiedene Arten mit überlappenden Nischen sein. Wir sehen weiter, daß die Probleme Konkurrenz, Nischenbreite und Artendiversität eng korreliert sind.

Viele Autoren (LEVINS, 1968; COHEN, 1970; VANDERMEER, 1970; MACARTHUR, 1972, um nur einige der wichtigsten neueren Arbeiten zu nennen) haben aus verschiedenster Sicht über die Probleme der Artendiversität gearbeitet. Dabei stehen im Vordergrund immer wieder solche Fragen wie die nach den Gleichgewichtsbedingungen, nach Nischendiversität und ihren Folgen für die Artenvielfalt, nach der größtmöglichen Zahl konkurrierender Arten und ihrer optimalen Verteilung an den Nischendimensionen u. a. Andere Autoren (wie oben ROUGHGARDEN) haben weiter die Möglichkeit zugelassen, daß die Breite der Nischen der einzelnen Arten durch genetische Variabilität innerhalb der Arten mitbestimmt wird. Es gibt dann so etwas wie eine «α-Auslese», d. h. eine Auslese an der Community Matrix. Weiter wurde die Existenz oder Nichtexistenz in bestimmten Situationen der bekannten Typen von Gleichgewichten nachgewiesen (globale, nachbarschaftsstabile, zyklisch stabile, unstabile). Es würde uns zu weit führen, diese vor allem auch in der ökologischen Literatur zu findenden Ergebnisse auch nur einigermaßen überschaubar darzustellen.

Statt dessen wollen wir uns noch einmal mit dem Problem der genetischen Vielfalt in Populationen beschäftigen, deren Mitglieder extremer Innerartkonkurrenz ausgesetzt sind und nun in Lehrbüchern den meist vernachlässigten Fall von Pflanzenreinbeständen herausgreifen. Das scheint uns gerechtfertigt, denn dieses Problem existiert überall dort, wo Pflanzenbau betrieben wird, und die ökologische Genetik hat ja auch eminent wichtige praktische Aspekte (vgl. Kap. 9). Hierüber ist seit Anfang des 19. Jahrhunderts theoretisch wie experimentell gearbeitet worden, und es sieht nicht so aus, als ob man dies trotz Einschränkung auf eine einzige Art sehr komplexe Problem in der nächsten Zeit und auf ausreichender Breite in den Griff bekommen würde. Wir beschränken uns deshalb weiter auf die Diskussion eines einzigen Modells und der mit seiner Hilfe erhaltenen Resultate, wobei wir versucht haben, das am meisten realistische Modell für unser Problem auszuwählen.

Wir beginnen also mit der Besprechung einer typischen Situation in einer Population aus Pflanzen, die aus selbstbefruchtenden homozygoten Linien besteht. Dies ist die einfachste aller Konkurrenzsituationen zwischen Genotypen innerhalb einer Art. Die theoretische Grundlage für unsere Besprechung ist von SCHUTZ et al. (1968) erarbeitet worden.

Wir nehmen eine Population mit n autogamen Linien an. Der Reproduktionswert des j-ten Genotyps, X_j, wird bei Reinkultur mit H_j bezeichnet. H_n ($= 1$) wird als Bezugswert gewählt. In einem Bestand, der aus verschiedenen selbstbefruchtenden homozygoten Linien besteht, kann der Reproduktionswert von X_j als $r_j = H_j + C_j$ definiert werden. Die neue Komponente C_j ist der Gesamtnettoeffekt der intergenotypischen Konkurrenz zwischen X_j und den (n–1) anderen Genotypen in der Population.

Solch eine Population hat einen durchschnittlichen Reproduktionswert von

$$R = \overset{n}{\Sigma} p_i \, (H_i + C_i).$$

Dieser ist die Summe der Reproduktionswerte aller beteiligten Genotypen, gewichtet über ihre Häufigkeit p_i. Wir nehmen eine weitere Vereinfachung im Modell an, und zwar die, daß alle Kompetitionseffekte additiv sind. Dies ist allerdings eine starke Vereinfachung des wirklichen Sachverhaltes. Sie muß jedoch in Kauf genommen werden, damit das Modell mehr explizit wird. Nun kann der Einfluß der Konkurrenz auf den Reproduktionswert von X_j als

$$C_j = \underset{i \neq j}{\Sigma} p_i \, b_{(j/i)}$$

formuliert werden, wobei $b_{(j/i)} = b'_{(j/i)} - H_j$ und $b'_{(j/i)}$ die Vermehrung von X_j bei maximaler Konkurrenz mit X_i für eine gegebene Pflanzendichte, und $b_{(j/i)} \gtreqless b_{i/j}$ ist.

Grundsätzlich kann man sich vier verschiedene Typen von intergenotypischen Konkurrenzeffekten zwischen autogamen isogenen Linien vorstellen. Wenn $b_{(j/i)} + b_{(i/j)} = 0$ ist, können die Konkurrenzeffekte 1. komplementär sein, so daß sie sich vollständig aufheben oder 2. neutral sein, wenn gar keine Konkurrenz zwischen den Genotypen besteht. Beide Situationen scheinen in der Natur unrealistisch zu sein. Sie erscheinen besonders im Hinblick auf das Prinzip der «kompetitiven Exklusion» unrealistisch. Wenn $b_{(j/i)} + b_{(i/j)} < 0$, dann ist 3. der Konkurrenzeffekt unterkompensiert. Das bedeutet, daß die Konkurrenz im Vergleich zu den Werten eines reinen Bestandes eine Verminderung der Gesamtreproduktion zur Folge hat. Diese Situation erscheint ebenfalls in der Natur nicht verwirklicht oder doch nur selten vorzukommen. Wir werden später auf das Ergebnis solcher Kompensationseffekte zurückkommen.

Wenn $b_{(j/i)} + b_{(i/j)} > 0$, dann ist 4. der Konkurrenzeffekt überkompensiert. Dies ist dann der Fall, wenn die Reproduktionsfähigkeit eines Genotyps unter Konkurrenz mit anderen Genotypen zunimmt, während der Reproduktionswert des Konkurrenten nur geringfügig vermindert wird. Das Überkompensationsmodell ist unter natürlichen Bedingungen das am besten vorstellbare. Es konnte von SCHUTZ et al. gezeigt werden, daß dieses System der Konkurrenz von den vier angeführten das einzige ist, welches einen effektiven «*feedback*» Mechanismus ergibt, der ein stabiles Gleichgewicht ermöglicht. Die Überprüfung der Modelle in Computer-Simulationen zeigte, daß unterkompensierte oder komplementäre Konkurrenzeffekte wenn überhaupt, dann zu nicht stabilen Gleichgewichten führen. Diese Equilibria sind labil und neigen dazu, sich bei der kleinsten Veränderung der Umwelt zu verschlechtern. Außerdem haben Populationen, die sich im Disequilibrium befinden, keine Chance, in ein Gleichgewicht zu kommen. Das System organisiert sich nicht selbst. Der «*feedback*»-Mechanismus, der dem überkompensierenden Konkurrenzsystem eigen ist, wirkt dagegen selbstorganisatorisch. Die Frequenzen der Genotypen beeinflussen das Ausmaß des Konkurrenzeffektes, die Konkurrenzeffekte beeinflussen die Reproduktionswerte der verschiedenen Genotypen und die Reproduktionswerte beeinflussen die Genotypenfrequenzen. Der Kreis ist geschlossen.

In einer späteren Arbeit haben SCHUTZ et al. (1969) gezeigt, daß dasselbe Modell auch in vorwiegend fremdbefruchtenden Arten funktionsfähig und sogar noch effektiver ist. In diesem Fall nehmen die Autoren einen Locus mit zwei Allelen an. Die relativen Vermehrungsraten der beiden Homozygoten und der Heterozygoten sind Funktionen der Leistungen im Reinbestand und der frequenzabhängigen Konkurrenzeffekte. Wenn von stark differierenden Genotypenfrequenzen ausgegangen wird, so wird unter diesen Bedingungen ein Gleichgewicht oft in weniger als 50 Generationen erreicht. Die schnelle Reaktion der Populationen basiert wahrscheinlich auf zwei wesentlichen Faktoren, nämlich auf dem Einfluß des Befruchtungssystems und auf den Konkurrenzinteraktionen. In Arten mit Inzucht wird das Equilibrium langsamer erreicht. Im allgemeinen werden mehr als 100 Generationen benötigt. In einem solchen Fall ist der Einfluß des Befruchtungssystems weitgehend eliminiert und das Gleichgewicht hängt allein von Konkurrenzinteraktionen ab.

Es muß in diesem Zusammenhang nachdrücklich betont werden, daß derartige selbstregulierende Konkurrenzmodelle auf Grund der Komplexität der natürlichen Bedingungen bisher noch nicht unzweideutig in ökologischen Systemen nachgewiesen worden sind. Die überraschende Heterozygotie, die von vielen Autoren in vorwiegend inzüchtenden Pflanzenarten beschrieben wurde (s. ALLARD und KAHLER, 1972), könnte auf diese Art und Weise erklärt werden.

Wir haben vorher gesehen, daß die Stabilität eines Ökosystems um so größer ist, je mosaikartiger seine Nahrungsketten sind und je unterschiedlicher die beteiligten Populationen und Arten sind. Je mehr genetische Information ein Ökosytem umfaßt, um so geringer ist seine Entropie. Populationsexpansion und Kompetition tragen über die natürliche, darwinsche Selektion zur Akkumulation von genetischer Information bei. Diese beiden Phänomene sind tatsächlich verantwortlich für die wirksame Auswahl spontaner Mutationen. Ein Prozeß, der die Evolution zu einem anscheinend deterministischen oder vielmehr vorherbestimmbaren Ereignis macht. Daß wir zufällige Mutationen als eine Voraussetzung ansehen müssen, ist durch eine große Anzahl von Hinweisen bestätigt worden. Dies schließt nicht die Tatsache aus, daß Selektion auf höhere Fitness und auf Konkurrenzfähigkeit je nach Umweltbedingungen und Populations- oder Artstrategie entweder gerichtet oder diversifizierend sein kann. In beiden Fällen ist eine höhere ökologische Stabilität letztlich die Konsequenz. Die Art und Weise mit der Populationen ihre genetische Information erweitern, geschieht entweder durch Selektion innerhalb oder zwischen den Arten. Dies ist ein komplizierter Selektionsindex, der aus zwischen und innerhalb der Art wirksamen Komponenten und auch aus Interaktionen mit der nichtorganischen Umwelt besteht. In unserem Überblick können wir nur vereinfachte Situationen betrachten, um unser Verständnis zu erweitern. Die verbreitetste Art, solche Untersuchungen durchzuführen, ist die Berücksichtigung der Expansion einzelner Arten, wobei dichteabhängige Effekte beachtet werden. Diese Beobachtungen werden dann auf die Konkurrenz zwischen zwei Arten (Zwei-Populationen) unter verschiedenen Umweltbedingungen und Dichteverhältnissen ausgedehnt. Weiterhin sollten solche empirischen Beobachtungen mit verschiedenen Anteilen der beiden Konkurrenten durchgeführt werden (s. a. DE WIT, 1960), so daß der gegenseitige oder frequenzabhängige Einfluß von Genotypen unter Konkurrenz beobachtet werden kann. HARPER (1967) formulierte dies folgendermaßen: «Die Genetik, die sich mit den Selektionsprozessen befaßt, muß daher die grundlegenden ökologischen Phänomene berücksichtigen und eine Verbindung aus Populationsgenetik und Populationsökologie läßt in der Entwicklung der modernen Biologie ein hoch interessantes Arbeitsgebiet entstehen.»

Das einfachste Modell für ein Populationswachstum ist sicherlich das, welches durch konstante Vermehrungsraten, unbegrenzten Raum und Nährstoffe für eine Expansion und durch fehlende Konkurrenz mit anderen Populationen charakterisiert ist. Diese Situation ist im allgemeinen sehr unrealistisch. Sie besteht jedoch in wachsenden Populationen von Mikroorganismen und auch z. T. bei höheren Organismen, wobei sie jedoch auf einen bestimmten Zeitraum begrenzt ist. Ein exponentielles Wachstum stößt sehr bald auf begrenzende Faktoren, sei es der verfügbare Lebensraum, Nährstoffe oder andere Arten oder Populationen mit einem entsprechenden Wachstum. Exponentielles Wachstum wird auch geometrisches oder logarithmisches Wachstum genannt (Abb. 8.1.1).

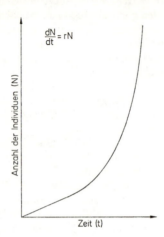

Abb. 8.1.1: Die exponentielle Wachstumskurve.

Üblicherweise wird die exponentielle Wachstumskurve auf eine Population angewandt, in der zu jeder Zeit eine Vermehrung mit konstanter Rate stattfindet. Die allgemeinste Form einer Wachstumsfunktion ist

$$\frac{dN}{dt} = rN,$$

wobei N = die Individuenzahl einer Population zu einer bestimmten Zeit,
 t = die Zeit, gemessen in einer beliebigen Einheit und
 r = die potentielle Zuwachsrate oder der Malthusische Parameter ist.

Die Zuwachsrate bedarf einer weiteren Definition

$$r = b_0 - d_0,$$

wobei b_0 = die individuelle Geburtenrate oder die Anzahl Nachkommen ist, die ein Individuum im Durchschnitt je Zeiteinheit t in einem sehr frühen Stadium des Populationswachstums hat, wenn die Expansion stark und unbegrenzt ist, und
 d_0 = die individuelle Todesrate oder die Anzahl der Todesfälle je Zeiteinheit t, in der gleichen Populationsphase wie oben, bezogen auf das Einzelindividuum ist.

Es ist eigentlich überflüssig darauf hinzuweisen, daß sich die menschliche Population zur Zeit in einer Phase mit exponentiellem Wachstum befindet.

Wie ist das möglich? Wenn man die Entwicklung der menschlichen Bevölkerung in den letzten 3000 Jahren verfolgt, kann man feststellen, daß es eine vollständige Regulation der Bevölkerungsdichte von 1000 v. Chr. bis 1500 n. Chr. gab. Dann begann die große Bevölkerungsexplosion. Im Jahre 2000 wird es etwa 7 Milliarden Menschen geben. In der Zeit von 1000 v. Chr. bis 1500 n. Chr (2500 Jahre) nahm die Bevölkerung nur bis etwa 0,2 bis 0,3 Milliarden zu. Von 1500 n. Chr. (0,3 Milliarden) über den heutigen Tag (3,4 Milliarden) bis zum Jahre 2000 n. Chr. (7 Milliarden) wird der Zuwachs mehr als 23fach sein. Ökologen pflegen diese Entwicklung der menschlichen Population als eine «Flucht aus der ökologischen Kontrolle» zu bezeichnen. Es war offensichtlich die 1500 n. Chr. anbrechende Industrialisierung und die Verbesserung der Verkehrswege, die diesen rapiden Zuwachs auslösten.

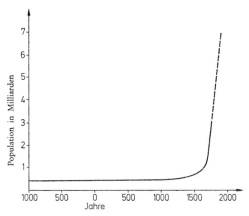

Abb. 8.1.2: Wachstum der Weltpopulation. Die gebrochene Linie repräsentiert die zukünftige Entwicklung, wenn die gegenwärtige Wachstumsrate zugrunde gelegt wird (nach BOUGHEY, 1968).

Wenn wir die Differential-Gleichung für das exponentielle Wachstum lösen, so erhalten wir eine brauchbare Gleichung, die eine Projektion des Populationswachstums in die Zukunft bzw. Vergangenheit erlaubt. Es ergibt sich

$$N = N_0 e^{rt}$$

Hierbei ist N_0 die Zahl der Individuen der Population zum gegenwärtigen Zeitpunkt,

- t = die Zeit, die von jetzt ab vergeht,
- e = die Basis der natürlichen Logarithmen und
- r = der Malthusische Parameter.

Es muß hier darauf hingewiesen werden, daß der Malthusische Parameter oder die Zuwachsrate sehr stark von den ökologischen Bedingungen abhängig ist (Dichte, Nährstoffmenge, Altersverteilung etc.). So war z. B. in der menschlichen Population von 1700–1800 v. Chr. im Durchschnitt der Jahre r = 0.004. 1959 betrug r im Durchschnitt der Welt 0,017. Zur gleichen Zeit wurde in Südamerika mit seinen hohen Wachstumsraten ein r von 0,023 je Jahr festgestellt.

Die Ökologen weisen darauf hin, daß man zwischen r_{max}, der maximalen Zuwachsrate, und r, der verwirklichten Zuwachsrate unterscheiden muß. Es ist z. B. gezeigt worden, daß r in menschlichen Populationen in Abhängigkeit von den Umweltbedingungen zwischen 0,004 und 0,023 variieren kann. Diese Werte sind noch um einiges kleiner als r_{max}, welches erst dann erreicht würde, wenn die lebenden Menschen maximale Anstrengungen für ihre Vermehrung aufwenden würden. In menschlichen Populationen, und darauf muß ausdrücklich hingewiesen werden, gibt es starke ideologische und ethische Gründe, die einen Einfluß auf r haben.

HARPER wies 1968 darauf hin, daß sich ein Individuum der höheren Pflanzen in seinem Wachstum genau wie eine Population verhält. Er dachte dabei an die wachsende Population von Blättern, Zweigen und Wurzeln. Diese laterale und vertikale Ausbreitung gleichartiger Einheiten ist ein sich wiederholendes System mit der Fähigkeit zu geometrischem Wachstum, (exponentiell) dies zumindest innerhalb eines begrenzten Zeitintervalls (ehe physiologische Faktoren sich einzumischen beginnen). Die vegetative Vermehrung einiger Baumarten *(Populus, Salix)* durch Wurzelsprößlinge kann manchmal Dimensionen annehmen, die einem exponentiellen Wachstum entsprechen. Ebenso können Klone von Gräsern wie *Festuca rubra* und *Festuca ovina,* die von einem einzigen Samen abstammen, sich über weite Flächen ausdehnen. In einem Fall wurde eine Fläche mit einem Durchmesser von 240 Metern gemessen, die von einem einzigen Genotyp von *Festuca rubra* besiedelt wurde. Diese Art von exponentiellem Wachstum innerhalb eines pflanzlichen Individuums scheint von imperativer Bedeutung für zukünftige menschliche Bemühungen zu sein, die Pflanzenerträge zu optimieren. Dies ist ein Populationskonzept, das weitgehend sowohl in der Pflanzenzüchtung als auch im Pflanzenbau vernachlässigt worden ist. Heute wird ihm jedoch mehr Aufmerksamkeit geschenkt als jemals zuvor. Genau wie jeder andere Malthusische Parameter ist die Wachstumsrate «innerhalb der Pflanze» eng mit der Gesellschafts-Ökologie verflochten. Es hat sich gezeigt, daß der Blattflächenindex oder, über die Zeit betrachtet, die Lebensdauer der Blätter eng mit der Zunahme der Trockensubstanz korreliert ist. Es ist gerade die Blattfläche, die je Flächen- und Zeiteinheit der Energiestrahlung ausgesetzt wird. Auf Grund der sehr hohen vegetativen Plastizität der Pflanzen kann derselbe Blattflächenindex von Beständen mit verschiedenen Anfangsdichten in kurzer Zeit ausgebildet werden. Dies bedeutet jedoch nicht, daß die Pflanzendichte ohne Bedeutung für einen optimalen Ertrag ist. Häufig ist nämlich eine hohe Produktion von vegetativem Material negativ mit der Blühintensität und dem Samenansatz korreliert.

THOMAS MALTHUS sagte bereits im 18. Jahrhundert die Bevölkerungsexplosion und das Unglück der menschlichen Population voraus. Er zog seine Schlußfolgerung aus der Tatsache, daß Tiere sich exponentiell vermehren, während dies für Pflanzen und die von ihnen produzierten Nährstoffe nicht gilt. Die Stellung der Pflanzen in der Nahrungskette, und hierdurch unterscheiden sie sich von den Tieren, ist durch die Chlorophyllmoleküle gekennzeichnet, die eine Fixierung der Sonnenstrahlung im Bereich von 4.000–7.000 Angström ermöglichen. Primärproduktivität ist die Rate, mit welcher Energie durch die Photosynthese der Pflanzen in organischem Material gebunden wird. Diese Primärproduktion hat ein absolutes Limit, das durch die konstante Sonnenstrahlung gesetzt wird. Die Primärproduktion setzt daher die Grenze für die Bildung von organischem Material. Die Zunahme der Primärproduktion ist über die Zeit arithmetisch, während die Sekundärproduktion, einschließlich dem Wachstum von heterotrophen Organismen, Tieren und Saprophyten geometrisch ist. Dies ist nach MALTHUS das Dilemma, in dem sich die Menschheit von heute befindet. Die Steigerung der Primärproduktion je Zeit- und Flächeneinheit ist daher eine absolut notwendige Bedingung für ein Populationswachstum über einen bestimmten kritischen Wert hinaus. Durch die Verwendung von Hefen und Bakterien, die unter optimalen Umweltbedingungen kultiviert werden können, mögen die Ernährungsbedingungen für eine kurze Zeit verbessert werden. Aber auch hierfür ist letztlich die Sonnenenergie als einzige Energiequelle notwendig.

Nach einer bestimmten Zeit erreicht jede Population eine Populationsgröße je Flächeneinheit, welche eine Verlangsamung ihres Wachstums bedingt und zu einem Punkt führt, in dem die Zahl der Geburten und der Todesfälle sich entsprechen. Dies ist dann der Fall, wenn

$$\frac{dN}{dt} \to 0.$$

In der Regel wird dieser Punkt nach einer langen Periode der Oszillation um den Populationssättigungspunkt oder der Tragfähigkeit der Umwelt erreicht. Es muß deutlich darauf hingewiesen werden, daß die logistische Wachstumskurve (oft auch als VERHULST-PEARL-Gleichung bezeichnet) eine theoretische Kurve ist, die selten oder niemals in der Natur beobachtet werden kann. Ihr Informationswert entspricht daher dem des HARDY-WEINBERG-Gesetzes über die binomiale Verteilung von Genen, das so oft in der Populationsgenetik verwandt wird.

In der einfachsten Form kann die logistische Kurve geschrieben werden als

$$\frac{dN}{dt} = rN\left(\frac{K-N}{K}\right),$$

wobei r, N und t dieselbe Bedeutung wie in der exponentiellen Gleichung haben. K ist die Tragfähigkeit der Umwelt oder die maximale Dichte der Population, wenn ein begrenzter Faktor wirksam wird (Abb. 8.1.3).

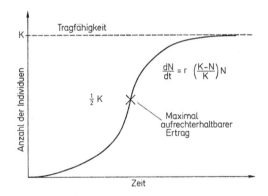

Abb. 8.1.3: Logistisches Populationswachstum.

K und r sind unabhängige Parameter. Eine seltene Spezies (geringes K) kann ein hohes r haben. Dies bedeutet, daß der K-Wert schneller erreicht wird als bei einer Art mit hohem K und niedrigem r. Diese beiden Charakteristika variieren mit der Strategie der Arten und der genetischen Zusammensetzung der Population. Der Leser sollte sich hier mit den Arbeiten von GILL (1972) an zwei Stämmen oder Arten von *Paramecium* befassen. Zusammenfassend ergeben diese Untersuchungen keine festen Abhängigkeiten zwischen r, K und der Konkurrenzfähigkeit. Änderungen der Umwelt haben den geringsten Effekt auf die letzte der erwähnten Eigenschaften.

Wenn wir auf die Entwicklung eines Ökosystems (Kap. 4.4) zurückkommen, so können wir feststellen, daß Selektion während der ersten Phasen der Entwicklung schnelles Wachstum (r-Selektion) bevorzugt. Während der zweiten Phase oder bei Stabilität des Ökosystems, ist das Wachstum der Population abgeschlossen und die Selektion favorisiert hohe Konkurrenzfähigkeit (K-Selektion). Die Art der Selektion kann auch mit LEVINS Klassifikation der Vegetationstypen in Beziehung gebracht werden (LEVINS, 1963).

Ein einjähriges Unkraut oder allgemein eine unkrautartige Spezies hat dann den besten Erfolg, wenn sie 1. das Habitat schnell entdeckt, 2. sich schnell vermehrt, um so der Konkurrenz mit anderen Arten aus dem Weg zu gehen und sich 3. effizient verbreitet, um neue Habitate zu finden, ehe es in den jetzt bewohnten zu eng wird. Eine Spezies dieser Art ist oft unkrautartig und wird ein «r-Stratege» genannt.

Ein «K-Stratege» ist im Gegensatz dazu eine Art, die eine einem Klimax entsprechende Art der Anpassung hat. Für derartige Spezies ist es vorteilhafter, eine hohe Konkurrenzfähigkeit bei hoher Populationsdichte zu besitzen. K-Selektion führt im allgemeinen zu größeren Individuen, die länger leben und die ein gut verzweigtes und großes Wurzelsystem haben. Die Individuen sind entlang geographischer Transecte deutlich differenziert, da ihre Artstrategie nicht auf eine schnelle oportunistische Besiedlung von freien Nischen ausgerichtet ist. Natürlich gibt es zwischen diesen beiden Strategien alle Übergänge. Diese Art der Klassifizierung stellt nur einen Versuch dar, Ökologie und Genetik auf Grund von Anpassung und Strategie zu verbinden, und kann unter landwirtschaftlichen Gesichtspunkten bei der Planung einer optimalen Züchtungs- oder Anbaustrategie für die verschiedenen Arten nützlich sein. Sie läßt sich auf Pflanzen und Tiere gleichermaßen gut anwenden.

Es muß in Erinnerung gebracht werden, daß die sigmoide Wachstumskurve im logistischen Wachstum sehr stark von demographischen Annahmen über die Population abhängt. Einige der wichtigsten Annahmen seien hier aufgeführt (nach AYALA, 1970).
1. Die Vermehrungsrate (r) der Individuen bleibt konstant, während die Population wächst.
2. Die Altersverteilung der Population bleibt während des Wachstums konstant.
3. Es besteht eine lineare Abhängigkeit zwischen Dichte und Wachstumsrate. Die Wachstumsrate nimmt um einen konstanten Betrag für jedes der Population hinzugefügte Individuum unabhängig von der Dichte ab.
4. Es gibt eine zeitliche Verzögerung in der Reaktion eines Organismus auf die Bedingungen in der Population (eine Verzögerung würde eine Oscillation um den K-Wert der Population bewirken).

Es kann gezeigt werden, daß logistisches Wachstum am besten in Mikroben-Kulturen bzw. ganz allgemein bei einzelligen Organismen verwirklicht ist. Je länger das Leben der Organismen und je heterogener die Umwelt einer Population ist, um so mehr erwarten wir, daß die sigmoide Kurve von der logistischen abweicht.

Im einzelnen sollte im Hinblick auf das Populationswachstum die Dichteabhängigkeit der Geburten- und Todesrate berücksichtigt werden. Hier wird ein Gleichgewicht erreicht, wenn Geburtenrate und Todesrate gleich sind.

Bei Pflanzen ist die Zuwachsrate eine Funktion der Samenproduktion und der vegetativen Vermehrung. Genauer gesagt bedeutet dies, daß in Abhängigkeit vom genetischen System und der Arten-Strategie der Modus der Vermehrung in Richtung auf ein Optimum reguliert wird. Der K-Wert hängt bei Pflanzen vom Konkurrenzwert der Individuen und ihrer Adaptation im Hinblick auf die Dichte ab. Gute Konkurrenzfähigkeit ist nach SAKAI (1961) ein unabhängiges quantitatives Merkmal.

HARPER (1967) definiert in seiner pflanzenökologischen Betrachtung die Konkurrenzfähigkeit als die Energie, die verbraucht wird, um die Blätter höher wachsen zu lassen als die der Nachbarn, oder lange Blattstiele, lange Stämme oder Wurzeln zu haben, die schneller und weiter wachsen und suchen als die Nachbarn. Darüber hinaus müssen Pflanzen Energie darauf verwenden, Schädlinge abzuwehren, indem sie ungenießbare Strukturen wie abschreckende Chemikalien, Dornen, stechende Haare etc. bilden. Logistisches Wachstum kann auch als ein Prozeß angesehen werden, der innerhalb der Pflanze abläuft. Wir haben schon früher erklärt, was wir unter der Vermehrung von Teilen innerhalb der Pflanze verstehen. Hier wird der Sättigungsbereich, der durch allometrisches Wachstum und durch die Physiologie gesetzt ist, deutlich. Nachdem ein Baum ausgewachsen ist, kann er weiter leben und Samen produzieren, seine Größe aber ist durch physiologische Barrieren bestimmt (Wasseraufnahme, Verdunstung etc.).

Ein interessanter Punkt der logistischen Kurve ist der des optimalen Ertrages oder des maximal aufrechterhaltbaren Gewinnes. Dies ist unter spezifischen Umweltbedingungen der Punkt mit maximaler Wachstumsrate (größter r-Wert). Es ist auch der Punkt, an dem eine maximale Menge von Biomasse aus der Population entnommen werden kann, ohne daß die Populationsgröße vermindert wird. Dies ist der Grund, warum er auch als maximaler aufrechterhaltbarer Gewinn bezeichnet wird. Bei Annahme einer strikten logistischen Kurve kann gezeigt werden, daß die Bedingung hierfür bei $N = K/2$ gegeben ist (Abb. 8.1.3).

Die Bedingung (K/2) ist im Hinblick auf einen kontinuierlichen Ertrag höchst bedeutsam. Bei Tieren ist sie am besten auf Fischpopulationen in geschlossenen Gewässern anzuwenden und setzt eine gleichmäßige Entnahme aller Altersklassen voraus. Wenn dies nicht der Fall ist, dann ändern sich Altersverteilung und Vermehrungsrate mit dem Ergebnis, daß die logistische Kurve eine andere sigmoide Form annimmt. Ein Angler, der den großen Fisch fängt, vermindert die Klasse der alten Fische. Zudem wirft er sicherlich einige der kleinen Fische zurück. Dies bedingt jedoch eine Fluktuation der Fischpopulation. Er zerstört das Modell des maximal zumutbaren Gewinns, und es wird somit schwierig, das Populationswachstum vorauszusagen.

Praktisch bedeutet dies, daß der Tier- oder Pflanzenzüchter hauptsächlich daran interessiert sein muß, seine Population in optimaler Dichte zu halten, um optimale Erträge von bestimmten Produkten, Organen oder Trockensubstanzen, zu erzielen. Die Untersuchungen über den Zusammenhang von Ernte und Dichte hat beim Getreide einige empirische Gesetzmäßigkeiten ergeben, die auch von einem allgemeinen ökologischen und genetischen Standpunkt aus interessant sind. Eines der am besten bekannten Gesetze ist das reziproke Ertragsgesetz. Es wurde von japanischen Ökologen erarbeitet. Nach diesem Gesetz besteht eine inverse Beziehung zwischen Pflanzengewicht und Bestandsdichte. Es ist

$$1/w = a + bx,$$

wobei x die Pflanzendichte und w das mittlere Pflanzengewicht ist. Das Gesetz hat nur Gültigkeit, wenn 1. die Zunahme des Pflanzentrockengewichts logistisch, 2. die Anfangswachstumsrate unabhängig von der Pflanzengröße, 3. der Endertrag je Flächeneinheit bei hoher Dichte konstant ist (auf Grund von Plastizität der Pflanzen), 4. die Zeit vom üblichen Saattermin an gemessen wird und 5. eine Dichte-abhängige Mortalität nicht eintritt. Ein Dichtestreß hat natürlich einen schwerwiegenden Einfluß auf Tier- und Pflanzenpopulationen. In tierischen Populationen mag ein solcher Streß Störungen des Nervensystems bedingen und einen nachfolgenden Zusammenbruch der Populationen. Ein psychologischer Faktor ist in diesem Fall im Spiel. Einige allgemeine Beobachtungen an pflanzlichen Populationen mögen als Beispiel sowohl für die Pflanzen- als auch für die Tierwelt stehen (zusammenfassende Darstellung bei HARPER,

1967). Die Chance eines Samens, eine reife Pflanze zu bilden, nimmt mit der Dichte ab. Dies kann besonders an überdichten Forstbeständen gezeigt werden, in denen die Jugendsterblichkeit enorm hoch ist. Experimente mit *Drosophila*-Populationen in Käfigen bestätigen dieselbe Situation. Hier bedingt jedoch eine Überbesetzung in erster Linie die Verlängerung des Larvenstadiums mit nachfolgender Verzerrung der kanalisierten ontogenetischen Entwicklung.

Unabhängig von der Samenmenge, die je Flächeneinheit gesät wurde, gibt es eine maximale Populationsdichte, die nicht überschritten werden kann. Im Laufe der Zeit tendieren überbesetzte Populationen dazu, sich auf diese obere Grenze einzuspielen. Eine Überbesetzung eines Lebensraumes hat oft zur Folge, daß geringe genetische oder umweltbedingte Unterschiede zwischen den Individuen stärker zur Ausprägung kommen. Populationen, die bei geringer Dichte normale Verteilungen aufweisen, zeigen mit zunehmender Dichte mehr und mehr eine logarithmische Normalverteilung.

Es scheint eine kaum lösbare Aufgabe zu sein, ein mathematisches Konkurrenzmodell zu entwickeln, das wirklich realistisch natürliche Bedingungen berücksichtigt. Das bekannteste Modell für die Konkurrenz von zwei Arten, die die gleiche Nische besetzen, ist die LOTKA-VOLTERRA-Gleichung (LOTKA, 1925; VOLTERRA, 1926). Die Wachstumsrate von zwei miteinander konkurrierenden Arten zum Zeitpunkt t wird durch zwei Differenzialgleichungen beschrieben.

$$\frac{dN_1}{dt} = r_1 N_1 \frac{K_1 - N_1 - \alpha N_2}{K_1}$$

$$\frac{dN_2}{dt} = r_2 N_2 \frac{K_2 - N_2 - \beta N_1}{K_2}$$

Wobei die beiden neuen Ausdrücke, α und β, Konkurrenzkoeffizienten (Konkurrenzfähigkeit) der Arten N_2 und N_1 darstellen. Genauer genommen ist α der Einfluß der Konkurrenzfähigkeit der N_2 Individuen auf N_1 Individuen und β der Einfluß der Konkurrenzfähigkeit der N_1 Individuen auf N_2 Individuen. In diesem Fall ist die Bedingung, unter der beide Arten überleben können, dann gegeben, wenn $\alpha < K_1/K_2$ und $\beta < K_2/K_1$. Diese Bedingung ist dann erfüllt, wenn das Wachstum der einen Population das eigene Wachstum mehr einschränkt als das der anderen Art. Stillschweigend wird dabei angenommen, daß die beiden Arten geringfügig verschiedene Nischen bewohnen. Bei Tieren ist leicht nachzuweisen, daß Unterschiede in den Futtergewohnheiten oder in der Bevorzugung eines Lebensraumes einen lebensgefährlichen Kampf verhindern, indem letztlich die Konkurrenzen mehr innerhalb als zwischen den Arten und Populationen ausgetragen werden. Pflanzen, die nicht die Fähigkeit zur aktiven Bewegung besitzen, und um begrenzende Faktoren wie Licht, Wasser und Bodennährstoffe konkurrieren müssen, sind offensichtlich in einer schwierigeren Situation. Es gibt jedoch für stabile Gemeinschaften von zwei oder mehr Pflanzenarten eine Fülle von Beispielen, wie u. a. die zwischen *Lolium perenne* und *Trifolium repens*. Die Stabilität dieser Gemeinschaft scheint lichtabhängig zu sein. Unter hohen Lichtintensitäten ist der Klee dominierend und kann das Gras überwachsen. Bei geringen Lichtintensitäten stellt sich ein Gleichgewicht mit dem Gras ein. Das Gleichgewicht stellt sich um so mehr zugunsten des Grases ein, je geringer die Lichtintensität ist (ENNIK, 1960). Bei diesem Gleichgewicht muß die entscheidende Ursache und ebenfalls die wahre Nischendifferenz auf Unterschiede in der Stickstoffaufnahme zwischen Gräsern und Legominosen zurückgeführt werden. Mann kann sich hier einen maximal aufrecht erhaltbaren Ertrag unter der Bedingung vorstellen, daß beide Arten auf die Hälfte ihrer jeweiligen Tragfähigkeit ($^1/_2$ K) einreguliert werden. Dies ist jedoch eine grobe Vereinfachung, da weder Konkurrenz noch andere Interaktionen (Kooperationen) berücksichtigt werden.

Die Bedingung für einen maximalen Ertrag kann empirisch festgestellt werden, indem das «DE WIT»-Modell benutzt wird. Genau wie die Dichte bei Konkurrenz innerhalb einer einzigen Art die Differenzen zwischen den Individuen verschärft, kann die Dichte ebenso in gemischten Populationen die Differenzen zwischen den Arten verstärken. Im Modell von DE WIT (1960) wird angenommen, daß Arten in verschiedenen Proportionen ausgesät werden, während die Gesamtdichte konstant gehalten wird. Es sollten hierzu Experimente mit verschiedenen Gesamtdichten durchgeführt werden, um festzustellen, welches Verhältnis der Arten einen maximalen Ertrag z. B. an Trockensubstanz ergibt. Wenn der maximale Ertrag eines Artengemisches denjenigen der entsprechenden Art in Reinkultur bei gleicher Dichte übersteigt, dann kann von Kooperation gesprochen werden. Zur Verdeutlichung wollen wir Abb. 8.1.4 betrachten.

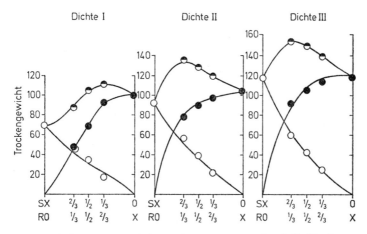

Abb. 8.1.4: Der Einfluß von Gesamtdichte und Genotypenanteil auf die Trockenmasseproduktion bei Öl- und Faserlein *(Linum usitatissimum)*. S = Faserlein (leere Kreise), R = Öllein (volle Kreise), S + R = Gesamtertrag der Mischung (halb schwarze Kreise). Dichte: I = 800, II = 1600 und III = 3200 Samen/1000 cm² (nach HARPER, 1968).

Es wird deutlich, daß die Kooperation bei einer hohen Gesamtdichte mehr ausgeprägt ist und daß dieser synergistische Effekt mit dem Entwicklungsstadium zunimmt. Dieses Experiment liefert tatsächlich keinen Hinweis auf Nachteile eines Gemisches von Öl- und Faserlein, der sich in einer geringeren Produktion von Trockenmasse im Gemisch gegenüber der Reinsaat zeigen müßte. In der optimalen Zusammensetzung gibt es eine Verschiebung, wenn die Bestandsdichte höher wird. Bei einer geringen Gesamtdichte ist ein Verhältnis von $^1/_3$: $^2/_3$ zwischen Faser- und Öllein optimal. Bei einer hohen Gesamtdichte wird eine optimale Trockensubstanz bei einem Verhältnis von $^2/_3$: $^1/_3$ zwischen den beiden Kulturarten erreicht. Es gibt selbstverständlich viele Umweltfaktoren, die das optimale Verhältnis der Arten beeinflussen können. So wird z. B. starke Düngung sicherlich verschärfte Bedingungen für die Konkurrenz um Licht und Wasser schaffen, was wiederum das Optimum in die Richtung auf größeren Anteil von Faserflachs verschieben würde.

Wie wir sehen können, gibt es eine große Anzahl von Interaktionen, und zwar nicht nur solche zwischen den Genotypen, sondern auch solche zwischen Genotypen und Umwelt und letztlich auch zwischen verschiedenen Umweltfaktoren, diese jedoch mehr mittelbar. Wenn ein Nährstoffaktor, z. B. Stickstoff, verstärkt wird, so hat das eine Zunahme der Gesamtproduktion bis zu einem Punkt zur Folge, an dem ein anderer Faktor, z. B. Wasser, ins Minimum gerät. Das Wasserbedürfnis ist wahrscheinlich eines der schwierigsten Probleme bei der Steigerung des Ertrages.

Entwicklungsrate, Längenwachstum, Blattwachstum und andere Merkmale, die für die Photosynthese wichtig sind, haben sicherlich Bedeutung für das Konkurrenzverhalten. Es muß jedoch betont werden, daß Konkurrenzfähigkeit ein selbständiges quantitatives Merkmal ist, das nicht notwendigerweise mit einer anderen Eigenschaft korreliert ist. So selektierte z. B. TIGERSTEDT (1969) *Drosophila melanogaster* auf die Entwicklungsrate von der Eiablage über das Larvenstadium bis zum Schlüpfen der Adulten. Verschiedene Arten der Selektion wurden angewandt. Langsame Entwicklung verminderte bei Konkurrenz mit einer Standard-Linie im allgemeinen die relative Fitness und hatte ebenfalls auf Grund der längeren Generationsdauer einen negativen Einfluß auf das Populationswachstum ohne Konkurrenz. Die Fertilität der langsamen Linien war allerdings nicht sehr verschieden vom Standard. Schnelle Entwick-

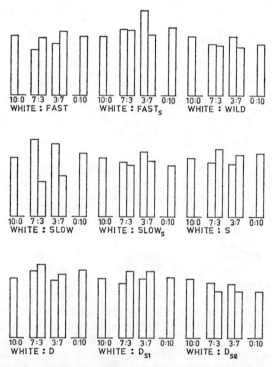

Abb. 8.1.5: Relative Fitness unter Kompetition zwischen einer weißäugigen Standardlinie (white) von *Drosophila* und Linien, die für langsame (= slow), mittlere (stabilisierend = S), schnelle (= fast) und disruptive (diversifizierend = D) Entwicklungsraten selektiert wurden. Die Zahlen 10:0, 7:3, 3:7 und 0:10 geben die Anzahl eierlegender Weibchen (weiß: Bezugslinie) in jedem Gefäß an (nach TIGERSTEDT, 1969).

lung hat einen positiven Effekt auf die Konkurrenzfähigkeit sowie auf das Populationswachstum ohne Konkurrenz. In diesem Fall wurde die Fertilität nicht beeinflußt. In anderen Experimenten konnte jedoch gezeigt werden, daß schnelle Entwicklung und Fertilität negativ korreliert sind (HIRAIZUMI, 1961). Der bedeutendste Einfluß auf das Populationswachstum wurde nach disruptiver Selektion innerhalb der Population erzielt, wobei die schnellsten und langsamsten Individuen in jeder Generation selektiert und zufällig gepaart wurden. Diese Art der Selektion gab den Linien bei Abwesenheit von begrenzenden Faktoren eine hohe Expansionsrate, und in zwei von drei Fällen zusätzlich eine höhere Konkurrenzfähigkeit (Abb. 8.1.5 und 8.1.6).

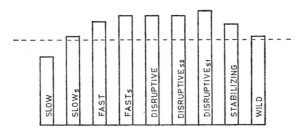

Abb. 8.1.6: Populationswachstum unter unbegrenzten Bedingungen bei Linien von *Drosophila melanogaster,* die über 50 bis 100 Generationen verschiedenen Arten der Selektion ausgesetzt waren. Die gepunkteten Linien zeigen das Populationswachstum der weißäugigen Kontrolle (nachgezeichnet nach TIGERSTEDT, 1969).

Alle Kompetitionsversuche mit den selektierten Linien gegen einen Standardstamm zeigten jedoch eine große Heterogenität. Dies muß auf die Tatsache zurückgeführt werden, daß die Populationen auf die Entwicklungsrate selektiert wurden und nicht auf Konkurrenzfähigkeit. Es konnte gezeigt werden, daß Populationen, die unter dauerndem Konkurrenzdruck stehen, automatisch auf hohe Konkurrenzfähigkeit auf Grund von geringen Differenzen in der Nischenbesetzung selektiert werden. Dies ist ein Prozeß, der «Annidation» genannt wird (LUDWIG, 1950).

Zusammenfassend kann gesagt werden, daß die Ergebnisse der Konkurrenzversuche zwischen Arten oder Populationen drei verschiedene Möglichkeiten aufgezeigt haben: 1. Auslöschen eines Konkurrenten, 2. Intergruppenselektion, die zu einer Zunahme der Stabilität der Mischung führt und 3. diversifizierende Selektion oder Verschiedenheiten im Verhalten, die zu einer Nischenspezialisierung führen und den Kampf zwischen den Gruppen vermeiden.

In Zukunft scheint es für die Land- und Forstwirtschaft sinnvoll zu sein, Züchtungsprogramme zu beginnen, die zu Sorten mit hoher «ökologischer Kombinationsfähigkeit» führen (HARPER, 1964).

8.2 Wirt-Parasiten-Systeme

Je verschiedener und je netzartiger die Nahrungsketten verwoben sind, um so stabiler ist das Ökosystem. Unter natürlichen Bedingungen, besonders da, wo die Entwicklung der Gemeinschaft seit langer Zeit stattgefunden und ein Klimax erreicht hat, erreicht die Stabilität ihr Maximum. Diese Tatsache ergibt sich auf Grund zweier grundlegender Faktoren: 1. eine höchst diversifizierte Gesellschaft mit oft sehr vielen konkurrierenden Pflanzen- und Tierarten, einschließlich Wirt-Parasiten- und Räuber-Beute-Systemen, 2. reziproke Adaptation oder genetisches Feedback.

Wenn es keine reziproke Adaptation in einem Wirt-Parasiten- oder Räuber-Beute-System gibt, dann – so kann gezeigt werden – geht dieses einfache System entsprechend dem Modell von LOTKA und VOLTERRA in eine ungedämpfte Oszillation über. Es gibt jedoch eine Anzahl von Beobachtungen, die zeigen, daß weite Oszillationen in einfachen LOTKA-VOLTERRA-Systemen graduell gedämpft werden, sowie das System auf Grund von reziproker Adaptation oder genetischem Feedback Stabilität erhält. Mit anderen Worten: Es sind dem System zweitrangige Faktoren hinzugefügt worden, die tatsächlich durch reziproke genetische Veränderungen auf Grund von Selektion in den beiden beteiligten Populationen gebildet wurden. Solch ein System kann durch einfache Modelle der Populationsgenetik beschrieben werden, die ein Ein-Locus-System mit zwei Allelen umfassen. Wir wollen hier ein Beispiel für ein solches System besprechen, das von PIMENTEL (1961) untersucht wurde. Dieses Modell beschreibt ein Herbivoren-Pflanzen-System. Die beiden Allele der diploiden Pflanze sind A_1 und A_2. Wir haben daher eine Verteilung der diploiden Genotypen in der Pflanzenpopulation von

$$p^2 A_1 A_1 + 2pq A_1 A_2 + q^2 A_2 A_2.$$

Nehmen wir eine gleichmäßige Verteilung der herbivoren Insekten auf allen Pflanzengenotypen, jedoch eine unterschiedliche Vermehrung der Tiere auf den Genotypen der Pflanzen an. Der Vermehrungsfaktor soll auf A_1A_1-Pflanzen 2, auf A_1A_2-Pflanzen 1 und auf A_2A_2-Pflanzen $1/2$ sein. Die Dichte der Insekten wird daher folgerichtig von der Frequenz der Pflanzengenotypen abhängen. Die Häufigkeit der Pflanzengenotypen hängt von ihren Fitnesswerten, $W = (1-s)$, und von der Dichte der Insekten in den folgenden Generationen ab. Intuitiv können wir uns schon jetzt auf Grund einer zeitlichen Verschiebung zwischen den Generationen eine Oszillation der Insektenpopulationen vorstellen. In einem Beispiel wollen wir die fiktiven Fitnesswerte von 0.999, 0.800 und 0.400 für die drei pflanzlichen Genotypen (W_{11}, W_{12}, W_{22}) annehmen. Ferner soll die Toleranz der Pflanzen bei verschiedenen Insektendichten unterschiedlich sein. Bei einer Insektendichte (b) überleben keine A_1A_1-Genotypen. Bei einer Dichte (c) überleben keine A_1A_2- und bei einer Dichte von (d) überleben keine A_2A_2-Genotypen. In dem hier aufgeführten Beispiel sollen b, c und d jeweils 1075, 1500 und 3000 sein.

Der kombinierte Selektionsdruck durch Umwelt und durch Dichte der Insektenpopulation auf jeden Genotyp der pflanzlichen Population ist dann

$$p^2(W_{11})\frac{b-N}{b} + 2pq(W_{12})\frac{c-N}{c} + q^2(W_{22})\frac{d-N}{d} = G.$$

G ist der Anteil der Pflanzenpopulation, der überlebt. Nach der Selektion kommen die drei Phänotypen mit folgender Häufigkeit vor:

$$\frac{p^2(W_{11})\frac{b-N}{b}}{G} + \frac{2pq(W_{12})\frac{c-N}{c}}{G} + \frac{q^2(W_{22})\frac{d-N}{d}}{G} = 1.$$

Wenn wir annehmen, daß die Insektenpopulation zu Beginn aus 150 Individuen besteht und daß die Pflanzen in einem Verhältnis von 36 % A_1A_1, 50 % A_1A_2 und

14 % A_2A_2 auftreten, so können wir berechnen, daß ökologische Stabilität nach etwa 60–70 Generationen erreicht wird. Dabei nimmt die Oszillation der Dichte der Insektenpopulation graduell mit steigender Generationenzahl ab (Abb. 8.2.1).

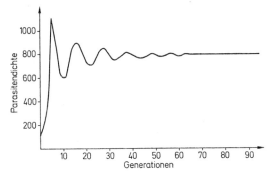

Abb. 8.2.1: Regulation von Tierpopulationen (Parasiten) durch ein vereinfachtes System von Wechselwirkungen zwischen Pflanzen und Tieren durch einen «*Feedback*-Mechanismus» (nach PIMENTEL, 1961).

Im Gleichgewicht wird es im Durchschnitt 795 Insekten und ein Pflanzenverhältnis von 17,2 % A_1A_1, 48,5 % A_1A_2 und 34,3 % A_2A_2 geben.

Die Abbildung zeigt eine sehr vereinfachte Situation. Selbstverständlich könnten dieselben Berechnungen auch für die Insektenpopulation durchgeführt werden, indem drei Genotypen mit verschiedenen Fitnesswerten und Dichteabhängigkeiten etc. angenommen werden. Wir hätten dann unterschiedliche Vermehrungsraten für alle drei Insektengenotypen auf jedem der drei Pflanzengenotypen. PIMENTEL untersuchte eine große Anzahl verschiedener Kombinationen von Dichten der Wirte und Parasiten, der verschiedenen Fitnesswerte, und auch von verschiedenen Intervallen zwischen den Generationen von Wirt und Parasit. Er fand, daß der «feed-back»-Mechanismus oder die reziproke Adaptation und die später sich einstellende Systemstabilität in allen untersuchten Fällen dann eintrat, wenn 1. die Vermehrung der Tiere auf A_1A_1-Pflanzen größer als aus A_2A_2-Pflanzen ist, 2. wenn die Vermehrung der Tiere auf irgendeinem Genotyp größer als eins und auf einem anderen kleiner als eins ist, und 3. wenn A_1A_1-Pflanzen einen größeren Überlebenswert als A_2A_2-Pflanzen in einem Ökosystem ohne Tiere haben. Unter bestimmten Bedingungen dauerten die Oszillationen über 20 000 Generationen an. Eine Stabilität trat aber in jedem Fall ein.

Sicherlich hat ein natürliches System viel mehr Vektoren einschließlich der Heterogenität der Umwelt in Raum und Zeit zu berücksichtigen. Außerdem sind sowohl die Fitness von Wirt und Parasit als auch die Dichteabhängigkeit quantitative Merkmale, die wahrscheinlich von vielen Genen determiniert werden. Das Modell von PIMENTEL ist von LOMNICKI (1971) kritisiert worden. Dies schmälert jedoch nicht die grundlegenden Erkenntnisse, die von diesem fiktiven Ein-Locus-Modell erhalten werden, nämlich die des genetischen Feedback. In einer kürzlich veröffentlichten Arbeit hat LEVIN (1972) die Bedeutung des Lebenszyklus von Räuber und Beute in Systemen wie diesen herausgestellt. Im Falle vollständiger Phasen-Übereinstimmung zwischen den beiden Populationen kann der Feedback-Mechanismus nur unter bestimmten Bedingungen wirksam werden. Dies trifft für den Fall zu, den PIMENTEL untersuchte.

Wenn jedoch, und das ist die Regel, Räuber und Beute nicht in der Phase übereinstimmen, dann scheint der Feedback-Mechanismus größere Allgemeinheit zu besitzen.

Koevolution von Wirt und Parasit bedeutet auch, daß eine anfänglich negative Beziehung zwischen den beteiligten Populationen im Verlauf der Generationen weniger nachteilig wird. Es ist verständlich, daß ein Parasit nach maximal tragbaren Bedingungen für einen Parasitismus Ausschau hält und daher oft einen hoch pathogenen oder infektiösen Typ, der eine totale Vernichtung des Wirtes verursachen würde, opfern muß. Ein Extremfall der Koevolution ist natürlich der, bei dem negative Beziehungen durch Kooperation und Gemeinsamkeit ersetzt werden. Beispiele zu dem zuletzt erwähnten Fall sind die verschiedenen Arten von Mykorrhizaformationen und der der Flechten, einer Algen-Pilz-Gemeinschaft mit totaler gegenseitiger Abhängigkeit. Wir wollen jedoch nicht weiter in dieses spezielle Gebiet eindringen, statt dessen aber einige experimentelle Ergebnisse besprechen, die aus Beobachtungen an Wirt-Parasiten-Systemen gewonnen wurden. Bevor wir dies jedoch tun, muß betont werden, daß es keine klare Differenzierung zwischen Wettbewerb innerhalb und zwischen den Arten und den Wirt-Parasit-Verhältnissen gibt. Die Anordnung Kompetition – Parasitismus – Kommensalismus – Gemeinsamkeit ist daher mehr eine graduelle als prinzipielle Differenzierung.

Eines der schönsten Beispiele für eine Entwicklung von ökologischer Homöostasie in einem Wirt-Parasiten-Verhältnis ist das zwischen der Hausfliege *(Musca domestica)* und einer parasitären Wespe *(Nasonia vitripennis)* (PIMENTEL und STONE, 1968). Hier werden zwischen neu gegründeten Wirt-Parasiten-Populationen und Wirt-Parasiten-Gemeinschaften nach zweijähriger Koexistenz Vergleiche angestellt. Die Ergebnisse zeigen bemerkenswerte Differenzen im Verhalten der Populationen. Die neugegründeten oszillieren heftig und die länger bestehenden haben schon einen hohen Grad an Stabilität erreicht. Einige allgemeinere Gesichtspunkte scheinen erwähnenswert zu sein, da sie allgemeine Gültigkeit zu haben scheinen. Erstens tendieren die Parasitenpopulationen zu einer geringeren Reproduktionsrate. Dies wahrscheinlich aus dem Bestreben heraus, eine maximal ertragbare Parasitenpopulation zu bilden. Ein höheres Vermehrungspotential würde die Zukunft der Wirtspopulationen gefährden. Man kann dies auch anders ausdrücken und sagen, daß die Parasiten in erster Linie die Zinsen und den Verdienst des Wirtes verzehren, aber das Kapital nicht angreifen. Zweitens benötigen Populationen, die bereits eine größere Wirt-Parasiten-Integration erreicht haben, eine weniger heterogene Umwelt, um eine ökologische Balance zu erreichen.

Beobachtungen am Verhältnis des Myxomatose-Virus zum europäischen Kaninchen *(Oryctolagus cuniculus)* in Australien und anderswo (FENNER, 1965) ergaben eine ausgezeichnete Übereinstimmung mit theoretischen Überlegungen sowie mit den Experimenten von PIMENTEL an der Hausfliege. Die explosionsartige Zunahme der europäischen Kaninchen in Australien erfolgte nach einer ersten Einfuhr von zwei Dutzend Kaninchen aus England nach Victoria im Jahr 1895. Sechs Jahre später wurden 20 000 Kaninchen an dem Ort des ersten Aussetzens getötet. Am Ende des Jahrhunderts hatten sich die Kaninchen über weite Flächen von West-, Süd- und Ostaustralien ausgebreitet. Im Jahre 1950 wurde aus Südamerika das Myxomatose-Virus eingeführt, um die katastrophal große Kaninchenpopulation zu reduzieren. Dieses Virus hat mit seinem natürlichen Wirt, *Sylvilagus brasiliensis* in Südamerika offensichtlich ein Klimax-Gleichgewicht erreicht. Ein solch hoher Grad der Anpassung von Wirt und Virus muß einer langen Evolution zugeschrieben werden. Die Ausbreitung des Virus in Australien geschah durch *Anopheles* und andere Stechmücken. Ursprünglich war die Einfuhr des Myxomatose-Virus für die australischen Kaninchen äußerst fatal. Sie führte zu einer geschätzten Mortalität von 99,8 %. Die Todesrate sank jedoch in weniger als einem Jahr auf 90 %.

Diese Veränderung in der Letalität wird zwei Faktoren zugeschrieben: 1. Änderung in der Virulenz der Viren und 2. Änderung in der Resistenz des Wirtes. Es konnte nachgewiesen werden, daß sich das Virus tatsächlich verändert und weniger virulente Stämme entwickelt hatte, die eine längere Überlebenszeit auf den Kaninchen ermöglichten. Das Virus hat für seine Zukunft gesorgt, indem es sich zu einer maximal tragbaren Population entwickelte.

Ebenfalls hat sich aber die Wirtsresistenz ganz drastisch verändert. Kaninchen, die im Durchschnitt einen Generationszyklus von etwa einem Jahr haben, sind mit einem Myxomatose-Virus 1953 inokuliert worden. Es konnte eine Verminderung der Todesrate von über 90 % auf 25 % innerhalb 7 Jahren festgestellt werden (1953–1960) (Abb. 8.2.2).

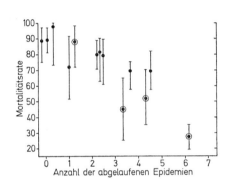

Abb. 8.2.2: Veränderung in der Letalität von Myxomatose nach Ablauf von Epidemien in wilden australischen Kaninchen nach Impfung mit einem unveränderten Virus. Die Daten geben die durchschnittliche Mortalität mit einem Konfidenzbereich von 95 % an (nach FENNER, 1965).

Dieser Wechsel in der Resistenz ist erstaunlich groß. Wenn aber die sehr hohe Selektionsintensität und die auf 30 % geschätzte Heritabilität der Myxomatoseresistenz berücksichtigt wird, scheint die Beobachtung erklärbar zu sein. Außerdem ist dieses Ergebnis durch konventionelle Zuchtmethoden bestätigt worden.

Das Myxomatose-Virus und sein Wirt scheinen sich gegenseitig zu beeinflussen, um eine ökologische Homöostasie zu erlangen. Eine sehr bedeutende Rolle spielt bei dieser Interaktion die Art der Übertragung des Virus durch verschiedene Stechmücken und dem Kaninchenfloh. Es kann z. B. ein sehr gefährlicher Virusstamm das Kaninchen töten, ehe die Moskitos Gelegenheit bekommen, sich zu infizieren. Das Virus paßt daher seine Virulenz auf eine optimale Verbreitung der Krankheit an. In der Klimax-Gesellschaft von Myxomatose-Virus und *Sylvilagus brasiliensis* in Südamerika, oder *S. bachmani* in Kalifornien, ist ein krankhaftes Fibrom oder Myxom im Wirt entwickelt worden. Es bildet sich ein lokalisierter Tumor, der nicht ernstlich die Vitalität des Kaninchens beeinflußt. Eine derartige Abschwächung des Effektes ist offensichtlich das Ergebnis der Interaktion zwischen Kaninchen und dem Myxomatose-Virus. Es zeigt sich also, daß die Selektion auf Virusresistenz im Wirt aufhört, wenn die Klimax-Gesellschaft erreicht ist. Dies wird der Tatsache zugeschrieben, daß das Virus ein stabiles Gleichgewicht zwischen der Art der Virustransmission und der Virulenz gefunden hat.

Wirt-Parasiten-Interaktionen zwischen landwirtschaftlichen Kulturpflanzen und verschiedenen Pilzen haben eine große Bedeutung für die moderne Landwirtschaft. Dies gilt vor allem für moderne Monokulturen, die sich über weite Gebiete ausbreiten, wie z. B. der Mais im Getreidegürtel in den USA. Ein klassisches Beispiel einer derartigen Interaktion ist die Beziehung zwischen Flachs *(Linum usitatissimum)* und dem Flachsrost *(Melampsora lini)*. Die Wirt-Parasiten-Interaktion kann hier erklärt werden, indem eine Gen-für-Gen-Beziehung zwischen Wirtsresistenz und Parasitenpatogenität angenommen wird (FLOR, 1955). Beim Flachs und Flachsrost konnte diese Beziehung auf etwa 5 Loci mit insgesamt 25 Allelen zurückgeführt werden. Anscheinend hat sich die Situation hier von einem einzigen Majorgen für Resistenz über modifizierende Gene zu 5 unabhängigen Loci mit deutlich spezifizierter Resistenz gegen verschiedene Stämme des Rostes entwickelt. Vom Standpunkt des Rostes aus ist natürlich die Situation entsprechend. Der Rost muß jedesmal neue pathogene Mutanten finden, wenn der Wirt neue Resistenzen entwickelt hat. Eventuell kann ein solches System im Hinblick auf Resistenz und Patogenität quantitative Geneffekte entwickeln, was zweifellos auf die Dauer einen stabileren Zustand ermöglicht.

Es sind ebenfalls Hinweise gesammelt worden die zeigen, daß resistente Populationen ihre Resistenz verloren, wenn der Krankheitserreger eliminiert worden ist. Die Akkumulation von Resistenzfaktoren scheint daher eine beachtliche genetische Belastung für den Wirt zu bedeuten. Wenn dieser Druck beseitigt wird, kehrt die Population entsprechend dem Modell für die «genetische Homöostasie» (LERNER, 1954), zu einem Gleichgewicht ohne den Druck von Krankheitserregern zurück. Der Wechsel von Sorten beim Weizen und Hafer über eine Periode von 40 Jahren (1910–1950) zeigt, daß resistente Getreidesorten gegen neue Rostrassen wieder anfällig wurden und damit ein ständiger Austausch der Wirtsorten notwendig geworden war (PERSON, 1967). Es dauert im Durchschnitt 5–10 Jahre bis eine Wirtsresistenz von Rassen des Weizen- und Haferschwarzrostes durchbrochen wird. Pflanzenzüchter und Phytopathologen stimmen heute im allgemeinen darin überein, daß drastische Veränderungen in der Anfälligkeit als eine direkte Konsequenz des Anbaus von Wirtsarten anzusehen sind, die genetisch weitgehend uniform sind. Es konnte gezeigt werden, daß unter kontrollierten Bedingungen Wirtssorten kurzfristige Veränderungen im Rassengemisch des Gelbrostes bewirken können. Dies ist in einem Parasitensystem, in dem der Parasit obligat ist, nicht unerwartet. Unter natürlichen Bedingungen jedoch scheinen die Wirtspflanzen ein großes Reservoir an genetischer Variabilität zu besitzen, daß auch von seiten des Wirtes eine rasche Veränderung ermöglicht.

Australien ist für Untersuchungen von Wirt-Erreger-Systemen ein ausgezeichnetes Land. Dies einmal wegen seiner isolierten Lage und zum anderen dadurch, daß beinahe alle kultivierten Pflanzen und Haustiere Exoten sind. Das Beispiel des Weizenrostes mag die Verhältnisse auf diesem Kontinent verdeutlichen. Der Gelb- und Schwarzrost hat sich auf diesem Kontinent ohne die Zwischenwirte *(Talictrum spp.* und *Berberis spp.)* entwickelt. Es müssen daher neue virulente pathogene Formen vorwiegend durch direkte Mutationen entstanden sein. In einem Versuch wurde eine Gen-für-Gen-Beziehung zwischen Schwarzrostvirulenz und Wirtsresistenz nachgewiesen. Die Relation von Überlebensfähigkeit des Pilzes zur Akkumulation von Virulenzgenen zeigte, daß Roststämme, die viele Gene für Virulenz besitzen, die mehr spezialisierten Roststämme verdrängen, wenn sie auf einem gleich anfälligen Wirt wachsen. Dies zeigt, daß eine Vielseitigkeit der Virulenz genau wie eine Vielseitigkeit der Wirtsresistenz aufgebaut werden kann, indem spezifische Gene akkumuliert werden. Dies hat zu dem Vorschlag geführt, die Klassifikation der Rostresistenz auf Grund des beteiligten genetischen Systems durchzuführen (WATSON und LUIG, 1968). Es kann demnach eine spezifische Resistenz aufgeteilt werden in a) eine einfache Gen-für-Gen-Interaktion und in b) eine kombinierte genetische Resistenz, die auf einer aufeinanderfolgenden Ergänzung von Resistenzgenen beruht. Das letztere führt zu einer breiteren genetischen Resistenz und zu einer höheren Stabilität.

Neben diesen beiden Gruppen unterscheiden australische Pathologen eine weitere nichtspezifische Gruppe von Resistenzen. Diese scheint in ihrer genetischen Struktur quantitativ und in hohem Maße von Umwelteinflüssen abhängig zu sein. Sie ist daher in einem Züchtungsprogramm sehr schwierig zu handhaben. Ihre Verhaltensweise ist bis jetzt jedoch noch nicht vollständig verstanden.

Zum Schluß soll noch auf die Einteilung von VAN DER PLANK (1968) hingewiesen werden. Dieser bezeichnete das, was wir oben als «spezifische Gen-für-Gen-Resistenz» genannt haben, als «vertikale Resistenz». Alles andere, d. h. polygen vererbte und auch ganz allgemein «nichtspezifische Resistenz», wird bei ihm unter «horizontaler Resistenz» zusammengefaßt. Dieser Begriff ist demnach wohl etwas vage, doch erweist er sich bei züchterischen Überlegungen als sehr anwendbar.

9. Ökologisch-genetische Probleme bei der Bewirtschaftung von Ökosystemen

Die künstlichen Ökosysteme, die der Mensch entwickelt hat, haben alle eines gemeinsam: Sie sind nicht selbstorganisatorisch. Sie benötigen die Hilfe des Menschen, um funktionsfähig zu bleiben. Wenn sie sich selbst überlassen bleiben, kehren sie alle früher oder später zu einer natürlichen ökologischen Entwicklung zurück. Sie entsprechen den vom Menschen selektierten Populationen, die auf Grund der genetischen Homöostasie zum alten Gleichgewicht zurückkehren.

Der Mensch, in seinem Bestreben alles zu seinem Vorteil zu verändern, hat oder ist dabei, einige sehr bedeutende Erkenntnisse über die Ökologie und die Genetik der lebenden Gemeinschaften zu gewinnen. Um so künstlicher die industriellen Ökosysteme sind, die der Mensch geschaffen hat, um so mehr Wartung und Energie hat er aufzuwenden, um sie zu erhalten, und um so verwundbarer ist das System, wenn unvorhergesehene drastische Veränderungen eintreten.

Wir können nur einige der spektakulären Veränderungen, die vom Menschen vorwiegend in den letzten paar hundert Jahren hervorgebracht wurden, erwähnen.

In natürlichen Ökosystemen ist das Feuer ein normaler Weg für eine Erneuerung. Wir können dies z. B. an den nördlichen Kiefernwäldern *(Pinus contorta)* im westlichen Kanada und Teilen der USA sehen. Zapfen von *Pinus contorta* sind durch natürliche Selektion dahingehend ausgelesen worden, daß sich die Zapfen nur dann öffnen und den Samen ausstreuen, wenn sie der extremen Hitze eines Waldbrandes ausgesetzt werden. Dieses System ist nun durchbrochen worden, seitdem der Mensch eine strenge Feuerüberwachung eingeführt hat. Seitdem ist die ganze ökologische Aufeinanderfolge ins Schwimmen geraten. Folgerichtig muß der Mensch die Führung übernehmen. Er wendet Kahlschläge in großem Ausmaß an und führt künstliche Aufforstungen durch. Das System ist somit vollständig in seiner Hand. Er muß womöglich Chemikalien anwenden, um die Kiefern wieder zum Wachsen zu bringen, und um alle konkurrierenden Unkräuter und Laubbäume niederzuhalten. Die Handhabung eines solchen Systems wird zunehmend schwieriger.

Ebenso steht es mit der Drainage, der Bewässerung und der künstlichen Düngung. Das industrielle Ökosystem, das der Mensch gemacht hat, ist gewöhnlich nicht die Folge einer reziproken genetischen Veränderung im lebenden System. Der Mensch hat gar die genetische Vielfältigkeit der natürlichen Populationen ausgeschöpft, wie dies z. B. bei Haustieren und Kulturpflanzen der Fall ist. Der Mensch beginnt jetzt gerade erst den harten Rückschlag, den seine Aktivitäten hervorgerufen haben, zu begreifen. Eine Änderung in dieser Haltung ist unbedingt notwendig. Der Mensch muß in Zukunft für eine natürliche Entwicklung von dynamischen Ökosystemen große Gebiete in Form von Naturparks bereitstellen. Der Mensch hat durch diese die Möglichkeit zu lernen, wie sich selbst-organisierende künstliche Systeme aufbauen lassen, Systeme also, die eine hohe ökologische Toleranz besitzen.

9.1 Pflanzen- und Tierzucht

Eine Gruppierung von Tieren und Pflanzen nach genetischen Gesichtspunkten muß auf Gruppendifferenzen in den Frequenzen von Genen oder Genkomplexen basieren. Einige dieser Differenzen mögen für die Evolution nur indirekte Bedeutung haben. Sie können rein zufällige Unterschiede zwischen Populationen repräsentieren, die durch Fluktuationen der Genfrequenzen in Perioden, wo die Populationen in ihrer Größe reduziert sind, entstanden sind. Diese Art der genetischen Drift mag Diversifikationen von Populationen verursacht haben, die nun auf molekularer oder morphologischer Ebene untersucht werden können. Hiermit ist gemeint, daß Änderungen dieser Art sich anfänglich nur auf ein einziges Basenpaar im DNS-Strang beziehen, die dann aber zu einer entsprechenden Aminosäuresequenz in einer Polypeptidkonstitution, einem Baustein eines Enzyms, übersetzt werden. Solche Unterschiede in den Enzymen (Isoenzymdifferenzen) können elektrophoretisch nachgewiesen werden. Es sind die kleinsten erkennbaren Differenzen in der genetischen Information, die einen phänotypischen Effekt haben. Wenn dieser Effekt ohne Bedeutung für die Fitness der Individuen ist, dann ist die Inkorporation der neuen genetischen Information ein zufälliger Prozeß. Wenn jedoch Isoenzymdifferenzen einen Einfluß auf die Fitness eines Individuums oder einer Population haben – wenn die Selektion die Frequenz der Isoenzymformen reguliert –, dann ist der Einbau oder Verlust eines bestimmten Isoenzyms ein deterministischer Prozeß, der von der Stärke der Selektion, der Art der Selektion, von der Umwelt und der Genfrequenz abhängt.

Genökologie ist eine synthetische Disziplin, die Ideen und Methoden der Genetik, Taxonomie und Pflanzenphysiologie kombiniert (HESLOP-HARRISON, 1964). Nach TURESSON (1922) ist sie einfach eine Rassenökologie, die den Effekt der Umwelt auf die genetische Struktur und die Diversifikation von Individuen oder von ganzen Populationen unterscheidet. In angewandten Wissenschaften, wie der Forst- oder Landwirtschaft wird dies als Herkunftsforschung (Provenienzforschung) bezeichnet. In der Herkunftsforschung werden Beobachtungen über die Variabilität von Eigenschaften gemacht, die für den Pflanzenzüchter von Interesse sind. Dies schließt phänologische Beobachtungen des Wachstums in Abhängigkeit von jährlichen Rhythmen des Klimas ein.

Die Herkunftsforschung ist daher im allgemeinen an adaptiven Eigenschaften interessiert. Ihre Ziele sind auf Zweckmäßigkeit ausgerichtet und in engem Zusammenhang mit der Pflanzenzüchtung zu sehen. Es gibt jedoch keinen genau definierten Unterschied zwischen der Genökologie im allgemeinen und der Herkunftsforschung. Indem die Genökologie als eine Kombination von Genetik, Taxonomie und Physiologie definiert wird, umfaßt sie das gleiche, wenn auch weiter gesteckte Gebiet der Herkunftsforschung. Die Genökologie umfaßt außerdem Eigenschaften, die nicht-adaptiv sind (man kann aber in Frage stellen, ob es überhaupt nicht-adaptive Eigenschaften gibt).

In der Tiergenetik sind die Definitionen sehr viel eindeutiger. Hier sprechen wir über ökologische Genetik dann, wenn Gen-Umwelt-Interaktionen gemeint sind. Warum sind nun aber in der Tiergenetik die Definitionen sosehr viel deutlicher?

Die Ursache ist offensichtlich in der genetischen Definition von Populationen zu suchen, die von Tiergenetikern eingeführt wurde und die nicht direkt auf Pflanzenpopulationen zu übertragen ist. Tiere bewegen sich und ändern ihre Position im Hinblick auf andere Individuen oder auf andere Objekte der Umwelt dauernd. Tiere suchen einander aktiv bei der Paarung. Ihre Chance zur Paarung hängt vom Individuum selbst ab. Pflanzen sind seßhaft. Sie sind verurteilt, ihre diploide Phase an einem bestimmten Ort zu verbringen, und zwar in der Nachbarschaft von ebenfalls seßhaften Pflanzen.

Windbestäubte Pflanzen haben keine Möglichkeit, ihren Partner auszusuchen. Es hängt alles von der vorherrschenden Windrichtung und von den Wetterverhältnissen ab. Insektenbestäubende Pflanzen haben die Befruchtung zu akzeptieren, die von den Verbreitern ihrer Pollen bestimmt wird. All dieses hat einen bedeutenden Einfluß auf die Populationsstruktur und ist für die Unterschiede in den genetischen Systemen von Tieren und Pflanzen verantwortlich.

Die Definition einer Population vom Standpunkt eines Zoologen ist daher aus der Sicht eines Pflanzengenetikers weitgehend nutzlos. Seine Arbeit basiert jedoch sehr oft auf Annahmen für tierische Populationen. DOBZHANSKY (1950b) definierte eine Mendelpopulation als *«a reproductiv community of individuals which share a common gene pool»*. MAYR (1963) definierte eine lokale oder *«random mating»*-Population enger, und zwar als *«a community of potentially interbreeding individuals at a given locality, a group of individuals so situated that any two of them have equal probability of mating with each other and produce offspring, provided they are sexually mature, of opposite sexes and equivalent with respect to sexual selection»*.

Dies ist vom Standpunkt der Zoologen die grundlegende Definition einer Population. Pflanzliche Arten besiedeln oft weite Flächen in einer weitgehend stetigen Weise. Das von einer Pflanzenart zum Leben benutzte Land kann sehr heterogen sein und von der trockensten Moräne bis zum nassen Flachland reichen. Pflanzen können nicht aktiv ihren Standort aussuchen. Damit wird die Ausdehnung der Art ausschließlich durch die natürliche Selektion und durch die Konkurrenz mit anderen Arten bestimmt. Im Gegensatz dazu hat ein Tier die Möglichkeit, ein geeignetes Habitat zu suchen, wenn es sich aus irgendeinem Grund verirrt hat.

Bei Pflanzen geschieht jeder Transport von genetischer Information durch Verbreitung der Pollen oder der Samen. Beide werden durch den Wind, durch das Wasser oder durch Tiere der verschiedensten Art verbreitet. Pflanzen haben nicht die Freiheit, sich einen Partner selbst auszusuchen. Die Verbreitung von Pollen und Samen ist weitgehend ein stochastischer Prozeß, der von Jahr zu Jahr in Richtung und Effizienz variiert. Beobachtungen über den Pollenflug haben gezeigt, daß Pollen in einer leptokurtischen Weise um ihren Entstehungspunkt herum verbreitet werden. Dies bedeutet allgemein, daß es innerhalb eines Pflanzenbestandes einen starken Nachbareffekt gibt, da Nachbarn bevorzugt von Nachbarn bestäubt werden. Ebenso wird der Samen in erster Linie um den Standort herum ausgestreut werden. Sicherlich gibt es gelegentlich auf Grund klimatischer Bedingungen eine Verbreitung über weite Flächen. Aber solche Fälle sind selten und in ihrem Ausmaß sehr verschieden.

Auf der Populationsebene müssen solche Nachbarschaftseffekte einen bedeutenden Einfluß auf die Populationsstruktur haben. Es besteht für fremdbefruchtende Arten das Risiko der Inzucht, das offensichtlich durch eine sehr starke natürliche Selektion während der kompetitiven Phase des Wachstums der Pflanze ausgeglichen wird. Ob das Ergebnis von solchen genetischen Systemen eine Zunahme der Inzucht in fremdbestäubenden Pflanzen bedeutet, ist eine für die Diskussion offene Frage. Eine andere bedeutende Folge solcher genetischer Systeme muß notwendigerweise eine starke genetische Adaptation an die herrschenden Umweltbedingungen sein. Dies ist tatsächlich durch eine große Anzahl genökologischer Untersuchungen (z. B. JAIN und BRADSHAW, 1966) bestätigt worden. Die grundlegenden Unterschiede zwischen Tier- und Pflanzenpopulationen bestehen darüber hinaus in einer Reihe von verschiedenen genetischen Systemen, die bei der Pflanze von vollständiger Fremdbestäubung bis zur vollständigen Inzucht, Apomixis, vegetativen Vermehrung und anderes reichen.

Was sind die Konsequenzen dieser grundlegenden Differenzen für die Theorie der Populationsgenetik? Offensichtlich muß das grundlegende Konzept der zufälligen Paarung im Zusammenhang mit der Verbreitung der Gene innerhalb einer Population dann überprüft werden, wenn Pflanzenpopulationen zur Debatte stehen. Es scheint, da die Selektionsintensität bei Pflanzen im allgemeinen sehr viel höher ist als bei Tieren, daß die gesamte Anpassung auf eine Selektion der Zygoten zurückzuführen ist. Dieses gilt nicht nur für die Genfrequenzen, sondern auch für die Gesamtverbreitung der Art.

Bei Tieren bestand die große für die Evolution bedeutende Frage darin, ob die Speziation Allopatrie während bestimmter Phasen der Populationsentwicklung voraussetzte. Bei Pflanzen kann gezeigt werden, daß dies von geringer Bedeutung ist, da hoher lokaler Druck auf die genetische Struktur der Populationen in Kombination mit Isolation durch Entfernung, sogar innerhalb eines zusammenhängenden Areals, eine Differenzierung benachbarter Populationen verursacht, die vermutlich sympatrisch sind.

Es wurden viele Versuche an edaphischen Typen ausgeführt, die sich an einige toxische Substanzen im Boden angepaßt haben. Diese Pflanzenarten waren meistens von dem Typ, den man als sekundär oder unkrautartig bezeichnen würde. Zumindest unterscheiden sie sich von Klimax-Arten. Die Arten, die am meisten untersucht wurden, sind alle Fremdbefruchter, selbstinkompatibel und sehr oft perennierend. Wir kennen Beispiele von spezieller genetischer Anpassung an hohe Konzentrationen (toxisch) von Blei und Kupfer bei *Agrostis tenuis* und an hohe Konzentrationen von Zink bei *Anthoxanthum odoratum*. In *Agrostis stolonifera* haben wir ein Beispiel für eine Differenzierung durch permanentes Weideland und nackte Felsenklippen. Bei *Anthoxanthum odoratum* gibt es Hinweise für eine schnelle Adaptation an Düngung (JAIN und BRADSHAW, 1966). Unter solchen Bedingungen entstanden trotz eines Genflusses von 50–60% Divergenzen zwischen den Populationen. Das bedeutet, daß mehr als die Hälfte des Pollens von nicht adaptierten Populationen kam. Es ist sehr interessant, daß ein Teil der beobachteten Unterschiede sich sehr schnell entwickelt haben muß. In einzelnen Fällen muß dies in weniger als 300 Jahren geschehen sein. Bei künstlicher Düngung ist diese Periode noch kürzer. In dem erwähnten Fall betrug sie ungefähr 100 Jahre.

Die Tatsache, daß die Arten, die hier als Beispiel für eine schnelle genetische Anpassung angeführt wurden, alle Perenne mit obligater Fremdbefruchtung waren, beinhaltet nicht notwendigerweise, daß solche Arten genetisch besonders adaptiv sind. Es gibt Gründe für die Annahme, daß die stärkste Tendenz für schnelle genetische Adaptation in einer Gruppe von Pflanzen zu finden ist, die nach LEVINS (1961) als die Gruppe mit «intermediärer Adaptation» klassifiziert wird. Offensichtlich kann eine vollständig unkrautartige Pflanze den Vorteil einer neuen Situation schnell durch Anpassung ausnutzen, zwar nicht genetisch, aber physiologisch.

BAKER (1965) vergleicht die Eigenschaften von nichtunkrautartigen und unkrautartigen *Eupatorium*- und *Ageratum*-Arten. Er schließt daraus, daß die Unterschiede zwischen Unkräutern und Nicht-Unkräutern wie folgt zusammengefaßt werden können:

Unkraut	*Nicht-Unkraut*
plastisch	nicht plastisch
annuel	perennierend
kurze Zeit bis zur Blüte	langsamblühend
selbstkompatibel	selbstinkompatibel
sparsam mit Pollen	verschwenderisch mit Pollen

Es scheint daher eine gute Übereinstimmung zwischen der theoretischen Verallgemeinerung von LEVINS Klassifikation, die früher gegeben wurde, und den Realitäten zu bestehen. Wenn wir die Reihenfolge Unkraut – Nichtunkraut – Klimax zugrunde legen, so kann man die Klimaxgruppe der Gegenüberstellung von BAKER hinzufügen. Wenn man einige der Waldbäume zur letzten Gruppe rechnet, so ist leicht zu sehen, daß diese Gruppe folgende Eigenschaften zeigen würde:

    geringste Plastizität
    längstes Leben
    längste Zeit bis zur Blüte
    höchste Inkompatibilität
    größte Pollenproduktion

Es scheint damit deutlich zu werden, daß die mittlere Gruppe diejenige ist, bei der eine Artenbildung die beste Chance hat. Es muß betont werden, daß die Klassifizierung der Arten nach ihrer Populationsstrategie nicht absolut, sondern nur graduell ist. Sobald wir aber eine Art mit irgendeiner Populationsstrategie beobachten, wird auf einem großen geographisch-klimatischen Gradienten immer eine klinale Variation gegeben sein. Die endgültige Analyse der Artenvariabilität muß jedoch auf Beobachtungen der relativen Komponenten der genetischen Variation beschränkt werden, die durch Differenzen zwischen oder innerhalb der Populationen bestimmt wird. Weiterhin sollten die zu vergleichenden Populationen wirklich benachbart sein, so daß die genetische Adaptation an ökologischen Gradienten vernachlässigt werden kann.

Für das Ausmaß des Unterschiedes in den Varianzkomponenten zwischen und innerhalb von Populationen kann folgendes Beispiel angeführt werden. In vorwiegend selbstbefruchtenden Arten ist durch JAIN und MARSHALL (1967) ein gutes Beispiel gegeben, bei dem die Wildhaferarten, *Avena fatua* und *Avena barbata*, verglichen wurden. Beide Arten wurden in die Flora von Kalifornien vor etwa 200 Jahren eingeführt. Beide Gräser sind annuell und in der Lage, die verschiedensten Habitate zu besiedeln. Die Autoren führten Untersuchungen über den Polymorphismus an drei Loci durch (Spelzenfarbe, Behaarung von Spelzen, Fleckung auf der äußeren Spelze). Zwei quantitative Eigenschaften wurden untersucht, und zwar die Länge und die Blütenzahl der ersten Rispe. Die Ergebnisse können wie folgt zusammengefaßt werden:

A. fatua	*A. barbata*
Polymorph für Markerloci (Heterozygotenvorteil innerhalb der Populationen)	Monomorph für Markerloci (Allele innerhalb der Population fixiert)
Hohe Variation quantitativer Merkmale innerhalb der Populationen	Kleine Variation quantitativer Merkmale innerhalb der Population
Unimodale Verteilung der quantitativen Eigenschaften	Multimodale Verteilung der quantitativen Eigenschaften

Die Unterschiede in den Populationen zwischen diesen beiden Arten können auf Grund von verschiedenen Strategien bei der Adaptation erklärt werden. *Avena barbata* ist genetisch weniger, phänotypisch jedoch mehr variabel als *A. fatua*. *Avena barbata* besitzt einen hohen Grad an individueller Pufferung, geringe genetische Variabilität und nur wenige balancierte Polymorphismen. Hierdurch wird *A. barbata* einem Unkraut ähnlich, welches im Hinblick auf quantitative Eigenschaften züchterisch nur schwer zu bearbeiten ist. *A. fatua* hat dagegen eine hohe genetische Pufferung, viele balancierte Polymorphismen und eine große genetische Varianz innerhalb der Populationen. Er steht einer nicht-unkrautartigen Adaptation mit einer größeren Chance für eine genetische Diversifikation durch Selektion näher.

Beide Arten haben ihre Nische in Kalifornien gefunden. Sie haben offensichtlich bei ihrer Adaptation an die von ihnen bevorzugten Bedingungen verschiedene Wege gefunden.

Ein weiteres äquivalentes Experiment, in diesem Fall an langlebenden Bäumen, soll nur vorgeführt werden, um nachdrücklich darauf hinzuweisen, daß Vergleiche von Arten-Strategien lediglich zu graduellen nicht aber zu prinzipiellen Unterschieden führen. STERN (1964) untersuchte zwei Arten der Birke, die in Japan endemisch sind, im Hinblick auf ihre genetische Varianz zwischen Populationen innerhalb von Regionen und (indem er klinale genetische Varianz eliminiert) genetische Varianz zwischen Familien innerhalb von Populationen.

Bei einer stark adaptiven Eigenschaft, wie der Wachstumsperiodizität, findet er folgende Unterschiede zwischen den Spezies:

	Betula japonica	*Betula maximowicziana*
Klinale Effekte	68 % der gen. Var.	79 % der gen. Var.
Populationseffekte	15 % der gen. Var.	4 % der gen. Var.
Familieneffekte*	17 % der gen. Var.	17 % der gen. Var.

* Mittel von Halbgeschwisterfamilien

Diese Werte wurden nach STERNs Tabellen berechnet, indem Daten aus zweijährigen Beobachtungen über den Wachstumsbeginn und das Wachstumsende gemittelt wurden. Es kann daraus geschlossen werden, daß der klinale Effekt auf den Wachstumsrhythmus in beiden Fällen groß ist. *B. japonica* hat jedoch bezüglich des von geographischen Gradienten einen geringeren Grad genetischer Determination und dies trotz der Tatsache, daß die fraglichen Eigenschaften hoch adaptiv sind und von der Länge der effektiven Wachstumsperiode abhängen. Die Unterschiede in den klinalen Effekten werden bei *B. japonica* durch den höheren Grad an genetischer Variation zwischen Populationen innerhalb von Klinen genau kompensiert. Dies ist der Grund dafür, daß *B. japonica* mehr als *B. maximowicziana* als ein Unkraut angesprochen wird. Es ist hier von Interesse, einen weiteren Vergleich zu ziehen, und zwar den zwischen vermutlich «nichtadaptiven» Eigenschaften. Hier stellen wiederum die angegebenen Prozentzahlen Durchschnitte von drei morphologischen Eigenschaften dar, nämlich Blattstiellänge, sowie Länge und Breite der Blattspreite. Die Prozentzahlen geben die genetische Varianz wieder.

	Betula japonica	*Betula maximowicziana*
Klinale Effekte	16 %	3 %
Populationseffekte	53 %	6 %
Familieneffekte	31 %	91 %

Jetzt kann gezeigt werden, daß nichtadaptive Merkmale weitgehend unabhängig von ökologischen Gradienten sind, daß sich Populationseffekte bei den unkrautartigen Arten zeigen und daß Familieneffekte bei nichtunkrautartigen Klimaxarten sehr groß sind. Der Familieneffekt mißt hier die additive genetische Varianz, da wir Halbgeschwister-Familien berücksichtigen.

Die wenigen herausgegriffenen Beispiele, die die Genökologie und die Herkunftsforschung erläutern sollten, haben einige sehr interessante Punkte ergeben, die in der Praxis der Pflanzen- und Tierzucht berücksichtigt werden sollten.

Bei Pflanzen bewirkt die klinale Determination der adaptiven Merkmale einen großen Teil der genetisch determinierten Varianz. Offensichtlich ist diese starke klinale Determination durch starke Selektion bedingt. In der Tat bekommt man eine Vorstellung über die Intensität der Selektion, wenn Durchschnittswerte von Populationen entlang eines Klins verglichen werden.

Der Regressionskoeffizient, der den Anstieg eines Klins beschreibt, zeigt ebenfalls wie stark sich die Mittelwerte von zwei Populationen unterscheiden, wenn man sich um eine Einheit auf einem Transsekt bewegt. Dann ist es möglich, diesen Regressionskoeffizienten durch genetische Standardabweichungen zu beschreiben. Daraus ergibt sich, welcher Teil einer Population selektioniert werden muß, um eine Population um eine ökologische Einheit zu verschieben. Dies ergibt sich aus der wohlbekannten Formel der quantitativen Genetik.

$$R = h^2 \sigma_p i,$$

wobei:
R = der Selektionserfolg
h^2 = Heritabilität im engeren Sinn
σ_p = Standardabweichung der Phänotypen
i = Intensität der Selektion

Unter der Annahme, daß $h^2 = 1$ und daß $\sigma_p = \sigma_A$ oder daß die Heritabilität eins ist und die phänotypische Standardabweichung vollständig von der additiven Varianz abhängig ist, hat STERN berechnet, welcher Prozentsatz selektiert werden muß, um eine Population von *B. japonica* entlang ihres latitudinalen Klins um einen Breitengrad zu verschieben. Im Durchschnitt mußten 85 % der Individuen entnommen werden, wenn die Population bei Berücksichtigung nur eines Merkmals um eine Einheit verschoben werden sollte. Wenn die Eigenschaften unkorreliert sind, nimmt mit steigender Zahl der berücksichtigten Merkmale der Prozentsatz der zu selektierenden Pflanzen ab:

Merkmale	% selektiert
1	85
10	20
20	4
30	1

Dieser Zusammenhang ist von großer Bedeutung für die Pflanzenzüchtung, Pflanzenökologie und Taxonomie. Zunächst zeigt er, daß die Entdeckung klinaler Variation völlig unmöglich wird, wenn zur gleichen Zeit nur ein oder wenige Kriterien benutzt werden. Eine multiple Regressionsanalyse scheint das beste Mittel zu sein, um klinale Variation nachzuweisen. Das Beispiel zeigt ebenfalls, daß Eigenschaften, die unmittelbar mit der Fitness (Fitnesskomponenten) verbunden sind, den größten Teil ihrer genetischen Determination durch ökologische Gradienten erfahren. Dies sind allerdings Eigenschaften, die in ihrer Genetik sehr komplex sind und wahrscheinlich von einer sehr großen Gruppe koadaptierter Gene kontrolliert werden. Die Theorie der Koadaptation von Genen und möglicherweise der Koppelung hat zum Konzept des Koppelungsklins entlang einem ökologischen Gradienten geführt. Es zeigt ebenfalls, daß gleichzeitige Züchtung auf multiple Eigenschaften weitgehend nutzlos ist, wenn diese Eigenschaften nicht eine positive Korrelation zeigen. Die Tatsache, daß die Fitness die komplexeste aller Eigenschaften ist, unterstreicht die Bedeutung der natürlichen Ramschselektion in den ersten Generationen eines Zuchtprogramms.

Beobachtungen über die genetische Variabilität zwischen und innerhalb von Populationen zeigen beinahe immer, daß es zusätzlich zur klinalen genetischen Varianz eine gleich interessante genetische Varianz gibt, die durch das Mosaik der lokalen ökologischen Bedingungen gegeben ist. Diese lokale Variation kann so groß sein, daß es den Anschein hat, als gäbe es keinen Klin. JAIN und BRADSHAW (1966) berechneten Selektionskoeffizienten bei *Agrostis- und Anthoxanthum*-Arten und fanden, daß an Stellen mit hohem Schwermetallgehalt oder an felsigen Stellen die Selektionskoeffizienten von nicht adaptierten Typen in der Größenordnung von s = 0.80 bis 0.95 lagen. Diese Koeffizienten sind sicher um ein Vielfaches größer als diejenigen in benachbarten Klinen. Solche hohen, durch lokalen Einfluß bedingten Koeffizienten tendieren dahin, den Genpool von Populationen zu zerreißen, während Koadaptation und stabilisierende Selektion, möglicherweise mit balanciertem Polymorphismus, als eine optimale Struktur der Populationen entlang einem ökologischen Gradienten vorherrscht.

Eine Selektion entlang einem Gradienten ist möglicherweise für die Regulation der Frequenz von koadaptierten gekoppelten Genkomplexen von Bedeutung, daher der Ausdruck Koppelungsklin. Dies ist ein weiteres Beispiel für frequenzabhängige Selektion, die früher im Zusammenhang mit der Kompetition erwähnt wurde. Hier determiniert der ökologische Gradient einen «Gengradienten». Das bekannteste Beispiel für einen solchen Gradienten ist von DOBZHANSKY und seinen Mitarbeitern in ihrem Bericht über die klinale Variation von «Supergenen» bei *Drosophila pseudoobscura* (DOBZHANSKY, 1948) beschrieben worden. In einer Untersuchung über die klinale Variation von *Drosophila pseudoobscura* in verschiedenen Höhen in der Yosemite-Region der Sierra-Nevada zeigte ein altitudinaler Transsekt von 90 km von etwa Meereshöhe bis auf 3000 Meter Höhe folgende Veränderungen in den AR- und ST-Inversionstypen (Abb. 9.1.1, nach DOBZHANSKY, umgezeichnet).

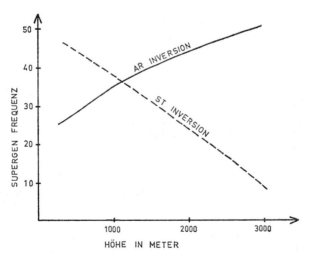

Abb. 9.1.1: Klin der Frequenz von Supergenen bei *Drosophila pseudoobscura* (umgezeichnet nach DOBZHANSKY, 1948).

Eine Verschiebung entlang einem ökologischen Gradienten ist demnach eng mit einer Änderung in der Häufigkeit von Inversionen verknüpft. Solche detaillierten chromosomalen Kline sind natürlich bei Pflanzen sehr schwer zu untersuchen. Es ist jedoch wahrscheinlich, daß ähnliche Strukturen, vor allem bei Klimaxpflanzen angenommen werden können. Einige der besten Beispiele für ökologische Klinen sind an *Pinus silvestris* über ihre ganze Verbreitung in Europa erarbeitet worden (LANGLET, 1936 und später). Diese Untersuchungen haben sich auf verschiedene morphologische und physiologische Merkmale, sowohl adaptive als nicht-adaptive, beschränkt.

LANGLETs umfangreiche Arbeiten erstreckten sich über 25 Breitengrade und umfaßten somit beinahe das ganze Verbreitungsgebiet von *Pinus silvestris*. Natürlich müssen alle Pflanzenexperimente über die genetische Variation, solange es sich um adaptive Merkmale handelt, durch Genotyp-Umwelt-Interaktionen beeinflußt sein. Fortschritte in der Elektroresetechnik zur Trennung von Isoenzymen (Genprodukten) führten zu Beobachtungen über die genetische Variabilität in Pflanzenpopulaionen. Diese Beobachtungen sind genauso zuverlässig wie frühere an Chromosomenstrukturen in den Speicheldrüsen von *Drosophila*. Diese Technik ist ebenfalls geeignet, Genverteilungen in Pflanzenpopulationen zu ermitteln, die wertvolle Informationen über Genfluß, Pollenflug und anderes vermitteln. Bis vor kurzem wurde diese Technik für ontogenetische Probleme der Pflanze verwandt. Sie erlaubt eventuell auch ein besseres Verständnis des genetischen Systems in vorwiegend inzüchtenden Populationen, ein Problem, das in den letzten Jahren völlig neu überdacht worden ist. Es scheint jetzt so zu sein, daß sogar stark selbstbefruchtende Pflanzen innerhalb der Linien genetische Variabilität besitzen. Man nimmt an, daß die Zusammensetzung des Genpools von Selbstbefruchtern sich nur graduell von dem einer Mendelpopulation unterscheidet. Beide, selbst- und fremdbefruchtende Arten, können auf eine Spezialisierung hin gezüchtet werden, dies aber nur mit allen Nachteilen, die ein zu enger Genpool mit sich bringt.

Wenn wir eine große genetische Vielfalt in unseren Kulturpflanzen wünschen, dann ist das Sammeln von natürlichen Populationen unumgänglich. Die oben geführte Diskussion über Genökologie und Herkunftsforschung gibt einige nützliche Hinweise, auf welche Weise eine Kollektion durchgeführt werden sollte. ALLARD (1970) hat kürzlich Methoden zur Sammlung von Pflanzen vom Flughafer *(Avena fatua)* in einem Gebiet wie Kalifornien diskutiert, das sich über 600 km von Norden nach Süden und über 200 km von Ost nach West hinzieht. Das Gebiet ist im Hinblick auf Differenzen in maritimen-kontinentalen, latitudinalen und altitudinalen Klinen und zusätzlichen lokalen Unterschieden äußerst heterogen. Es wurden auf drei verschiedenen Ebenen Unterschiede gefunden:
1. Extensive Variabilität innerhalb lokaler Populationen.
2. Lokale genetische Differenzierung zwischen Populationen auf Grund von Heterogenität der Umwelt.
3. Klinale Variabilität entlang ökologischer Gradienten.

Die erste Frage ist die nach der Zahl von Individuen, die mit Sicherheit eine Variation innerhalb einer lokalen Population widerspiegelt. Ein sinnvolles Sammeln hängt
1. von einer Liniendifferenzierung innerhalb von Populationen oder den individuellen Unterschieden bei allogamen Pflanzen ab,
2. von Umweltverschiedenheiten und
3. von der Anzahl der ökologischen Gradienten und ihrer Steilheit.

Bei Flughafer sollten bei 10 Samen je Pflanze 200 Pflanzen aus einer lokalen Population mit einer Ausdehnung von 50×50 m genommen werden.

Fünf solcher Populationen sollen innerhalb einer Region (5 × 5 km) berücksichtigt werden. Auf dem Ost-West-Transsekt (200 km) sollten als Repräsentanten eines ökologischen Gradienten 20 Regionen untersucht werden.

Auf dem Nord-Süd-Transsekt (600 km) mußten fünf solcher Ost-West-Transsekte berücksichtigt werden.

Insgesamt würde eine solche Untersuchung dann 500 lokale Populationen einschließen. Diese Überlegungen stehen nur als Beispiel für die Erfassung der genetischen Variabilität in einem bestimmten Gebiet. Eine solche Untersuchung gibt auf jeden Fall ein gutes allgemeines Bild von der enormen genetischen Variabilität, die in einer «fast» natürlichen Art mit einem Vorkommen in einem begrenzten Areal besteht. In diesem Fall sind bei einer Planung die genetischen Parameter im voraus bekannt. Gewöhnlich muß jedoch ein Züchter seine Pläne und Taktiken auf Grund von allgemeinen Beobachtungen aufstellen. Hierzu gehören 1. die natürliche Ausbreitung der Arten, 2. das genetische System, 3. die Art der Artenanpassung, 4. die Heterogenität der Umwelt, 5. der Anstieg der ökologischen Gradienten, 6. die Schätzung der bedeutenden ökologischen Gradienten und 7. ungefähre Schätzungen der Stichprobenfehler.

Bei Bäumen ist z. B. die Herkunftsprüfung und die Samenbeschaffung weitgehend von der Art der natürlichen Verbreitung abhängig. Für Arten mit weiter Verbreitung ist sicherlich ein Gitterverfahren am günstigsten. Die Quadrate dieses Gitters werden von den ökologischen Gradienten bestimmt. Unter einheitlichen altitudinalen Bedingungen und ohne besondere edaphische Einflüsse kann ein Abstand von etwa 100 km zwischen den Sammelstellen adäquat sein. Dies würde ungefähr einer Höhenverschiebung von 100 m entsprechen. Weiterhin sollte jeder Punkt in einem solchen Gitter durch eine Stichprobe von ungefähr 25–50 Individuen repräsentiert werden, die entweder durch den Standort hindurch oder entlang eines Transsektes gesammelt werden sollten. Bäume sind im allgemeinen windbestäubte Fremdbefruchter. Der Standort sollte daher groß genug sein, um Inzucht zu vermeiden, die in einem durchschnittlich besetzten Bestand von ungefähr 5–10 ha (ein Quadrat von 200–300 Meter Seitenlänge) angenommen werden muß. Der Leser sei für weitere Informationen auf eine zusammenfassende Darstellung von FRANKEL und BENNET (1970) hingewiesen.

Besonders ALLARDs Ausführungen über das Sammeln von Flughafer müssen als ein Beispiel für die immensen genetischen Variationen angesehen werden, die eine Art unter natürlichen Bedingungen zur Verfügung hat. Es ist beklagenswert, daß in der Vergangenheit die Züchtung die Potentiale, die diese natürlichen Populationen anbieten, übersehen hat. Kein Wunder, daß es heute alarmierende Anzeichen für eine genetische Verarmung in den Kulturarten gibt, die sich als besonders nachteilig in Jahren mit starken Klimaschwankungen oder Krankheitsbefall erwiesen hat. Dies sind Probleme, über die im Abschnitt 9.2 gesprochen werden soll.

Wenn wir die Selektion vom mendelistischen Standpunkt aus betrachten, dann bedeutet die Berücksichtigung nur eines Locus eine starke Vereinfachung der natürlichen Situation. Durch dieses grundlegende Modell ist es jedoch möglich gewesen, Theorien über die genetische Adaptation auf der Ebene des Gens, des Individuums und der Population zu entwickeln. Mendelsche Eigenschaften, die nur von einem Locus mit zwei Allelen kontrolliert werden, sind jedoch Ausnahmen. Weiterhin muß berücksichtigt werden, daß natürliche Selektion nur selten auf die verschiedenen Loci direkt einwirkt. Es ist daher in den meisten Fällen unmöglich, Selektionskoeffizienten für einzelne Gene zu bestimmen. Die Selektion wirkt im allgemeinen auf den Phänotyp. Diese Phänotypen unterliegen der Kontrolle vieler Loci (Polygenie), von denen nur jeder einen kleinen Einfluß auf die in Frage stehende Eigenschaft hat. Die Phänotypen, die wir sehen, sind dann das Ergebnis von solchen polygenen Genwirkungen plus den Umwelteffekten und den Wechselwirkungen zwischen den Genen und der Umwelt. Es muß daher vermutet werden, daß die natürliche Selektion ihren Haupteffekt auf quantitative Merkmale hat, die durch den Phänotypen repräsentiert sind. Gewöhnlich werden solche Merkmale durch bis zu hundert Loci determiniert. Mehr als hundert sind wahrscheinlich für hoch adaptive Eigenschaften verantwortlich. Anscheinend sind sehr bedeutende Fitnesskomponenten wie Konkurrenzfähigkeit, Wachstumsrate und Wachstumsrhythmus hoch polygene Charaktere. Die Polygene können jedoch unter bestimmten Bedingungen wieder größere Supergene bilden.

Die Selektion wirkt auf verschiedene Weise auf quantitative Merkmale ein. In allen Fällen kann die natürliche Selektion als die Veränderung in der relativen Häufigkeit von Genotypen auf Grund von Unterschieden zwischen der Fähigkeit ihrer Phänotypen in der nächsten Generation repräsentiert zu sein, gemessen werden. Der am besten verstandene Typ der natürlichen Selektion ist der, welcher als stabilisierende (SIMPSON, 1953) bzw. normalisierende Selektion (WADDINGTON, 1957) bezeichnet wird. Die einfachste Weise, diese Art von Selektion zu erklären, basiert auf der Annahme einer konstanten Umwelt. Unter solchen Bedingungen kann sich eventuell eine Situation entwickeln, in der die am meisten «normalen» Individuen diejenigen sind, die im Hinblick auf die Fitness optimal sind. Dies würde die häufigste Klasse in der Population sein, von der nach beiden Seiten die Fitness abnimmt.

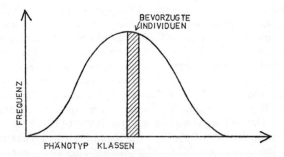

Abb. 9.1.2: Stabilisierende oder normalisierende Selektion.

Es würde in jeder Generation eine Diskriminierung der vom Optimum phänotypisch abweichenden Individuen geben. Die Diskriminierung richtet sich gegen neue Rekombinanten und gegen neue Gene, die durch Mutation oder Migration in die Population gelangen.

WADDINGTON (1957) hat die normalisierende Selektion untersucht und hat eine exakte Beschreibung des Vorgangs gegeben. Nach ihm gibt es eine negative Wirkung, welche auf die Elimination von allen phänotypisch abweichenden Individuen hinausläuft. Ebenso gibt es eine positive Wirkung, die alle diejenigen «feedback»-Mechanismen bevorzugt, die den besten Standardtyp im Hinblick auf Umgruppierung in den Genotypen und im Hinblick auf Umweltvariation fördern. Diese positive Aktion wird als kanalisierende Selektion bezeichnet. Die kanalisierende Selektion muß besonders starken Einfluß auf Wachstum oder Entwicklungsprozesse haben. ROBERTSON (1956) und LATTER (1960) haben theoretisch gezeigt, daß Eigenschaften, die von Bedeutung für die Fitness sind, gewöhnlich bei einem intermediären Optimum einreguliert werden.

Dann bedeutet Kanalisation dasselbe wie phänotypische Stabilisation. Es ist an *Arabidopsis thaliana* von GRIFFING und LANGRIDGE (1963) gezeigt worden, daß phänotypische Stabilität des Wachstums eng verknüpft ist mit der Heterozygotie der Population. Dies scheint eine allgemeine Regel zu sein. Sie ist wiederholt bei *Drosophila* bestätigt worden und wird neuerdings in Pflanzenzuchtprogrammen angewandt.

Der Einfluß einer stabilisierenden Selektion ist dann in jeder Generation eine Elimination von Homozygoten und eine Bevorzugung von maximaler Heterozygotie, wobei die Heterozygoten eine mittlere Ausprägung der Eigenschaft, höchste Fitness und höchste Stabilität des Phänotyps zeigen. Diese Art von Selektion würde dann an vielen Genorten die Errichtung von balancierter Heterozygotie ermöglichen. Vom Standpunkt der Populationsgenetik aus kann es schwierig sein, Situationen zu erklären, in denen Selektion auf eine maximale Heterozygotie hinarbeitet. Es werden hierzu viele entgegengesetzte Theorien angeboten. Es ist jedoch tatsächlich gezeigt worden, daß Populationen von *Drosophila*, Mäusen und Menschen polymorph für mehr als 50 % ihrer Loci sind. Ein Individuum hat im Durchschnitt mehr als 10–20 % heterozygote Loci.

Ein anderer Effekt der stabilisierenden Selektion ist ihre Fähigkeit, schlecht adaptierte Phänotypen auszusieben, die durch den Zufluß von fremden Genen aus an verschiedene Umweltbedingungen adaptierten Populationen oder sogar aus nahe verwandten Arten stammen.

Wenn Phänotypen, die nicht zur häufigsten Klasse, jedoch mehr zu den Klassen an den Enden der Verteilung gehören, durch die natürliche Selektion favorisiert werden, dann sprechen wir von gerichteter Selektion.

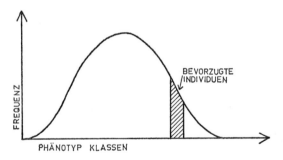

Abb. 9.1.3: Gerichtete Selektion.

Diese Art von Selektion erwartet man in einer sich graduell verändernden Umwelt. Solange sich die Umwelt verändert, hält die gerichtete Selektion an. Sie herrscht so lange vor, bis ein neuer Gipfel erreicht worden ist, an dem die häufigste Phänotypenklasse wieder optimal ist. Diese Verzögerung in der Reaktion, die charakteristisch für Massenselektionen ist, ist dadurch bedingt, daß (a) die Heritabilität der Eigenschaften beinahe immer geringer als eins ist und daß (b) nur die additive genetische Varianz bei Massenselektion von Bedeutung ist.

Künstliche Selektion in Zuchtprogrammen ist beinahe immer gerichtet, da die Züchtung sich um bestimmte Eigenschaften bemüht. Diese Art der Selektion ist für maximale und minimale Expressivität der in Frage stehenden Merkmale in Selektionsexperimenten erforscht worden. Solche Zuchtpläne werden gewöhnlich als «Zwei-Wege-

Selektion» bezeichnet. Bei *Drosophila* verdienen die Experimente von MATHER und HARRISON (1949) an der abdominalen Borstenzahl und von ROBERTSON und REEVE (1952, 1953) an Flügel- und Thorax-Länge besonders erwähnt zu werden. Bei Mäusen gibt es über einen längeren Zeitraum eine Zwei-Wege-Selektion z. B. auf das Körpergewicht im Alter von 6 Wochen (FALCONER, 1955), und zum Schluß muß die klassische Langzeitselektion auf Öl- und Proteingehalt beim Mais (WOODWORTH, LONG und JUGENHEIMER, 1952) erwähnt werden.

Alle Untersuchungen scheinen übereinstimmend zu zeigen, daß 1. die Zwei-Wege-Selektion im Hinblick auf die Ausgangspopulation asymmetrisch ist, daß 2. verschiedene Gene oder Genkomplexe für hohe und geringe Expressivität verantwortlich sind, daß 3. nach einer bestimmten Anzahl von Generationen Selektionsplateaus erreicht werden, daß 4. nach Erreichung der Plateaus weitere Fortschritte nur erwartet werden können, wenn Umgruppierungen der Gene auf den Chromosomen eintreten, daß 5. Korrelationen der Eigenschaften der Selektion oft eine obere (untere) Grenze durch eine Verminderung der Fitness setzen, daß 6. aus derselben Ausgangspopulation wiederholt Linien mit vollständig unterschiedlichem Erfolg und genetischer Zusammensetzung selektioniert werden und daß 7. gerichtete Selektion am effektvollsten in einer hoch heterogenen Population ist.

Vom Standpunkt des Züchters aus ist von Interesse, daß ein Selektionsplateau oft bereits nach etwa 20–30 Generationen erreicht wird. Dieses ist aber kein Zeichen für eine Verarmung im Hinblick auf die genetische Variabilität oder ein Zeichen für vollständige Homozygotie. Es scheinen zwei Ursachen hierfür verantwortlich zu sein, nämlich 1. genetische Koadaptation und 2. negative Korrelation zwischen dem selektierten Merkmal und der Fitness.

Es gibt zwei Wege aus einer solchen Sackgasse. 1. Nachlassen des Selektionsdruckes für einige Generationen, um durch neue Rekombination die Fitness zu steigern, und 2. Hybridisation zwischen verschiedenen Selektionslinien, um die koadaptierten Genkomplexe auseinanderzubrechen und freie genetische Variabilität wieder herzustellen. Es würde zu viel Raum benötigen, um im einzelnen auf die Theorie der Selektion einzugehen. Es wird dem Leser geraten, Lehrbücher der Populationsgenetik und der quantitativen Genetik heranzuziehen.

Es bleibt nur zu sagen, daß die gerichtete Selektion die Essenz der Darwinschen Evolutionstheorie beinhaltet. Gerichtete und stabilisierende Selektion sind innerhalb natürlicher Populationen komplementär. Das Ergebnis der gerichteten Selektion ist genetische Stabilität an einem Punkt, an dem der häufigste Phänotyp die höchste Fitness hat. Sehr starke gerichtete Selektion auf bedeutende Fitnesskomponenten kann natürlich zu vollständiger Beendigung des Selektionserfolges führen und sogar zu hoher Inzucht und Homozygotie, wenn die Zuchtpopulation auf einige wenige Individuen je Generation beschränkt wird. Solche Situationen sind unter natürlichen Bedingungen sehr selten. Sie sind jedoch in der praktischen Züchtung wiederholt nachgewiesen worden.

Die dritte Art der natürlichen Selektion ist eng verbunden mit der Umweltvariation, und der Ausgang ist offensichtlich von der Art und dem Ausmaß der Heterogenität der Umwelt abhängig. Unter heterogenen Umweltbedingungen mögen mehrere Phänotypen bevorzugt werden. Dies wird disruptive oder diversifizierende Selektion genannt.

Wir haben früher einen Überblick über einige Theorien gegeben, die auf Nischenverschiedenheit und phänotypischer Plastizität basierten (LEVINS, 1968). Wir kommen jetzt auf dieses Problem vom Standpunkt eines Darwinisten aus zurück. Die Bedeutung

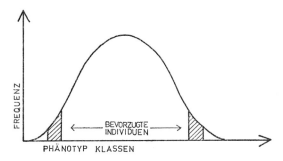

Abb. 9.1.4: Disruptive oder diversifizierende Selektion.

der disruptiven Selektion für die Evolution ist in den letzten 10 Jahren der Gegenstand zahlreicher Untersuchungen gewesen. Es war vielleicht insbesondere die Arbeit von MATHER (1955) mit dem Titel *«Polymorphism as an outcome of disruptive selection»*, die als Anregung für viele Genetiker, Ökologen und andere Wissenschaftler diente. Die Theorie der disruptiven Selektion enthält eine der am meisten umstrittenen Fragen der heutigen Evolutionstheorie, nämlich die nach den Bedingungen für die Artenbildung. MAYR (1963) ist der Meinung, daß disruptive Selektion eine Artenbildung nur dann zur Folge haben kann, wenn der Zusammenhang des Genpools durch eine geographische Isolation unterbrochen ist. Das ist unter allopatrischen Bedingungen der Fall. Auf der anderen Seite hat THODAY (1963) gezeigt, daß der Anfang einer Artenbildung, Bimodalität und Divergenz auch unter sympatrischen Bedingungen auftreten kann. Dies selbst dann, wenn ein starker Genfluß zwischen den auseinanderweichenden Teilen der Population besteht. Untersuchungen an Pflanzen zeigen genetische Verschiedenheit in nur durch wenige Meter getrennten Populationen, zwischen denen ein Genaustausch von mehr als 50 % bestand. Weitere Beispiele sind im Kapitel 10 aufgeführt.

Eine heterogene Umwelt, der die Arten in der Natur ausgesetzt sind, muß zu disruptiver Selektion führen. Nach MATHER kann dies entweder zu Polymorphismus oder zu genetischer Isolation führen. Die letztere Alternative setzt nach MATHER eine räumliche Isolation der Gruppen voraus. An diesem Punkt entstehen die Differenzen zwischen Theorien. Hier könnten die Modelle von LEVINS, die die unterschiedlichen Anpassungsweisen an die Heterogenität der Umwelt berücksichtigen, einen wahrscheinlichen Zwischenweg weisen.

Weiter oben wurde der Fall besprochen, in dem inzipiente Arten benachbarte Populationen innerhalb eines kontinuierlichen Klins waren. Eine solche Situation wird parapatrisch genannt und scheint eine sehr plausible Erklärung für eine sympatrische Artenbildung zu liefern. Wenn wir dieses Modell zugrunde legen, das von MAYNARD SMITH (1966) vorgeschlagen wurde, wird die inzipiente Artenbildung durch räumliche Trennung der Populationen erleichtert. Bei Tieren mag dies nur schwer vorstellbar sein, bei Pflanzen hat dieses Modell im Hinblick auf die Pollenverteilung jedoch eine große Relevanz. Der Pollen einer bestimmten Pflanze, zumindest bei Windbestäubern, wird in leptokurtischer Weise rund um seinen Enstehungsort verteilt. Solche Nachbarschaftseffekte sind die Ursachen für starke lokale Divergenzen. Wir haben früher gesehen, daß große Selektionskoeffizienten an zwei Stellen eines ausgedehnten Klins von Bäumen gefunden wurden, die durch einen Breitengrad getrennt waren. Ebenso hat das Beispiel der Schwermetalltoleranz bei Gräsern sehr hohe Selektionskoeffizienten innerhalb eines steilen Klins gezeigt. Es scheint daher offensichtlich zu sein, daß solch hohe Selektionskoeffizienten typisch für eine klinale Variation sind. Es würde dann disruptive Selektion zwischen Populationen entlang eines Klins und stabilisierende Selektion innerhalb einer Population an bestimmten Punkten eines Klins stattfinden. Lediglich an den extremen Enden eines Klins (unter marginalen Bedingungen) würde man gerichtete Selektion finden.

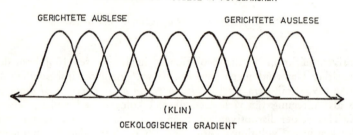

Abb. 9.1.5: Populationen, die entlang eines regelmäßigen ökologischen Klins verteilt sind.

Die andere Alternative der disruptiven Selektion, die Entwicklung eines Polymorphismus, ist bei Tieren häufig nachgewiesen worden (FORD, 1964). Es scheint jedoch widersinnig zu sein, daß sowohl disruptive als auch stabilisierende Selektion unter Bevorzugung einer größeren Heterozygotie arbeiten. Bei der stabilisierenden Selektion findet die Selektion auf Heterozygotie auf der Ebene des Gens statt, während disruptive Selektion zu einer Bevorzugung von Polymorphismen auf einer höheren, der Supergen-Ebene, führt. SHEPPARD (1961) hat Ergebnisse über den Polymorphismus bei Lepidoptera zusammengestellt. Er entwickelt die Vorstellung, daß Majorgene, die verschiedene mimetische Muster kontrollieren, einen graduellen Einfluß auf die Penetranz bestimmter Morphe durch die Addition von modifizierenden Genen haben. HALKKA et al. (1973) fanden Hinweise für eine ähnliche Situation in *Philaenus (Homoptera)*, wo mimetische und physiologisch bedeutsame Gene im Hinblick auf apostatische Selektion zusamenwirken. Diese Gene werden eventuell miteinander gekoppelt und damit führt die disruptive Selektion zu koadaptierten Genkomplexen und Supergenen.

Orthodoxe Pflanzenzuchtmethoden nutzen den Vorteil der stabilisierenden Selektion durch die Ramschmethode in den der F_2 folgenden Generationen aus. Es ist eine Zuchtphase, die sehr stark dem negativen Teil von WADDINGTONS normalisierender Selektion entspricht. Aussieben der Population auf Phänotypenabweicher. Letztlich zielt die Ramschzüchtung unter den jeweiligen Bedingungen auf eine höhere Fitness. Wenn die Bedingungen, unter denen die Ramschzüchtung durchgeführt wird, von Jahr zu Jahr und ebenso von Standort zu Standort sehr einheitlich sind, dann ist dies einfach ein Beispiel für Selektion auf intermediäre Optima in bezug auf die Fitness. Wenn Ramschzüchtung eine Reihe von Generationen durchgeführt wird, kann sie ebenfalls einer kanalisierenden Selektion entsprechen, die auf eine größere phänotypische Stabilität abzielt. Dies kann jedoch unter den heutigen sehr einförmigen landwirtschaftlichen Bedingungen zu einer sehr geringen Populationstoleranz führen und ist besonders dann der Fall, wenn auch die klimatischen Faktoren von Jahr zu Jahr sehr gleichartig sind. Genetiker würden in diesem Fall von einer «Laborumwelt» sprechen. Es besteht kein Zweifel, daß die heutigen landwirtschaftlichen Methoden in gewisser Weise solche Umwelten schaffen. Dies muß zu einem drastischen Verlust genetischer Variabilität während der ersten Phase der Züchtung führen. Es erfordert ebenfalls Aufmerksamkeit dafür, in welcher Weise eine Selektion durch die Ramschmethode zugelassen wird. Eine effektive Methode zur Erhöhung der Stabilität bietet die Möglichkeit, Ramschpopulationen an den verschiedenen Orten anzubauen, die für den Anbau der in Frage stehenden Arten vorgesehen sind. Unglücklicherweise wird nicht sehr oft in diesem Sinne verfahren, und die meisten Ramschzüchtungen werden innerhalb enger ökologischer Grenzen ausgeführt. Die heutigen landwirtschaftlichen Methoden, einschließlich denen einer starken Düngung, haben eine Anpassung der Populationen an extrem günstige Bedingungen zur Folge. Derartig adaptierte Populationen reagieren dann sogar auf die kleinsten Schwankungen des Nährstoffspiegels empfindlich. Dies muß sich auf lange Sicht sehr ungünstig auswirken, da die Landwirte einheitliche Bedingungen nicht über einen längeren Zeitraum aufrechterhalten können. Dies gilt vor allem für Länder mit einer wenig entwickelten Landwirtschaft. Es ergibt sich daher, daß eine Ramschzüchtung unter sehr verschiedenen ökologischen Bedingungen durchgeführt werden sollte, damit sichergestellt wird, daß die natürliche Selektion zu einem hohen Grad genetischer Variabilität und damit zu einer hohen Toleranz der Population führt.

Erst kürzlich durchgeführte Untersuchungen an vorwiegend selbstbefruchtenden Arten haben gezeigt, daß sogar bei Selbstung eine große Heterozygotie aufrechterhalten werden kann. Wenn Ramschzüchtung unter heterogenen Umweltbedingungen angewandt wird, bedeutet dies, daß auf lange Sicht Segmental-Heterozygote entstehen können. Dies ist ein Fall, der dem balancierten Polymorphismus bei Tieren und fremdbestäubenden Pflanzen entspricht. Es muß nochmals darauf hingewiesen werden, daß die Unterschiede zwischen Fremdbestäubern und Selbstbestäubern nur gradueller Natur sind. Beide Systeme tendieren unter heterogenen Umweltbedingungen dahin, Heterozygotie und hohe Pufferung zu erhalten. Dieser Zusammenhang ist früher nicht erkannt worden. Die Züchter hielten die beiden genetischen Systeme für grundsätzlich verschieden. Eine gute Übersicht dieses Problems wird von ALLARD und HANSCHE (1964) gegeben.

In vorwiegend inzüchtenden Populationen kommt die genetische Verschiedenheit natürlich hauptsächlich durch Differenzen zwischen den Linien (Populationspufferung) zum Ausdruck, obwohl hier auch individuelle Heterozygotie (individuelle Pufferung) vorkommt. Es gilt als eine Tatsache, daß im Hinblick auf den Ertrag Liniengemische eine größere Stabilität zeigen als reine Ein-Linien-Kulturen. Liniengemische zeigen nicht nur eine geringere Variabilität, sondern sind im Durchschnitt über viele Jahre auch im Ertrag überlegen. Es ist so, als ob «balancierte Heterozygotie» in diesem Fall auf Grund des Liniengemisches entstehen würde. Beim Weizen wurde über viele Jahre ein Variabilitätskoeffizient für Liniengemische von 7,3 % und für reine Linien von 11,6 % festgestellt. Im Durchschnitt brachten Liniengemische einen um 3–5 % höheren Ertrag als der Durchschnitt der entsprechenden Linien in Reinkultur. Manchmal übertrafen Gemische sogar die ertragreichsten der reinen Linien (SIMMONDS, 1962). In diesem Buch wurde eine Beschreibung der Interaktion zwischen Varietäten von *Linum usitatissimum* gegeben (Abb. 8.1.4). Es wurde gezeigt, daß ein maximaler Ertrag 1. von der Gesamtdichte und 2. von der Häufigkeit der Komponenten abhängig war. Es würde gerechtfertigt und sogar höchst wünschenswert sein, wenn solche Experimente auch an anderen Kulturpflanzen durchgeführt würden. «Gegenseitige» Selektion auf höchste «ökologische Kombinationsfähigkeit» muß in der Zukunft bei vorwiegend selbstbestäubenden Pflanzen durchgeführt werden. Dies würde mit großer Sicherheit zu einem Sortengemisch führen, das auf Grund von hoher Gesamttoleranz anderen im Ertrag überlegen ist. Es ist interessant, daß auf diesem Gebiet bereits sehr viel durch die Einführung der sogenannten «Viel-Linien-Sorten» getan worden ist (JENSEN, 1952; BORLAUG und GIBLER, 1953). Solche Zuchtprogramme zielten gewöhnlich auf eine größere Stabilität im Ertrag durch größere Mannigfaltigkeit in der Resistenz gegen Pathogene (BROWNING und FREY, 1969). Viel-Linien-Sorten sind ein künstliches, mechanisches Gemisch von Linien mit verschiedenen Resistenzen gegen verschiedene pathogene Arten und Stämme. Diese Zuchtmethode ist flexibel, da die Komponenten in der Mischung von Jahr zu Jahr neu bestimmt werden können und damit eine schnelle Reaktion auf Pathogene möglich ist. Bisher sind solche Viel-Linien-Sorten ausschließlich für entsprechende Resistenzen gegen Krankheiten zusammengestellt worden. Es scheint jedoch allgemein, daß spezielle Zuchtprogramme auf hohe Linienkombinationsfähigkeit eine vielversprechende Strategie bei der Züchtung auf Ertragssteigerungen sind. Aus solchen Viel-Linien-Gemischen sind heute durch Kreuzung einige der produktivsten Weizensorten entstanden. Einige kolumbianische und mexikanische Weizen haben eine erstaunliche Toleranz gezeigt. Sie wurden von 36° südlicher Breite bis 50° nördlicher Breite und zwischen Höhen von 0 bis 5000 Meter über dem Meeresspiegel angebaut. Solche Weizen waren die Grundlagen für die grüne Revolution in Indien, Pakistan und anderswo.

Das Risiko, das sich aus den Methoden der konventionellen Pflanzenzüchtung ergibt, beinhaltet eine drastische Reduktion der genetischen Variabilität und geringe Pufferfähigkeit, die zu einer «genetischen Verwundbarkeit» führen (N.A.S., 1972). Der Leser soll in diesem Zusammenhang auf sehr umfassende Untersuchungen von HARLAN und MARTINI (1938) über die Interaktion von elf Gerstensorten, die an zehn Versuchsstationen quer durch Amerika angebaut wurden, aufmerksam gemacht werden.

Bei fremdbestäubenden Arten kann eine intensive Massenselektion auf gewisse, den Menschen interessierende Merkmale ebenfalls zu einer Verengung des Genpools führen. Die Stabilität der Fremdbefruchter hängt vom Heterozygotiegrad sowohl auf der Ebene des Individuums als auch der Population ab. Auf der Ebene des Gens muß Heterozygotie der stabilisierenden Selektion zugeschrieben werden, während große Unterschiede in den Genkomplexen die Folge disruptiver Selektion sind (S. 171). Theoretisch begünstigen kleine und unvorhergesehene Veränderungen in den (feinkörnigen) Umweltbedingungen individuelle Toleranz einschließlich balancierter Heterozygotie auf der genischen Ebene. Große (grobkörnige) Umweltschwankungen selektieren auf Populationstoleranz. Dies bedeutet nicht, daß individuelle Toleranz vernachlässigt würde. Es bedeutet lediglich, daß es unter solchen Bedingungen einen hohen Grad an genetischer Diversifikation gibt.

Es werden Supergene durch diversifizierende Selektion gebildet. Diese Art der natürlichen Selektion ist bisher in der Pflanzenzüchtung weitgehend vernachlässigt worden. Wie bereits früher erwähnt wurde, muß das Ergebnis einer solchen Selektion Polymorphismus oder eine beginnende Artenbildung sein. Worin besteht die Auswirkung dieser Art der Selektion auf die Pufferung einer Population, auf die Fitness etc.? Als Beispiel wollen wir *Drosophila*-Populationen heranziehen, die auf die Entwicklungsraten, ein hoch adaptiertes Merkmal, disruptiv selektiert wurden (TIGERSTEDT, 1969). In diesen Versuchen wurde ein Modell simuliert, in dem zwischen disruptiv selektierten Teilen der Population in jeder Generation zufällige Paarung stattfand. Drei solcher Linien wurden ausgehend von einer hoch heterogenen Grundpopulation selektiert. Um sicher zu sein, daß die Ergebnisse nicht durch Inzucht beeinträchtigt werden, sind die Populationen und die selektionierten Teile genügend groß gehalten worden. Die Populationen umfaßten in jeder Generation im Durchschnitt 6000 Individuen. Von diesen wurden in jeder Generation jeweils 4 % mit der langsamsten und der schnellsten Entwicklung selektiert. Diesen wurde zufällige Paarung erlaubt. Die Entwicklung der Fitness, angegeben in der Anzahl Nachkommen je Weibchen ($\bar{x}$), die Entwicklungsrate ($\bar{y}$) und die Phänotypenvarianz der Population (σ^2_p) wird in Abb. 9.1.6 dargestellt.

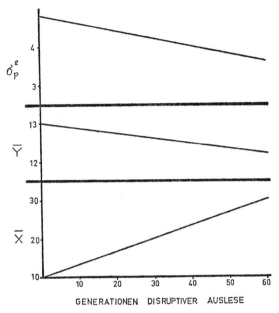

Abb. 9.1.6: Der Einfluß von disruptiver Selektion auf die Fitness ($\bar{X}$), Entwicklungsrate ($\bar{y}$) und phänotypischer Stabilität (σ^2_p) in drei experimentellen Populationen von *Drosophila melanogaster* (umgezeichnet nach TIGERSTEDT, 1969).

Die Ergebnisse dieses Experiments zeigen, daß die Fitness (Fertilität) sich unter dem Einfluß disruptiver Selektion etwa in 50–60 Generationen verdreifacht. Offensichtlich erlangten alle drei Populationen im Hinblick auf die Entwicklung einen höheren Grad an Stabilität, während die Phänotypenvarianz mit zunehmender Generationenzahl abnahm. Eine leichte Verminderung der durchschnittlichen Entwicklungsrate (schnellere Entwicklung) muß hier als ein Zeichen für einen heterotischen Effekt gewertet werden. Einige grundsätzliche Experimente über die exponentielle Wachstumsrate von Populationen, die disruptiv selektiert wurden, als auch Experimente über die Konkurrenzfähigkeit dieser Population zeigten (Abb. 8.1.6), daß diese im allgemeinen nicht selektierten oder gerichtet selektierten Populationen überlegen waren. Analysen von kontrollierten Kreuzungen zwischen und innerhalb der Fraktionen (langsam und schnell) zeigten tatsächlich, daß «langsame» und «schnelle» Chromosomenkomplexe aufgebaut worden sind.

Offensichtlich sind die hoch toleranten mexikanischen und kolumbianischen Weizensorten, die das Ergebnis von Ramschselektionen aus Multi-Linien-Kreuzungen waren und unter verschiedenen Bedingungen selektioniert wurden, bisher in der Pflanzenzüchtung das einzige Beispiel einer wirklichen disruptiven Selektion. Es besteht zur Zeit ein großes Interesse an der Entwicklung von Kulturformen, mit guten phänotypischen Puffereigenschaften. Dies ist die Folge der unglücklichen Auswirkungen, die sich auf Grund der hochspezialisierten und genetisch homogenen Pflanzenpopulationen ergaben. Das alarmierendste Beispiel ist die Blattfleckenkrankheit des Maises *(Helminthosporium maydis)* in den USA. Im Jahre 1970 kam es zu totalen Mißernten, die offensichtlich durch die Verwendung eines bestimmten Zytoplasmas bei der Entwicklung aller Maishybriden verursacht wurde (T-male-sterility induzierendes Zytoplasma). Kürzlich hat LONNQUIST (pers. Mitteilung, 1972) in Wisconsin ein Selektionsprogramm am Mais begonnen, das «Divergenz-Konvergenz-Selektion» genannt wird. Dies ist im Grunde ein Programm für disruptive Selektion und zufällige Paarung zwischen den Fraktionen. Die Fraktionen werden hier durch die Natur an verschiedenen Versuchsorten selektioniert. Die zufällige Paarung wird durch ein zentrales «Bestäubungsfeld» ermöglicht, das Pflanzen aus allen Orten mit gleichen Anteilen enthält.

Dieses Zuchtprogramm ähnelt sehr dem oben mit *Drosophila* erwähnten. Allerdings mit der Ausnahme, daß es dort fünf an Stelle von nur zwei Fraktionen gab. Als Ergebnis sollte man eine Linie mit hoher Adaption für alle fünf Orte erwarten.

In der ökologischen Genetik ist eine der bedeutendsten Fragen die nach der Penetranz der Merkmale unter verschiedenen Umweltbedingungen. Dies hat zu recht inter-

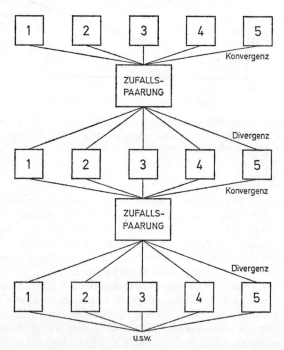

Abb. 9.1.7: Divergenz-Konvergenz-Selektion in einem Zuchtprogramm beim Mais (nach pers. Mitteil. von LONNQUIST, 1972).

essanten Erkenntnissen hinsichtlich der Wirkung der Selektion geführt. Oft können sich Merkmale nur unter bestimmten Umweltbedingungen manifestieren. Unter solchen Bedingungen würden wir dann von «erworbenen Eigenschaften» sprechen. Unter bestimmten Bedingungen können solche «Merkmale», die umweltabhängig sind, erblich werden. Natürliche oder künstliche Selektion wirken nur auf den Phänotyp, und der genetische Hintergrund kann nur über diesen erreicht werden. WADDINGTON (1953) hat eine derartige Selektion als genetische Assimilation bezeichnet. Das klassische Beispiel für eine solche Selektion bezieht sich wiederum auf die *Drosophila*. Durch einen Hitzeschock konnte WADDINGTON Phänotypen erzeugen, die keine hinteren Queradern auf ihren Flügeln hatten. Dieses außergewöhnliche Ergebnis der Interaktion zwischen Genotyp und einer abnormen Umwelt konnte nun der Angriffspunkt einer phänotypischen Selektion mit dem Ergebnis sein, daß nach 14 Generationen Selektion auf «*crossveinless*» dieses Merkmal auch unter normalen Bedingungen auftrat.

Es ist nicht nötig, darauf hinzuweisen, daß man geneigt ist, genetische Assimilation als ein Beispiel für die Vererbung erworbener Eigenschaften zu interpretieren. Es gibt jedoch eine eindeutige genetische Basis, wenn das auch ein äußerst extremes Beispiel für eine nicht vorhersagbare Genotypen-Umwelt-Interaktion ist. Die genetische Assimilation zeigt, wie bedeutend Umweltveränderungen als Ursache für Differenzen zwischen Phänotypen sind, die letztlich im Genotyp enthalten sind. Der Ausdruck Assimilation trifft hier ausgezeichnet, da er deutlich macht, wie sich mehr und mehr Gene um ein oder mehrere Majorgene zusammenfinden, die ursprünglich die Penetranz bewirkten. Bei Pflanzen ist die Induktion der Blüte durch Variation der Photoperiode ein ähnlicher Fall. Obgleich hier nicht eine widrige Umwelt die Ursache für die Penetranz des Merkmals ist. In Wirklichkeit ist die Balance zwischen generativer und vegetativer Phase ein Schwellencharakter. Wir teilen die Pflanzen im allgemeinen in Kurz- und Langtag-Pflanzen sowie in tagneutrale Pflanzen ein. Lichtintensität, Periodizität und Zusammensetzung des Lichtes haben jedoch nicht nur allein einen Einfluß auf den Blühbeginn. Andere Umweltbedingungen wie Temperatur, Bodenfruchtbarkeit und Wasserverhältnisse spielen ebenso eine bedeutende Rolle bei dieser Genotypen-Umwelt-Interaktion.

Solche «Grenzmerkmale» werden sehr oft nur von einer sehr kleinen Anzahl Major-Oligogenen determiniert. Beim *Nicotiana tabacum* wird die Differenz zwischen Kurztag-Sorten und tagneutralen Sorten nur durch ein Gen kontrolliert (LANG, 1942). Ähnliche Verhältnisse sind beim Salat beobachtet worden (BREMER, 1931). Vom Hanf wurden drei Sorten in Deutschland, eine in Italien und eine in der Türkei angebaut. Die Unterschiede dieser Sorten in der Photoperiode konnten auf drei Loci zurückgeführt werden (KÖHLER, 1960).

Die Entwicklung der Winterruhe bei den Koniferen zeigt offensichtlich ebenfalls die Wirkung nur weniger Hauptgene, die während einer langen Evolution assimiliert wurden. Besonders die Aufhebung der Winterruhe durch eine bestimmte Temperatursumme im Frühjahr zeigt deutlich eine Abhängigkeit von einem Schwellenwert. In der Regel benötigt z. B. *Picea abies* bei einem Anbau in Nordeuropa eine um so größere Temperatursumme, je weiter sie aus dem Süden stammt. Um daher Schäden an den vegetativen Trieben durch Frühjahrsfröste zu vermeiden, wird eine Herkunft etwa 1–2° weiter nördlich von ihrem natürlichen Standort kultiviert. Das Paradoxe daran ist, daß in einer südlichen Herkunft Frosthärte durch einen nördlichen Anbau erzielt wird.

Im Hinblick auf quantitative Merkmale, besonders bei solchen, die für die Anpassung von Bedeutung sind, können verschiedene Genotypen unterschiedlich auf Veränderungen der Umwelt reagieren. Dies wird im allgemeinen als Genotyp-Umwelt-Interaktion bezeichnet. Derartig verschiedene Reaktionen können in den relativen Unterschieden zwischen Genotypen Veränderungen verursachen oder können, wenn die Reaktionen groß sind, eine Verschiebung in der Rangfolge der Genotypen bewirken. Dies hat einen bedeutenden Einfluß auf die Berechnung des Zuchtwertes der verschiedenen Genotypen. Wenn nur geringe Genotypen-Umwelt-Interaktionen vorhanden sind, dann sind die Genotypen konstant (Zuchtwert = additive Genotypen) und es gibt keine Verschiebungen in der Rangfolge der Individuen. Die Genotyp-Umwelt-Interaktion wird durch die Stabilität oder die Entwicklungs-Homöostasie des Individuums im Verhältnis zur Umweltverschiedenheit oder Variabilität bestimmt. Dies sind genau die beiden Faktoren, die LEVINS in seinem Fitnessmodell und seinen Adaptationsfunktionen berücksichtigt (siehe Kap. 5). Der Grad der Stabilität einer Art wird dann von seiner ökologischen Strategie bestimmt, und zwar ob sie der eines «Unkrautes» oder eines «Nicht-Unkrautes» entspricht.

Unter künstlichen Bedingungen werden große Genotypen-Umwelt-Interaktionen oft durch die Einfuhr von Arten aus entfernten Gebieten hervorgerufen. Mit zunehmender Verbreitung können sogar gut gepufferte Individuen gezwungen werden, eine große Interaktion zu zeigen. Dasselbe kann eintreten, wenn die lokale Umwelt durch drastische Maßnahmen verändert wird, wie z. B. durch starke Düngung, einem Wandel in der Temperatur oder den Wasserverhältnissen. Die Zwergweizensorten, die in Mexiko von BORLAUG und seinen Mitarbeitern gezüchtet wurden, sind anderen unter normalen Anbaubedingungen sicherlich nicht überlegen. Sie bringen aber bei einer extrem starken Düngung einen besseren Ertrag. Eine derartig starke Düngung ist dagegen für normale Sorten auf Grund eines erhöhten Längenwachstums und dem damit bedingten Lagern von Nachteil. In der modernen Landwirtschaft werden künstliche Bedingungen mehr und mehr geschaffen. Ein großer Teil der Ertragssteigerungen muß in den letzten Jahren in irgendeiner Form der Umwelt-Genotypen-Interaktion zugeschrieben werden. Dies trifft mehr für Pflanzen aber auch für Tiere zu. Die Züchtung hoch spezialisierter Sorten ist oft nichts anderes, als eine Erhöhung der Genotyp-Umwelt-Interaktion. Wie bereits erwähnt, hat dies inzwischen ein Ausmaß erreicht, bei dem die genetische Verwundbarkeit des Systems ein begrenzender Faktor ist. Das Pendel beginnt überzuschlagen. Es muß jetzt mehr als bisher der Stabilität Aufmerksamkeit geschenkt werden. Das Ziel der Züchtung muß eine Kombination von hohem Ertrag und hoher Stabilität sein, zwei Faktoren, die bei einer klugen Strategie kombiniert werden können. Es konnte auch beim Mais gezeigt werden, daß die Varianz der Interaktion einer Mischung von Genotypen geringer ist, als die eines einzelnen Genotyps (EBERHART und RUSSEL, 1966).

Umweltdifferenzen sind grundsätzlich verschiedenen Typs, nämlich vorhersagbar oder nicht vorhersagbar. Eine Art ist gewöhnlich genetisch an große Umweltveränderungen, wie z. B. Veränderungen im Klima, Bodenarten und anderen allgemeinen Faktoren des Ökosystems angepaßt. Innerhalb der vorhersagbaren Umweltunterschiede gibt es zwei Kategorien: Heterogenität in der Zeit und Heterogenität im Raum. Diese beiden sind in der Weise voneinander abhängig, als z. B. eine Veränderung in der geographischen Verbreitung eine Veränderung in der Photoperiode nach sich zieht etc. Innerhalb dieser beiden vorhersagbaren Komponenten der Umweltvariabilität gibt es unvorhersagbare Variation, die durch klimatische Schwankungen wie Trockenheit, Hitze, Kälte und Wind verursacht wird. Eine Art entwickelt ihre Strategie durch Anpassung an vorhersagbare und nichtvorhersagbare Umweltänderungen. Den Gesamtprozeß nennen wir die Strategie der Art. In gewisser Weise kann man sagen, daß einige Arten die Vorteile der unvorhersagbaren Veränderungen (opportunistische Arten) wahrnehmen, während andere ihren Vorteil durch Anpassung an die vorhersagbare Umwelt suchen. Eine Strategie schließt die andere nicht vollständig aus, und es gibt alle Übergänge.

Je nach Artenstrategie und Umweltunterschieden kann die Genotyp-Umwelt-Interaktion sehr verschiedenen Ursachen zugeschrieben werden. Auf Grund dieser Tatsache ist es oft schwer, die wesentlichsten Ursachen der Interaktion zu erkennen.

Trotzdem kann eine Klassifikation der Interaktion durchgeführt werden, wenn genetische und umweltartige Unterschiede berücksichtigt werden (McBride, 1958). Hierdurch ist eine große Gesamtdefinition der Ursachen möglich und weitere Klassifikationen können in Abhängigkeit davon versucht werden, ob umweltbedingte Differenzierungen statistisch hierarchisch oder geschachtelt, vorhersagbar oder nichtvorhersagbar sind.

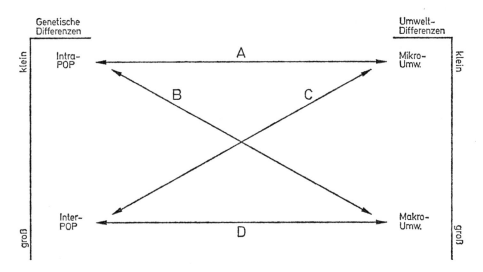

Abb. 9.1.8: Klassifikation der Genotyp-Umwelt-Interaktion (nach McBride, 1958). Erklärung siehe Text.

Es gibt dann grundsätzlich vier verschiedene Effekte. A und C sind solche innerhalb einer Mikroumwelt, und B und D solche zwischen Makroumwelten. Analog können dann Genotypen-Umwelt-Interaktionen als Effekte klassifiziert werden, die durch Interaktionen von Genotypen innerhalb einer Population mit verschiedenen Arten von Umwelteffekten, A und B, entstehen, oder die als Effekte von Genotypen aus verschiedenen Populationen mit verschiedenen Arten von Umwelteffekten, C und D, entstehen.

Sowohl vom theoretischen als auch vom praktischen Standpunkt aus würde ein brauchbarer Parameter derjenige sein, der eine einfache Schätzung der Entwicklungs-Homöostasie oder der Toleranz gibt. In der Populationsbiologie determiniert dies dann die Strategie einer Population oder einer Art, wenn Toleranz mit Nischendifferenzierung verglichen werden kann. Ein Tier- oder Pflanzenzüchter kann die gleichen Informationen zur Schätzung der Stabilität (Flexibilität, Plastizität) oder Zuverlässigkeit einer Zucht benutzen.

Eine solche Methode wurde von FINLAY und WILKINSON (1963) entwickelt. Sie vergleichen die Toleranz von 277 Gerstensorten, die an drei Stellen über verschiedene Jahre in Australien angebaut wurden. Um die Sortenadaptation zu berechnen, wurde für jede Sorte die lineare Regression des Ertrages auf den durchschnittlichen Ertrag aller Sorten für jeden Standort und für jedes Jahr berechnet. Die Erträge wurden mit Hilfe einer $\log_{10}$ Tafel transformiert, um Linearität zu erhalten. Die Umwelten sind nach ökologischen Gesichtspunkten eingeteilt worden (für jeden Standort und Jahr), indem Mittelwerte über alle Sorten gebildet wurden.

Es ergab sich, daß unter diesen Bedingungen 79 % der genetischen Varianz einer linearen Regression zuzuschreiben sind. Die Sorte mit dem höchsten durchschnittlichen Ertrag hatte einen Regressionskoeffizienten von + 0,8. Im Durchschnitt wurde eine gute Stabilität von solchen Sorten gezeigt, die einen Regressionskoeffizienten von etwa 1 hatten. Absolute Stabilität würden allerdings Sorten haben, deren Koeffizienten gleich 0 sind.

Ein Zeichen für gute allgemeine Anpassungsfähigkeit (die Fähigkeit zur Anpassung an eine bestimmte Reihe von Umwelten) ist eine Kombination guter Stabilität (b = 0,8 bis 1,00) mit hohem durchschnittlichen Ertrag. Wenn die Stabilität gut ist, der durchschnittliche Ertrag jedoch gering, so ist das ein Hinweis für eine geringe allgemeine Anpassungsfähigkeit. Sorten, die besonders sensitiv gegen Umweltänderungen sind (Regressionskoeffizient $>$ 1) sind Spezialisten, die nur den Umwelten angepaßt sind, die einen hohen Ertrag zulassen. Wenn die Stabilität höher als der Durchschnitt (b $<$ 1), der durchschnittliche Ertrag jedoch recht niedrig ist, so bedeutet dies, daß solch eine Sorte besonders für arme Standorte geeignet ist.

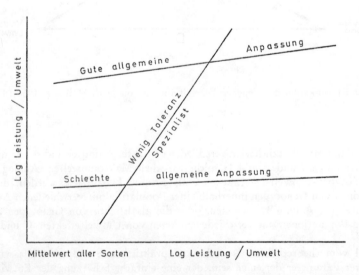

Abb. 9.1.9: Die FINLAY-WILKINSON-Methode zur Schätzung der ökologischen Stabilität.

Wenn die FINLAY-WILKINSON-Methode benutzt wird, kann die Anpassungsfähigkeit einer Art, Population oder Sorte in Form von Regressionskoeffizienten und dem durchschnittlichen Ertrag über einen ökologischen Gradienten angegeben werden.

Diese Methode ist später von EBERHART und RUSSEL (1966) weiterentwickelt worden. Sie erfordert eine Einteilung der Genotypen-Umwelt-Interaktion in zwei Teile. 1. Eine Komponente, die sich aus der Reaktion einer Sorte auf verschiedene Umweltbedingungen ergibt, was dem oben definierten Regressionskoeffizienten entspricht und 2. eine Komponente, die auf Grund der Abweichungen von der Regression auf den Umweltindex errechnet wird. Die zweite Komponente hängt vermutlich von unerklärbaren Fehlerursachen und von ausnahmsweise kleinen oder großen Genotypen-Umwelt-Interaktionen unter bestimmten Umweltbedingungen ab. Die zweite Komponente gibt ebenfalls eine zahlenmäßige Vorstellung von der Zuverlässigkeit der Stabilitätsschätzung. Das Modell für die Schätzung der ökologischen Toleranz ist in diesem Fall

$$Y_{ij} = u_i + B_i I_j + S_{ij}$$

wobei Y_{ij} = das Sortenmittel der i-ten Sorte in der j-ten Umwelt, u_i = die i-ten Sortenmittel über alle Umwelten, B_i = deren Regressionskoeffizienten oder die Toleranz der i-ten Sorte über alle Umwelten, I_j = der Umweltindex der Klassifikation und S_{ij} = die Abweichung von der Regression der i-ten Sorte in der j-ten Umwelt ist.

EBERHART und RUSSELL führten ihre Untersuchungen an Daten von diallelen Kreuzungen und Dreiwege-Kreuzungen beim Mais durch. Sie fanden bei beiden Stabilitätsparametern große Unterschiede zwischen den Linien. Wie schon früher erwähnt, fanden auch sie eine wesentliche Zunahme der Stabilität, wenn die Anpflanzungen aus Gemischen von Genotypen bestanden.

Die Schätzung der Toleranz muß natürlich in Feldversuchen durchgeführt werden, die den statistischen Anforderungen gerecht werden. Die Interaktionskomponente in einer einfach zweifaktoriellen Varianzanalyse ist dann die Summe aller Genotypen-Umwelt-Interaktionen:

Varianzen zwischen den Umwelten
Varianzen zwischen den Genotypen
Genotypen × Umwelt-Interaktionen.

Es ist dann folgerichtig, diese Komponente in Anteile aufzugliedern, die von den einzelnen Sorten beigesteuert werden. Die so errechneten Werte könne dann dazu benutzt werden, die Toleranz der Sorten unter verschiedenen Umwelten zu messen. WRICKE (1962, 1965) hat für diesen Parameter den Begriff Ökovalenz geprägt.

Die Summe der Quadrate der Interaktionskomponente in einer zweifaktoriellen Varianzanalyse ist dann

$$SS_{int} = \Sigma X^2_{ij} - \frac{\Sigma X^2_{i.}}{q} - \frac{\Sigma X^2_{.j}}{p} + \frac{X^2_{..}}{pq}$$

wobei X_{ij} der i-te Genotyp in der j-ten Umwelt ist. p ist die Gesamtzahl der Genotypen und q ist die Gesamtzahl der Umwelten.

Der Beitrag des i-ten Genotyps zur Summe der Quadrate der Gesamtinteraktion (Genotyp × Umwelt) ist dann einfach

$$W_i = \Sigma (X_{ij} - \frac{X_{i.}}{q} - \frac{X_{.j}}{p} + \frac{X_{..}}{pq})^2$$

W_i ist die Ökovalenz der Genotypen in der Terminologie von WRICKE. Dieses Modell kann ebenfalls zu einer multifaktoriellen Anlage erweitert werden, wobei Interaktionen auf den verschiedenen Ebenen (Orte, Jahre, Böden etc.) auftreten. Solche komplexe Situationen können auf eine zweifaktorielle Analyse reduziert werden, wobei alle Interaktionen als ein Umweltfaktor betrachtet werden. Die verschiedenen Ökovalenzen können in einem F-Test verglichen werden, wobei die Freiheitsgrade für einen solchen Test angenähert die nächst kleinere ganze Zahl von $\frac{(p-1)(q-1)}{p}$ sind. Es soll nur kurz erwähnt werden, daß bei Berücksichtigung der Umwelten in analoger Weise die Aufteilung der Interaktionsvarianzen eine Möglichkeit der Klassifikation der Umweltdifferenzen gibt.

Wie schon früher bei der Diskussion über die Stichprobenentnahme und der Artendifferenzierung erwähnt wurde, ist Variabilität auf drei verschiedenen Ebenen zu beobachten: 1. innerhalb einer lokalen Population, 2. zwischen Populationen auf Grund der Heterogenität der Umwelt, 3. zwischen Populationen auf Grund von ökologischen Gradienten. Das tatsächliche Problem besteht nun darin, die Ursachen der ökologischen Toleranz zu entwirren und z. B. die Gründe für Unterschiede in den Regressionskoeffizienten und den Abweichungen von der Regression zu finden. Die Situation wird weiterhin durch sich kreuzende ökologische Kline kompliziert, indem sie so etwas wie eine ökologische Landschaft mit optimalen Gipfeln und Neigungen bilden.

Man braucht nur die Anzahl der möglichen Interaktionen zwischen m Genotypen und n verschiedenen Umwelten zu berechnen, um festzustellen, daß eine Aufgliederung der Wechselwirkungen oder der ökologischen Toleranzen in ihre Komponenten wirklich nicht vollständig eindeutig möglich ist, wenn viele Genotypen und viele Umwelten berücksichtigt werden. Die Zahl der Permutationen ist durch den Ausdruck

$$\frac{(mn)!}{(m!)(n!)}$$

gegeben, der bereits astronomisch wird, wenn nur wenige Genotypen (m) und Standorte (n) berücksichtigt werden (HALDANE, 1946).

Eine Arbeit von HARDWICK und WOOD (1972) gibt eine eingehende Überprüfung der Probleme, die sich bei der Bearbeitung von Genotypen-Umwelt-Interaktionen ergeben. Die Autoren empfehlen eine andere Methode der Analyse, die auf der multiplen Regression der Leistung auf Grund von Umweltvariablen basiert. Ihre Behandlung der Abweichung von der Regression auf das Umweltmittel ist wert, im einzelnen angeführt zu werden. Die Autoren finden, daß die Abweichungen von der Regression funktionell nicht unabhängig vom Anstieg der Regressionslinie sind, weder im algebraischen noch im biologischen Sinn. Eine korrekte Analyse muß daher die Art der Abhängigkeit von Umweltvariablen berücksichtigen, und zwar ob sie linear oder nichtlinear ist. Nichtlinearität würde sich dort ergeben, wo die Leistungsfähigkeit eine diskontinuierliche Funktion von einigen Umweltvariablen ist. Dies ist in Wirt-Parasiten-Systemen zu erwarten und ebenfalls dort, wo die Artstrategie einen polymorphen Mechanismus von Gen- oder Supergen-Interaktion aufgebaut hat. Wir haben schon früher gesehen, daß Stufen in eine Klin ganz normal sind. Letztlich hängen diese Interaktionen von erblicher Entwicklungshomöostasie in Relation zur Nischenverschiedenheit ab. Interaktionen sind daher unter natürlichen Bedingungen immer vorhanden. Ihr Ausmaß ist mehr gradueller als prinzipieller Natur. Wenn wir die Genotypen-Umwelt-Interaktionen in dieser Weise betrachten, so müssen wir nochmals auf das Fitnessmodell von LEVINS zurückkommen, das wir im Kapitel 5 vorgestellt haben.

Die höchst gegensätzlichen Umweltbedingungen, die vom Menschen geschaffen wurden und werden, werden in der Zukunft unvorhersagbare Folgen haben. Dies hat oft zu bedeutenden Erträgen bei Tieren und Pflanzen geführt. Es gibt jedoch auch Anzeichen für eine ernsthafte Zerstörung des Ökosystems durch solche Änderungen. Eine Hauptaufgabe für die ökologische Genetik ist es, Ordnung und ökologische Balance in dieses künstliche System zu bringen.

9.2 Forst- und Landwirtschaft

Ein allgemeines Kennzeichen der von dem heutigen industrialisierten Menschen geführten Lebensgemeinschaft ist das Bestreben, Produktion und Erträge, sei es in einem biologischen oder mechanischen System, zu erhöhen. Jeder von uns weiß jedoch von der enormen Belastung, die das Gleichgewicht unseres Ökosystems durch solch eine Aktion erfährt (ODUM, 1971, Kap. 15 u. 16). In diesem Zusammenhang sollten wir jedoch unsere Betrachtungen auf die jüngsten Entwicklungen in der Land- und Forstwirtschaft beschränken. Wir werden versuchen, die Rückwirkung, die diese moderne Entwicklung auf die Genetik und Ökologie der beteiligten Arten hat, zu untersuchen.

Einige in letzter Zeit geäußerten Meinungen von Pflanzen- und Tierzüchtern weisen darauf hin, daß Ertragssteigerungen vom genetischen Standpunkt aus kaum mehr möglich sind. So scheint z. B. der Phänotyp des Zwergweizens beinahe so ideal, daß eine weitere genetische Verbesserung kaum vorstellbar ist. Dies schließt natürlich nicht die Krankheitsresistenz ein, hier findet eine dauernde Veränderung innerhalb der beteiligten Erreger statt. Man muß dabei zwischen allgemeiner Krankheitsresistenz (horizontale Resistenz) und spezifischer «Wirts-Parasitenstamm»-Resistenz (vertikale Resistenz) unterscheiden. Auf Grund der Züchtung von landwirtschaftlichen Kulturpflanzen über viele Generationen hinweg muß erwartet werden, daß eine Assimilation von additiven Genen, die allgemeine Resistenz bedingen, stattgefunden hat. Möglicherweise hat dies die horizontale Resistenz auf ein höheres Plateau gebracht. Eine derartige Resistenz ist natürlich von einer quantitativen Genwirkung abhängig und ist daher deutlich von einer Gen-zu-Gen-Interaktion zu unterscheiden, die für die Beziehung zwischen Flachs und Flachsrost beschrieben wurde (Abschnitt 8.1).

Die Annäherung an ein Zuchtplateau ist natürlich nur möglich, wenn sich die Anforderungen des Menschen an die Ertragsqualität nicht ändern. Es ist jedoch zu bedauern, daß die moderne Landwirtschaft und insbesondere die industriellen Prozesse sich so schnell ändern, daß eine genetische Veränderung durch Züchtung dieses Tempo nicht mithalten kann. Dies ist der Fall in der Züchtung auf Proteine beim Weizen, Hafer, Gerste und Mais und ebenso in der Rinder- und Schweinezucht, wo heute viel Eiweiß und weniger Fett gefordert wird. Das ist der Fall bei der Züchtung von Ölpflanzen auf Verminderung von verschiedenen toxischen Substanzen und gleiches gilt auch in der Futterpflanzenzüchtung. Ein genetisches Plateau hat daher nur Bedeutung für die bedeutendsten landwirtschaftlichen Arten und dort auch nur für grobe morphologische Merkmale. Der Gesamtertrag tendiert auf ein genetisches Plateau hin, nicht aber die Qualität des Erntegutes. Da jedoch der Gesamternte eine solche Bedeutung beigemessen wird, ist es für den modernen Landwirt zwingend geworden, mehr zu produzieren indem er die Umwelt der Kulturpflanzen ändert.

Welche Methoden werden angewandt, um durch Manipulation der Umwelt den Ertrag zu erhöhen, und was sind ihre Rückwirkungen?

Hochmechanisierte Anbau- und Erntemethoden erfordern höchst einheitliche Kulturarten. Eine solch hohe Einförmigkeit wird auch durch die geltenden internationalen

Gesetze gefordert, um patentierte Sorten unterscheiden zu könen und damit die Rechte des Züchters an landwirtschaftlichen und gartenbaulichen Sorten zu sichern. All dies hat eine Einengung des Genpools der Kulturart zur Folge. Dies hat natürlich, kombiniert mit einem großräumigen Anbau bestimmter Arten, die genetisch verwundbare Situation bewirkt, in der ein virulenter oder aggressiver Parasit unter für ihn günstigen Bedingungen explosionsartig zunehmen kann. Dieses Problem mag in naher Zukunft ebenfalls die Forstwirtschaft betreffen, da mehr und mehr hoch ertragreiche Bäume gezüchtet werden und somit eine große Verbreitung erzielen. Besondern verwundbar müssen Anpflanzungen sein, die aus einem einzigen Klon bestehen. Der moderne Gartenbau und auch die Forstwirtschaft haben (z. B. Kulturen von *Cryptomeria japonica* in Japan) praktisch das Problem der asexuellen Vermehrung gelöst. Dies ist ein äußerst wirksamer Weg, die genetischen Strukturen einer Population zu manipulieren. Wir können nun genaue genetische Kopien in Tausenden von bestimmten luxurierenden Hybriden oder von besonders schönen Blumenformen herstellen. Hier sind jedoch zwei Gefahren zu beachten: 1. die extreme genetische Verwundbarkeit von solchen einheitlichen Populationen, 2. die Rückwirkungen, die eine solche Veränderung der genetischen Struktur der Population auf das generative Reproduktionssystem hat. So werden z. B. vegetativ vermehrte Populationen von Bäumen, die unter natürlichen Bedingungen Fremdbestäuber sind, zur Inzucht gezwungen. Dies verursacht Inzuchtdepressionen und anscheinend einen totalen Zusammenbruch des genetischen Systems. Das Ergebnis ist eine Binsenweisheit: Wenn der Mensch mit der Manipulation der Ökologie und der Genetik einer Art beginnt, so ist die weitere Existenz vollkommen vom Menschen als Hüter abhängig. Es ist viel schwieriger, zu einer natürlichen Entwicklung zurückzugehen, wenn sie einmal unterbrochen wurde. Der Mensch kann in diesem Fall bis zu einem gewissen Maß ein Unglück vereiteln, indem er multiklonale Sorten, die z. B. den Multiliniengemischen beim Weizen entsprechen, herstellt. Solche Mischungen würden in einem gewissen Maß einen vollständigen Parasitenbefall verhindern und Fremdbestäubung zulassen. Die alarmierende Einengung des Genpools oder die Verwendung von monoklonalen Kulturen steht besonders bei langlebenden Bäumen und anderen holzartigen sowie ausdauernden Arten bevor. Einjährige sind leichter zu handhaben, da deren Entwicklung innerhalb eines Jahres vollständig abgeschlossen ist. Die Methode der künstlichen asexuellen Vermehrung verspricht am meisten Erfolg in den auf Grund von langen Generationszeiten und den damit verbundenen langsamen Zuchtmethoden leicht verwundbaren Pflanzengruppen. Die Anwendung von Klonen wird daher in naher Zukunft in der Forst- und Landwirtschaft und im Gartenbau drastisch ansteigen, da ihre Vorteile in vielen Fällen überwältigend sind. Vorausgesetzt, daß sie weise und in sorgsam kombinierten multiklonalen Kulturen verwandt werden, können sie der urbanen Ökologie der modernen Pflanzenzüchtung und Ökologie eine Fülle der Bereicherung bringen. Es muß jedoch deutlich darauf hingewiesen werden, daß solche drastischen Änderungen auf lange Sicht einen Einfluß auf das Ökosystem haben werden. Es muß mehr denn je gefordert werden, daß eine solche Genaushöhlung in vom Menschen gemachten Kulturen ausgeglichen werden muß. Dies kann durch die Erhaltung großer, natürlicher Gebiete geschehen, in denen der Genpool intakt gehalten wird und die natürliche Selektion eine Chance bekommt, ein gut funktionierendes Ökosystem zu erhalten.

Große internationale Anstrengungen werden zur Zeit für spätere Bedürfnisse unternommen, um durch die Einrichtung von Genbanken einen großen Genpool zu retten. Eine vollständige Übersicht über diesen Komplex wird in dem von FRANKEL und BENNET (1970) herausgegebenen Buch gegeben.

In gleicher Weise sind große und gleich alte Monokulturen, die weite Waldgebiete bedecken, anfällig gegen Parasitenbefall. In diesem Fall liegt jedoch innerhalb der Population eine natürliche genetische Variation vor. Voraussetzung hierfür ist, daß bei der Samenbeschaffung ein großer Teil des Genpools berücksichtigt worden ist. Wenn jedoch die Samen von nur wenigen Individuen stammen, droht wiederum die Gefahr der genetischen Verwundbarkeit. Dasselbe gilt für die Verwendung von Samen aus Plantagen. In extremen Fällen bilden nur einige wenige Klone die Grundlage für das Pflanzenmaterial, das in einer Monokultur eines großen Gebietes benutzt wurde. Bei der Züchtung von Bäumen mit einer langen Generationszeit muß man besonders darauf bedacht sein, daß der Genpool weitgehend repräsentiert ist.

Die Verwendung von großen Monokulturen in der Forstwirtschaft ändert sich jedoch graduell mit der steigenden Bedeutung des Waldes als «Mehrzweckgebiet». Es ist leicht einzusehen, daß der Wald, der aus mehreren Hauptbaumarten besteht, für menschliche Aktivitäten eine freundlichere Umwelt darstellt. Darüber hinaus bietet aber eine derart differenzierte Gemeinschaft eine größere Variation von ökologischen Nischen, die für eine diversifizierte Flora und Fauna von Bedeutung ist. Dies beinhaltet, daß ein solches Ökosystem einen höheren Grad an Stabilität als eine Monokultur besitzt. Tatsächlich kann man sich kaum vorstellen, daß Monokulturen für die Forstwirtschaft von Vorteil sind, wenn man von extremen Bedingungen absieht, wie z. B. in Mooren, auf unfruchtbaren Moränen oder in Gebieten nahe an Klimagrenzen wie die Arktis. Besonders alarmierend sind Bestrebungen, den tropischen Regenwald und andere Habitate, die normalerweise eine Vielzahl von Pflanzen beinhalten, in Monokulturen zu verwandeln. Hier kann man auf Grund der drastischen Veränderungen in bezug auf Wärme und Wasserverhältnisse den Anfang einer schwerwiegenden Inbalance voraussagen. Einer der bedeutendsten stabilisierenden Faktoren in pflanzlichen Ökosystemen ist die Respiration (FREDRICKSON et al., 1973).

Ingesamt ist das Bestreben, den natürlichen Wald mit seinen vielen interagierenden Arten in eine Monokultur umzuwandeln, kaum zu verstehen. Der einzige Vorteil, den man sich vorstellen kann, ist der, daß solche Monokulturen leichter bearbeitet werden können. Hoffnungsvoll ist jedoch, daß der Mensch heute auf andere Faktoren aufmerksam wird, die von größerer Bedeutung sind als die reine Technologie.

Besonders zu Beginn dieses Jahrhunderts wurden Arten aus ihren natürlichen Verbreitungsgebieten eingeführt. Botaniker stellten sorgfältige Vergleiche der Klimate in verschiedenen Teilen der Erde an und führten umfangreiche Sammlungen durch. Diese Sammlungen unterschieden sich natürlich von den ausgedehnten Expeditionen, auf denen neues Genmaterial des Getreides und anderer landwirtschaftlicher Kulturarten gesucht wurde. Im letzteren Fall sahen sich die Züchter nach wertvollen Merkmalen um, die in die Lokalsorten eingekreuzt werden konnten. Hierzu zählen die Gene für hohe Lysin-Produktion in der Gerste, die in Äthiopien gefunden wurden, oder die Gene für das Zwergwachstum beim Weizen. Bei annuellen landwirtschaftlichen Pflanzen hat die Inventur der weltweiten Genreserven viel wertvolles Genmaterial für den Züchter gebracht. Bei Perennen und Bäumen hat dies jedoch dazu geführt, daß fremde Arten oder Exoten in neue Ökosysteme eingeführt wurden, ohne daß sie eingekreuzt wurden. Solche Exoten mögen in ihrer neuen Heimat geeignete Nischen finden und manchmal sogar mit endemischen Arten konkurrieren können. In den meisten Fällen wird ihre Existenz in der neuen Welt jedoch nur mit Hilfe des Menschen möglich sein. Bei Zierpflanzen ist eine große Zahl der eingeführten Arten erfolgreich gewesen. Sie tragen enorm zur Verschönerung der menschlichen Gärten und Parks bei.

Die Einfuhr von exotischen Bäumen ist vom ökologischen Standpunkt problematischer. Schnellwachsende kalifornische Kiefern, wie *Pinus radiata,* sind mit großem Erfolg in Südamerika, Afrika, dem Fernen Osten und Ozeanien eingeführt worden. Diese Art hat gezeigt, daß sie auch gute Erträge unter Bedingungen bringt, die vollständig verschieden von ihrem Ursprungsland sind. Auch gab es einige erfolgreiche Einfuhren von Baumarten aus Nordamerika und Asien nach Europa. Unter bestimmten Bedingungen brachten solche Bäume sogar höhere Erträge als die einheimischen Arten. Dies gilt z. B. für *Pinus contorta* in Nordeuropa, für *Pseudotsuga menziesii* in Zentraleuropa und für die sibirische und japanische Lärche in verschiedenen Gebieten Europas. Von einem strengen ökonomischen Standpunkt aus gesehen, scheinen solche Einfuhren von unmittelbarem Nutzen zu sein. Für längere Zeit muß man jedoch bedenken, welche Rückwirkungen solche Einfuhren auf das endemische Ökosystem besonders dann haben, wenn das Wirt-Parasiten-Verhältnis in Betracht gezogen wird. Es gibt keine Möglichkeit, die Entwicklung eines solchen Systems vorherzusagen. Man kann sich hauptsächlich drei verschiedene Situationen vorstellen:

1. Die Wechselwirkung zwischen einem eingeführten Wirt und den mit diesem eingeführten Parasiten,
2. die Wechselwirkung zwischen einem eingeführten Wirt und einem endemischen Parasiten,
3. die Wechselwirkung zwischen einem endemischen Wirt und einem eingeführten Parasiten.

Für alle drei Fälle gibt es sowohl in Europa als auch in Nordamerika Beispiele, die zu einem katastrophalen Ende führten. Oft kam die Ausrottung des Wirtes nach mehreren Jahrzehnten erfolgreicher Kultur vollkommen unerwartet. Beispiele hierfür sind die Ausbreitung der Krankheiten der Ulme in Nordamerika oder des Ascomyceten *Rhabdocline pseudotsugae* in Beständen der Douglastanne in Europa. Typisch ist die Heftigkeit, mit der diese Ereignisse eintraten. Es ist eine Art explodierender Oszillation im Gegensatz zu den dämpfenden Effekten in natürlichen Ökosystemen.

Es gilt als eine grobe Regel, daß die sichersten exotischen Einfuhren aus solchen Arten bestehen, die unter den neuen Bedingungen eine Nische finden und sich dort auf natürliche Weise vermehren können. Dies ist die Grundlage für einen gut angepaßten Generationszyklus, bei dem die natürliche Selektion einen unmittelbaren Einfluß auf die nächste Generation hat. Wenn wir jedoch die exotischen Arten durchgehen, dann stellen wir fest, daß nur äußerst wenige Arten und Herkünfte die Fähigkeit haben, solche Nischen zu finden. Eine eingeführte Art mag sich, soweit es Wachstum und Ertrag betrifft, gut halten, ihre fehlende Adaptation kann jedoch an dem sensitiven generativen Generationszyklus nachgewiesen werden. Entweder wird überhaupt kein Samen produziert, was ein Zeichen fehlender Synchronisation des empfindlichen Sexualzyklus einschließlich Befruchtung und Samenreife ist, oder die Art ist unfähig, eine neue Generation durch generative oder vegetative Vermehrung zu bilden. Im letzteren Fall muß angenommen werden, daß sie im ökologischen System schlecht plaziert oder vollständig unfähig ist, mit den einheimischen Arten zu konkurrieren. Unter beiden Umständen ist die Fitness der eingeführten Art gleich Null. Eine ganz andere Situation kann jedoch bei der Einfuhr eines Unkrautes eintreten, das in der neuen Umwelt manchmal eine explosive Vermehrung zeigt.

Die jüngste Entwicklung in der Haustierzucht hat in ebenso alarmierender Weise die Genreserven eingeschränkt. Beim Hausrind ist diese Situation durch die künstliche Besamung entstanden, die einen bemerkenswerten Einfluß auf die Populationsstruktur hat. Bei Hühnern mit ihren außerordentlich hohen Reproduktionsraten sind nur noch einige wenige Stämme die Träger des gesamten Genmaterials und viele lokale Rassen sind vollständig verschwunden. Die Situation ist bei Schweinen und Schafen in gleicher Weise alarmierend.

Noch vor 50–100 Jahren, bevor die rationale Züchtung von Haustieren begann, setzten sich die Herden aus zahlreichen lokal adaptierten Zuchten zusammen, die alle heterogen waren. Ein großer Teil dieses Genpools ist nun durch das beharrliche Bemühen verlorengegangen, Herden von großer Einheitlichkeit und Reinheit zu züchten. Es können einige Beispiele für die Verarmung der Genreserven auf Grund skandinavischer Beobachtungen angeführt werden. (Alle Beispiele stammen von MAIJALA, 1970.) In Finnland ist der nordfinnische Typ des eingeborenen Rindes fast vollkommen verschwunden. Ost- und westfinnische Lokalrassen sind weitgehend zugunsten von Ayshire und Friesen dezimiert worden. Der Verlust genetischer Variabilität kann am besten an der Häufigkeit von Blutgruppen beschrieben werden. Das B-Blutgruppensystem zeigt in den westfinnischen Lokalrassen und Ayshire weniger als 30 % gemeinsame Allele. Mehr als 50 % aller Allele treten in den Lokalrassen auf, während 18 % nur in der Ayshire-Rasse vorkommen. Es ist von Bedeutung, darauf hinzuweisen, daß es mehr als 50 Allele gibt, die ausschließlich in den Lokalrassen vorkommen, während die international verbreiteten Ayshire nur etwa 20 Allele aufweisen. Zusammengefaßt: Das Spektrum der genetischen Variation ist in den Lokalsorten bemerkenswert größer. Der Verlust der Lokalsorten bedeutet daher für das finnische Rind eine ernste Einschränkung der Genreserven.

Das gleiche gilt für das finnische Landschaf, bei dem im Zeitraum von 1950 bis 1967 die Population von 1 Millionen auf 150 000 Tiere sank. Die Situation ist ähnlich beim schwedischen Rind, das fast völlig verschwunden ist. In Norwegen gab es, vermutlich auf Grund der großen Umweltvariation, 1930 etwa 30 verschiedene Rinderrassen. Jetzt sind nur noch drei übriggeblieben! Ein solcher Genverlust muß auf die Dauer einen negativen Effekt auf den Zuchterfolg haben und ganz besonders die ökologische Toleranz beeinflussen. Die Uniformität der heutigen Haustierhaltung, ihre Mechanisierung und die Verwendung von nur wenigen Samenherkünften beeinflussen alle die genetische Struktur der Tierpopulationen. Die künstlichen Populationen sind sicherlich hoch produktiv, sie lassen aber genetische Flexibilität vermissen und sind daher verwundbarer und sensibler gegenüber Veränderungen der Umwelt.

Vor kurzer Zeit sind einige nationale und internationale Programme begonnen worden, um das Genmaterial der Tiere für die Zukunft zu retten. Es gibt mindestens drei verschiedene Methoden, die ernstlich in Erwägung gezogen wurden:

1. Erhaltung von reinen Zuchten oder Stämmen,
2. Herstellung eines gemeinsamen Genpools durch Kreuzung von Zuchten oder Stämmen,
3. Einrichtung von Genbanken mit gefrorenem Samen, Eiern oder Gonadengewebe mit dem Ziel, alle Rassen zu retten, die nahe vor dem Aussterben sind.

Zusammenfassend kann gesagt werden, daß die Situation bei den Haustieren derjenigen bei den Kulturpflanzen entspricht. In beiden Gruppen werden hoch spezialisierte hoch leistungsfähige Züchtungen entwickelt, die eine außerordentlich sorgfältige Behandlung erfordern und hohe Gaben an Düngung bzw. Futter benötigen. Solche Züchtungen übertreffen lokale Rassen nur unter sehr stark kontrollierten Bedingungen. Sie können jedoch bei suboptimalen Bedingungen vollkommen versagen. Daher muß eindringlich gefordert werden, daß in zukünftige Zuchtpläne die ökologische Toleranz der Züchtung berücksichtigt wird. Land- und forstwirtschaftliche Maßnahmen sollten besser darauf abzielen, optimale statt maximale Erträge zu erzielen. Jede mögliche Anstrengung sollte unternommen werden, um das Genreservoir für den zukünftigen Gebrauch zu retten, oder wir werden bald schwerwiegende Degenerationen an Kulturpflanzen und Haustieren entdecken.

10. Die ökologische Genetik der Fische

Die Populationsstrategie der Poikilothermen scheint im allgemeinen einige Besonderheiten zu haben. Wir widmen daher unser letztes Kapitel dem Ökosystem der Fische, das eine so große Bedeutung für die Versorgung der Welt mit Proteinen hat und das das für die menschliche Züchtungsarbeit am erfolgversprechendste Ökosystem ist.

Genetische Untersuchungen über die Anpassung der Fischarten an verschiedene ökologische Nischen wurden besonders von KOSSWIG (z. B. 1964) an Zahnkarpfen und anderen Fischen in verschiedenen Seen im Nahen Osten durchgeführt. Im Gebiet von Zentralanatolien gibt es eine große Zahl von größeren und kleineren Seen, die alle im wesentlichen endemische Fischpopulationen haben, die von See zu See stark unterschiedlich sind.

Die heutige Evolutionstheorie (s. HUBBS, 1961) und besonders biochemische und serologische Studien (s. Übersicht von DE LIGNY, 1969) haben erneute Aufmerksamkeit auf das Problem der Diversifikation bei Fischen gelenkt. Der Einfluß der Umwelt auf die Diversifikation der Fische und die Poikilothermen im allgemeinen scheint von noch größerer Bedeutung als bei seßhaften Pflanzen zu sein. Wir wollen hier die Theorien von HUBBS besprechen, die uns eine Grundlage für Betrachtungen über Haltung und Züchtung von Fischen geben soll.

In der Natur scheinen verschiedene Barrieren gegen eine interspezifische Hybridisation zwischen echten Arten und sogar zwischen Unterarten zu existieren. Das Besondere daran ist, daß diese Arten, wenn man sie aus ihrer natürlichen Umwelt nimmt und in ein Aquarium einführt, ohne ein Zeichen einer genetischen Barriere frei paaren. Derartige nichtgenetische Hybridbarrieren gehen auf Unterschiede im Verhalten, in der Gewohnheit oder in der Psyche zurück. Untersuchungen von russischen Wissenschaftlern haben jedoch auch einen zellphysiologischen Mechanismus bei poikilothermen Tieren gezeigt, durch den effektive Hybridisationsbarrieren zwischen taxonomisch nahestehenden Arten oder sogar zwischen interspezifischen Gruppen erklärt werden können. Dies Phänomen wird Zell- oder Muskulär-Thermostabilität genannt. Es ergibt sich aus Messungen der Zellfunktion bei verschiedenen Temperaturen oder in Temperaturbereichen. Unterschiede in der ökologischen Breite der Temperaturstabilität kann dann eine effektive Hybridbarriere aufrichten, die ganz ähnlich der Nischendiversifikation in terrestialen Ökosystemen – jedoch wirksamer – ist. Ursächlich muß dieses Phänomen von dem Bereich der Enzymfunktionen abhängen, wie es schon früher in diesem Buch (Kap. 3, S. 28, oder Kap. 5.3, S. 70) erwähnt wurde.

Eine solche thermostabile Barriere ist z. B. im Schwarzen Meer zwischen «großen» und «kleinen» Formen der Pferdemakrele, *Trachurus mediterraneus* (ALTUKHOV, 1969) gefunden worden. Die kleinere Form wird im zweiten Jahr reif und laicht in Küstengewässern. Die größere Form wird im vierten Jahr reif und laicht im offenen Meer. Morphologisch sind diese beiden Formen nicht zu unterscheiden. Sie zeigen lediglich eine Differenz in der Thermostabilität von 2°. Es hat sich gezeigt, daß diese beiden Formen, selbst wenn sie zusammen auftreten, selten paaren und sind daher als Geschwisterarten aufgefaßt worden. Ähnliches Verhalten zeigt eine Reihe anderer Arten, die sowohl in Seen als auch im Meer vorkommen.

Eindeutige Verhaltensblöcke zur Verhinderung einer Hybridisation sind in der Literatur zahlreich beschrieben worden. HUBBS erwähnt, daß es häufig den Anschein hat, als wenn die Arten durch Erfahrung lernen, wie sie Rassenmischungen zu verhindern haben. Mitglieder von Geschwisterarten mögen selten hybridisieren, wenn sie über einen längeren Zeitraum zusammen gelebt haben. Die Barriere bricht jedoch zusammen, wenn sie nach längerer Trennung zusammengeführt werden. Wir haben in den Beziehungen zwischen Karpfen und Goldfisch hierfür ein gutes Beispiel. Beide kommen sympatrisch in fast ganz Ostasien und Japan vor und besiedeln die verschiedensten Habitate. Im Abfluß des Eriesees kreuzen diese Arten jedoch frei. Beide wurden vor einem Jahrhundert in den Eriesee eingesetzt. An einigen Stellen sind die Hybriden den Elternarten jetzt zahlenmäßig überlegen. Die neue Umwelt hat die Homogenie in kurzer Zeit beseitigt. Es kann nicht entschieden werden, ob dies auf Grund von Veränderungen im Verhalten oder aus physiologischen Gründen eingetreten ist. Die ökologische Unbalance muß jedoch auf jeden Fall der Initiator gewesen sein. Hybridisation zwischen Fischarten kommt in der Natur sehr häufig zwischen Frischwasser-Arten in der Arktis vor, wo die ökologischen Bedingungen in Abhängigkeit von der Gletscherschmelze stark fluktuieren. In tropischen Regionen und besonders in tropischen Seen scheint dagegen eine interspezifische Hybridisation trotz der Vielfältigkeit der Arten und der verschiedenen Habitate weitestgehend unbekannt zu sein. Dies muß vermutlich den stabilen Wärmeschichten und entsprechenden physiologischen Unterschieden in der Thermostabilität zugeschrieben werden.

Es ist interessant zu beobachten, wie stark im selben tropischen See sogar Subspezies genetisch verschieden werden können. HUBBS berichtet von zwei Subspezies von *Mollienesia mexicana*, die in den ausgedehnten Laguna de Petén in Guatemala vorkommen. Die eine Form bewohnt die sumpfigen Untiefen, die andere ist halbpelagisch im offenen Wasser. HUBBS schloß, daß durch die effektive Adaptation jeder Spezies an ihren Lebensraum ein hohes internes Zuchtpotential und eine geringe Bastardierung der Subspezies gesichert wird. In großen afrikanischen Seen, wie z. B. Tanganjikasee und Njassasee, scheint diese Art der Artenbildung weit verbreitet zu sein. Solche Beispiele ähneln sehr einer sympatrischen Artbildung, für die bei Landbewohnern nur selten oder fast gar keine Beweise vorliegen. HUBBS sieht dies tatsächlich als sympatrische Artenbildung an. Wenn jedoch die Wassertemperatur einen wesentlichen Einfluß auf die Thermostabilität der Populationen hat, so muß das gerade ein Beispiel für normale allopatrische Speziation sein, möglicherweise auch parapatrisch, indem die inzipienten Arten die extremen Enden eines früheren Klins repräsentieren. Wie dem auch sei, es gibt für eine Artenbildung oder beginnende Artenbildung innerhalb von Seen, die im wesentlichen sympatrische Bedingungen vermuten lassen, eine Fülle von Beispielen. So verhält es sich mit den Unterschieden innerhalb der Cichliden im Tanganjikasee und anderen großen afrikanischen Seen. Das gleiche gilt für die Gattung *Orestias* im Titicaca-See. In all diesen Fällen kommt eine große Anzahl von nahe verwandten Arten, Geschwisterarten und inzipierten Arten innerhalb eines Sees vor. Dabei kann angenommen werden, daß diese Seen sich nicht in Größe und Form während der Zeit, in der diese evolutionären Prozesse stattgefunden haben, bedeutend verändert haben. HUBBS nimmt an, daß der erste Schritt für eine Trennung unter dem Einfluß eines starken Selektionsdrucks im Standortverhalten zu suchen ist. Dies kann aus der Tatsache geschlossen werden, daß eine Rassen- und Artenbildung besonders deutlich bei solchen Fischen ist, bei denen wie bei den Lachsen das Standortgefühl sehr stark ausgebildet ist. In transferierten Lachszuchten ist dies zunächst nicht genetisch bedingt. Lachse scheinen jedoch genetische Information für ein Standortgefühl stufenweise mit der Festlegung eines Laichbezirkes zu assimilieren.

Neuere Untersuchungen zur biochemischen Genetik des atlantischen Lachses, *Salmo salar*, ergaben interessante Tatsachen über seine Diversifikation (WILKINS, 1972). Zunächst hat diese Art für die Erhaltung der Heterozygotie eine optimale Populationsstrategie gewählt, nämlich durch Tetraploidisierung. Dieses gibt ihr den vollen Vorteil einer dauernden Heterozygotie ohne eine bedeutende Segregationsbelastung (OHNO et al., 1968, 1969; KOEHN, 1971). Zum anderen ist ein ausgeprägtes Standortempfinden gebildet worden. So ist z. B. die Population in einem Fluß im Hinblick auf die Vermehrung weitgehend von anderen Populationen isoliert. In einem umfangreichen Versuch, in dem Individuen einer nordamerikanischen Population des Atlantiksalms mit denjenigen einer europäischen Population verglichen wurden, haben biochemische Untersuchungen die Heterogenität zwischen den Stichproben deutlich gemacht. In diesem Fall lassen bereits Serumproteine eine Einteilung in Subspezies vermuten. Es hat sich gezeigt, daß Populationsunterschiede beim Salm am besten in ihren Laichgebieten in Nordamerika und Europa aufgeklärt werden können. Diese sehr genaue Diversifikation durch die Laichplätze scheint für den Salm typisch zu sein. Sie kann möglicherweise auf die Thermostabilität als den Hauptfaktor zurückgeführt werden. Auf Grund der kontinentalen Diversifikation ist vorgeschlagen worden, für den europäischen Salm den Namen *Salmo salar salar* und für die amerikanische Subspezies den Namen *Salmo salar americanus* zu prägen.

Diese beiden Formen treffen sich regelmäßig in den Gewässern westlich Grönlands. Hierdurch wird jedoch ihre genetische Spezifität nicht zerstört. Es ist von Bedeutung, darauf hinzuweisen, daß der Atlantiksalm Inlandformen entwickelt hat, die nie das offene Meer aufsuchen. Dies ist für einige skandinavische und westrussische Seen und ebenfalls für kanadische Gewässer nachgewiesen worden. In der Regel sind diese Gewässer auch noch von einer anderen Art aus der Gattung des Salms bewohnt, nämlich von *Salmo trutta*, von dem ebenfalls drei ökologisch unterscheidbare Rassen (die Meer-, See- und Bachforelle) bekannt sind. *Salmo salar* und *Salmo trutta* bzw. einige ihrer Unterarten bewohnen oft den gleichen See. Ihre verschiedenen ökologischen Ansprüche verhindern jedoch eine Konkurrenz. Wir können und sollten daraus schließen, daß *Salmo salar* und *Salmo trutta* als zwei Artenschwärme angesehen werden, bei denen auf Grund von ökologischen Faktoren und Verhaltensformen eine erhebliche inzipiente Artbildung auftritt. Was wir hier beobachten ist die Interaktion der Genotypen mit der Umwelt und die Entstehung verschiedener Populationsstrategien. Solche Phasen in der Artbildung müssen vom Standpunkt des Fischzüchters auf Grund der verfügbaren großen genetischen Plastizität und der weiten ökologischen Diversifikation besonders günstig sein. Kenntnisse über die Artenstrategie und die genetische Ökologie solcher Arten ist eine absolute Voraussetzung für eine optimale Zuchtarbeit.

Um die Vorstellung über die ökologische und genetische Diversifikation bei Fischen zu vervollständigen, muß noch ein weiteres Beispiel erwähnt werden. Dieses scheint, soweit es die Artenstrategie betrifft, in einem drastischen Gegensatz zur Situation beim Salm zu stehen. Es handelt sich um Beobachtungen am Kabeljau, *Gadus morhua*. Durch Untersuchungen von genetischen Merkmalen ist sichergestellt worden, daß der Kabeljau in seinem Verbreitungsgebiet in verschiedene Stämme unterteilt ist, die mehr oder weniger geographisch lokalisiert sind (eine gute Zusammenfassung des Problems gibt DE LIGNY, 1969). Die grundsätzlichen Unterschiede zwischen Salm und Kabeljau scheinen darin zu bestehen, daß die Differenzierung beim letzteren, sowohl zwischen den

Küstengruppen untereinander als auch zwischen arktischen und Küstengruppen unabhängig davon stattgefunden hat, daß die Gruppen in derselben Zone laichen.

In der Tabelle 9.3.1 sind die Häufigkeiten von Blutgruppen und Hämoglobinfaktoren beim Arktis- und Küstenkabeljau aufgeführt. Wir können sehen, daß in allen drei Systemen genetische Unterschiede bestehen, daß die Bereiche sich jedoch überlappen können.

Tab. 9.3.1: Häufigkeiten von Blutgruppen und HbI^1 beim Kabeljau (nach DeLigny, 1969)

	Frequenzbereich		
	Blutgruppe E	Blutgruppe A	HbI^1
arktischer Kabeljau	0.09 – 0.34	0.43 – 0.61	0.03 – 0.17
Küstenkabeljau	0.60 – 0.90	0.55 – 0.81	0.15 – 0.41

Wie bereits oben erwähnt wurde, können genetische Differenzen beim Salm auf Effekte durch feste Laichplätze zurückgeführt werden. Beim Kabeljau herrscht die diametral entgegengesetzte Situation vor. Verschiedene Populationen leben die meiste Zeit ihres Lebens in verschiedenen Regionen, alle kehren aber zum gleichen Laichplatz zur gleichen Zeit zurück. Hier muß die genetische Differenzierung von einer starken Adultenselektion während der Zeit abhängen, in der sie sich in verschiedenen Regionen aufhalten. Der Mechanismus, der in diesem Fall eine Hybridisierung zwischen den Gruppen verhindert, ist heute noch nicht bekannt.

Außer den oben beschriebenen Fällen haben andere Untersuchungen Kline in den Genfrequenzen nachgewiesen wie z. B. für HbI^1 entlang der Küste von Norwegen (Frydenberg et al., 1965). Kontinuierliche Kline und distinkte Abstufungen der Genfrequenzen in anderen Populationen können vermutlich auf der Basis des Klinmodells, das früher in diesem Buch besprochen wurde (Abs. 7.2), erklärt werden. Ein Beispiel für steile Genfrequenzgradienten kann für zwei nahe benachbarte Kabeljaupopulationen in der Ostsee gegeben werden. Untersuchungen des Hämoglobinsystems ergaben eine Häufigkeit des HbI^1 Allels von 0.03 im östlichen Teil, die bis auf 0.61 im Kattegat anstieg. Wahrscheinlich kann dieser steile Klin durch marginale Umweltbedingungen für den Kabeljau erklärt werden. Andernfalls müßte man postulieren, daß eine genetische Isolation schon mit einer geographischen Isolierung in früheren geologischen Zeiten eintrat. Welcher Mechanismus auch immer der richtige ist, so stehen doch die Beispiele vom Kabeljau im großen Widerspruch zur Situation beim Salm und lassen grundsätzlich verschiedene Strategien der Arten vermuten.

Literatur

ALLARD, R. W. (1965): Genetic systems associated with colonizing ability in predominantly self-pollinating species. In: The Genetics of Colonizing Spezies (H. Baker and G. L. Stebbins, eds.), p. 50–78. Acad. Press, New York.
ALLARD, R. W. (1970): Population structure and sampling methods. In: Genetic Resources in Plants – Their exploration and conservation (O. H. Frankel and E. Bennett, eds.), p. 97–107. IBP Handbook 11, Philadelphia.
ALLARD, R. W. and P. L. WORKMAN (1963): Population studies in predominantly self-pollinating species IV. Seasonal fluctuations in estimated values of genetic parameters in lima bean populations. Evolution 17, 470–480.
ALLARD, R. W. and C. WEHRHAHN (1964): A theory which predicts stable equilibrium for inversion polymorphism in the grasshopper *Moraba scurra*. Evolution 18, 129–130.
ALLARD, R. W. and P. E. HANSCHE (1964): Some parameters of population variability and their implications in plant breeding. Adv. Agron. 16, 281–325.
ALLARD, R. W. and P. E. HANSCHE (1965): Population and biometrical genetics in plant breeding. Proc. 11th Int. Congr. Genet. The Hague 3, 665–679.
ALLARD, R. W. and A. L. KAHLER (1972): Patterns of molecular variation in plant populations. In: Proc. 6th Berkeley Symp. Math. Stat. and Prob. Vol. V. Darwinian, neo-darwinian and non-darwinian evolution. Univ. Cal. Press 237–254.
ALLEN, G. S. and J. N. OWENS (1972): The life history of Douglas fir. Can. For. Service Inf., Ottawa.
ALTUKHOV, YU. P. (1969): Recent physiological, biochemical and immunological studies on the problem of intraspecific differentiation in marine fish. The Biochemical and Serological Identification of Fish Stocks. meeting papers No. 4.
ALTUKHOV, YU. P., E. A. SALMENKOVA, V. T. OMELSCHENKO, G. D. SACHKO and V. T. SLYNKO (1972): The number of mono- and polymorphous loci in the population of the tetraploid salmon species *Oncorhynchus keta*. Walb. Genetika 8 (2), 67–75.
ANDERSON, W. W. and C. E. KING (1970): Age specific selection. Proc. Nat. Acad. Sci. USA. 66, 780–786.
ANTONOVICS, J. (1968a): Evolution in closely adjacent plant populations V. Evolution of self-fertility. Heredity 23, 219–238.
ANTONOVICS, J. (1968b): Evolution in closely adjacent plant populations VI. Manifold effects of gene flow. Heredity 23, 507–524.
ANTONOVICS, J., A. D. BRADSHAW and R. G. TURNER (1971): Heavy metal tolerance in plants. Adv. ecol. res. Acad. Press, New York.
ARUNACHALAM, V. R. and A. R. G. OWEN (1971): Polymorphisms with linked loci. Chapman and Hall, London.
ATSATT, P. R. and D. R. STRONG (1970): The population biology of annual grassland hemiparasites I. The host environment. Evolution 24, 278–291.
AYALA, F. J. (1970): Competition coexistence and evolution. In: Essays in Evolution and Genetics in Honor of Th. Dobzhansky (M. K. Hecht and W. C. Steere, eds.), p. 121–158. Appleton-Century-Crofts, New York.
AYALA, F. J. (1972): Darwinian versus non-darwinian evolution in natural populations of *Drosophila*. In: Proc. 6th Berkeley Symp. Math. Stat. and Prob. Vol. V. Darwinian, neo-darwinian and non-darwinian evolution, p. 211–236. Univ. Cal. Press.
AYALA, F. J., J. R. POWELL and TH. DOBZHANSKY (1971): Polymorphisms in continental and island populations of *Drosophila willistoni (Dipt., Drosophilidae)*. Proc. Nat. Acad. Sci. (USA) 68, 2480–2483.

BAKER, H. G. (1965): Characteristics and modes of origin of weeds. In: The Genetics of Colonizing Spezies (H. G. Baker and G. L. Stebbins, eds.). Acad. Press, New York.
BAKER, H. G. and G. L. STEBBINS (eds.) (1965): The Genetics of Colonizing Species. Acad. Press, New York.
BAND, H. T. (1972): Minor climatic changes in a natural population of Drosophila melanogaster. Am. Nat. 106, 102–115.
BARBER, H. N. (1958): The process of natural selection. Proc. X. Int. Congr. Genet. Montreal 13–14.
BERGMANN, F. (1973): Genetische Untersuchungen bei Picea abies mit Hilfe der Isoenzym-Identifizierung III. Geographische Variation an 2 Esterase- und 2 Leucin-aminopeptidase Loci in den schwedischen Fichtenpopulationen. Silvae Genetica 22, 63–66.
BISHOP, A. (1962): Control of the hand in lower primates. Ann. N.Y. Acad. Sci. 102, 316–337.
BISHOP, J. A. and M. E. KORN (1969): Natural selection and cyano-genesis in white clover, Trifolium repens. Heredity 24, 423–430.
BODMER, W. F. (1965): Differential fertility in population genetics models. Genetics 51, 411–424.
BODMER, W. F. and J. FELSENSTEIN (1967): Linkage and selection: theoretical analysis of the deterministic two-locus random mating model. Genetics 57, 237–265.
BODMER, W. F. and L. L. CAVALLI-SFORZA (1968): A matrix model for the study of random genetic drift. Genetics 59, 565–592.
BORLAUG, N. E. and J. W. GIBLER (1953): The use of flexible composite wheat varieties to control the constantly changing stem rust phathogen. Agron. Abstr. 81.
BOUGHEY, A. S. (1968): Ecology of Populations. Macmillan Co., New York.
BRADSHAW, A. D. (1971): Plant evolution in extreme environments. In: Ecological Genetics and Evolution (R. Creed, ed.), p. 20–50. Blackwell, Oxford and Edinburgh.
BREMER, A. H. (1931): Einfluß der Tageslänge auf die Wachstumsphase des Salats. Genetische Untersuchungen I. Gartenbauwiss. 4, 469–483.
BRIGGS, D. and S. M. WALTERS (1970): Plant Variation and Evolution. World Univ. Library.
BROWN, A. H. D. and R. W. ALLARD (1970): Estimation of the mating system in open-pollinated maize populations using isozyme polymorphisms. Genetics 66, 133–145.
BROWNING, J. A. and K. J. FREY (1969): Multiline cultivars as a means of disease control. Ann. Rev. Phytopathol. 7, 355–382.
BREWBAKER, J. L. (1967): Angewandte Genetik. G. Fischer Verlag, Stuttgart.
BRYANT, E. H. (1974): On the adaptive significance of enzyme polymorphisms in relation to environmental variability. Am. Nat. 108, 1–19.
BULMER, M. G. (1971): The effect of selection on genetic variability. Am. Nat. 105, 201–211.
CAIN, A. J. and J. D. CURREY (1963): Area effects in Cepaea. Phil. Trans. 246, 1–81.
CAMIN, J. H. and P. R. EHRLICH (1958): Natural selection in watersnakes (Natrix sipedon) on islands in Lake Erie. Evolution 12, 504–511.
CARLSON, E. A. (1971): Gentheorie. Gustav Fischer Verlag, Stuttgart.
CHARLESWORTH, B. (1970): Selection in populations with overlapping generations I. The use of Malthusian parameters in population genetics. Theor. Pop. Biol. 1, 352–370.
CHARLESWORTH, B. and J. T. GIESEL (1972): Selection in populations with overlapping generations II. Relations between gene frequency and demographic variables. Am. Nat. 106, 388–401.
CHITTY, D. (1970): Variation and population density. Symp. Zool. Soc. London 26, 327–333.
CLARKE, B. (1966): The evolution of morph-ratio clines. Am. Nat. 100, 389–402.
CLARKE, B. (1972): Density dependent selection. Am. Nat. 106, 1–13.
CLARKE, C. A. and P. M. SHEPPARD (1960): The evolution of mimicry in the butterfly Papilio dardanus. Heredity 14, 163–174.
CLARKE, C. A. and P. M. SHEPPARD (1972): The genetics of the mimetic butterfly Papilio polytes. Phil. Trans. R. Soc. London, Ser. B 263, 431–458.
CLEGG, M. T., R. W. ALLARD and A. L. KAHLER (1972): Is the gene the unit of selection? Evidence from two experimental plant populations. Proc. Nat. Acad. Sci. USA 69, 2474–2479.

Cockerham, C. C. and P. M. Burrows (1971): Populations of interacting autogenous components. Am. Nat. 105, 13–29.

Cockerham, C. C., S. S. Young and T. Prout (1972): Frequency-dependent selection in randomly mating populations. Am. Nat. 106, 493–515.

Cohen, D. (1970): A theoretical model for the optimal timing of diapause. Am. Nat. 104, 389–400.

Cohen, J. E. (1970): A Markov contingency table model for replicated Lotka-Volterra systems near equilibrium. Am. Nat. 104; 547–560.

Conrad, M. and H. H. Pattee (1970): Evolution experiments with an artificial ecosystem. J. theor. Biol. 28, 393–409.

Cooke, F. and F. G. Cooch (1968): The genetics of polymorphism in the goose *Anser caerulescens*. Evolution 22, 289–300.

Coulman, G. A., S. R. Reice and R. L. Tummala (1972): Population modeling: a systems approach. Science 175, 518–520.

Crawford-Sidebotham, T. J. (1972): The role of slugs and snails in the maintenance of the cyanogenesis polymorphism of *Lotus corniculatus* and *Trifolium repens*. Heredity 28, 405–411.

Creed, E. R., W. H. Dowdeswell, E. B. Ford and K. G. McWhirter (1970): Evolutionary studies on *Maniola jurtina (Lepidoptera, Satyridae):* The ‹Boundary Phenomenon› in Southern England, 1961–1968. In: Essays in Evolution and Genetics in Honor of Th. Dobzhansky (M. K. Hecht and W. C. Steere, eds.), p. 263–288. Appleton-Century-Crofts, New York.

Crosby, J. L. (1970): The evolution of genetics discontinuity: computer models of the selection of barriers to inbreeding between subspecies. Heredity 25, 253–297.

Crow, J. F. (1972): Darwinian and non-darwinian evolution. In: Proc. 6th Berkeley Symp. Math. Stat. and Prob. Vol. V. Darwinian, neo-darwinian and non-darwinian evolution. Univ. Cal. Press 1–22.

Daday, H. (1954): Gene frequencies in *Trifolium repens* I, II. Heredity 8, 61–75, 377–390.

Daday, H. (1965): Gene frequencies in wild populations of *Trifolium repens* L. IV. Mechanisms of natural selection. Heredity 20, 355–366.

Darlington, C. D. (1939): Evolution of Genetic Systems. Cambridge Univ. Press.

Darnell, R. M. (1970): Evolution and the ecosystem. Am Zool. 10, 9–15.

Deevey, E. S. (1947): Life tables for natural populations of animals. Quart. Rev. Biol. 22, 283–314.

De Ligny, W. (1969): Serological and Biochemical Studies on Fish Populations. Oceanogr. Mar. Biol. Ann. Rev. 7 (H. Barnes, ed.), p. 411–513. Allen and Unwin, London.

Dessureaux, L. (1959): Heritability of tolerance to manganese toxicity in lucerne. Euphytica 8, 260–265.

De Wit, C. T. (1960): On competition. Versl. landbouwk. Onderz. Ned. 66, 8.

Dingle, H. (1972): Migration strategies of insects. Science 175, 1327–1340.

Dobzhansky, Th. (1948): Genetics of natural populations XVIII. Experiments on chromosomes of *Drosophila pseudoobscura* from different geographic regions. Genetics 33, 588–602.

Dobzhansky, Th. (1950a): Evolution in the tropics. Am. Scientist 38, 209–221.

Dobzhansky, Th. (1950b): Mendelian populations and their evolution. Am. Nat. 84, 401–418.

Dobzhansky, Th. (1963): Genetic diversity and fitness. In: Proc. 11th Int. Congr. Genet. The Hague 3, 541–552.

Dowdeswell, W. H. (1971): Ecological genetics and biological teaching. In: Ecological Genetics and Evolution (R. Creed, ed.), p. 363–378. Blackwell, Oxford and Edinburgh.

Dunbar, M. J. (1968): Ecological Development in Polar Regions. Prentice Hall Inc. Englewood Cliffs, N.J.

Eberhart, S. A. and W. A. Russell (1966): Stability parameters for comparing varieties. Crop. Sci. 6, 36–40.

Eckroat, L. R. (1971): Lens protein polymorphisms in hatchery and natural populations of brook trout, *Salvelinus fontinalis* (Mitchill). Trans. Am. Fish. Soc. 100, 527–536.

ENNIK, G. C. (1960): De concurrentie tussen witte klaver en Engels raaigras bij verschillen in lichtintensiteit en vochtvoorziening. Meded. inst. biol. scheik. Onderz. Landb.Gewass. 109, 37–50.

EPLING, C., H. LEWIS and F. M. BALI (1960): The breeding group and seed storage. Evolution 14, 238–255.

FAEGRI, K. and L. VAN DER PIJL (1966): The Principles of Pollination Ecology. Pergamon, Oxford.

FALCONER, D. S. (1955): Patterns of response in selection experiments with mice. Cold Spring Harb. Symp. quant. Biol. 20, 178–196.

FALCONER, D. S. (1960): Introduction to Quantitative Genetics. Oliver and Boyd, London.

FENNER, F. (1965): Myxoma virus and *Oryctolagus cuniculus:* Two colonizing species. In: The Genetics of Colonizing Species (H. G. Baker and G. L. Stebbins, eds.), p. 485–499. Acad. Press, New York.

FINLAY, K. W. and G. N. WILKINSON (1963): The analysis of adaptation in a plant-breeding programme. Austr. J. Agric. Res. 14, 742–754.

FISHER, R. A. (1930): The Genetical Theory of Natural Selection. Clarendon Press, Oxford.

FISHER, R. A. (1950): Gene frequencies in a cline as determined by selection and diffusion. Biometrics 6, 353–361.

FLOR, H. H. (1955): Host-parasite interactions in flax-rust – its genetic and other implications. Phytopathology 45, 680–685.

FORD, E. B. (1964): Ecological Genetics. Menthuen, London.

FOULDS, W. and J. P. GRIME (1972a): The influence of soil moisture on the frequency of cyanogenic plants in populations of *Trifolium repens* and *Lotus corniculatus.* Herediy 28, 143–146.

FOULDS, W. and J. P. GRIME (1972b): The response of cyanogenic and acyanogenic phenotypes of *Trifolium repens* to soil moisture supply. Heredity 28, 181–187.

FRANKEL, O. H. and E. BENNET (eds.) (1970): Genetic Resources in Plants – their exploration and conservation. IBP Handbook 11. Blackwell, Oxford and Edinburgh.

FRANKLIN, I. and R. C. LEWONTIN (1970): Is the gene the unit of selection? Genetics 65, 707–734.

FREDRICKSON, A. G., J. L. JOST, H. M. TSUCHIYA and PING-HWA HSU (1973): Predator-prey interactions between malthusian populations. J. theor. Biol. 38, 487–526.

FRETWELL, S. D. (1972): Populations in a Seasonal Environment. Princeton Univ. Press, Princeton, N.J.

FRYDENBERG, O., D. MØLLER, G. NAEVDAL and K. SICK (1965): Hemoglobin polymorphism in Norwegian cod populations. Hereditas 53, 257–271.

FRYER, J. H. and F. T. LEDIG (1972): Microevolution of the photosynthetic temperature optimum in relation to the elevational complex gradient. Can. J. Bot. 50, 1231–1235.

GADGIL, M. and O. T. SOLBRIG (1972): The concept of r- and K-selection: evidence from wild flowers and some theoretical considerations. Am. Nat. 106, 14–31.

GAINES, M. S. and C. J. KREBS (1971): Genetic changes in fluctuating populations. Evolution 25, 702–723.

GERSHENSON, S. (1945): Evolutionary studies on the distribution and dynamics of melanism in the hamster (*Cricetus cricetus* L.). Genetics 30, 207–251.

GILL, D. E. (1972): Intrinsic rates of increase, saturation densities and competitive ability I. An experiment with *Paramecium.* Am. Nat. 106, 461–471.

GOEL, N. S., S. C. MAITRA and E. W. MONTROLL (1971): On the Volterra and other nonlinear models of interacting populations. Rev. mod. Phys. 43, 231.

GÓMEZ-POMPA, A., C. VÁZQUEZ-YANES and S. GUEVARA (1972): The tropical rain forest: a nonrenewable resource. Science 177, 762–765.

GRANT, V. (1963): The Origin of Adaptations. Columbia Univ. Press, New York.

GRIFFING, B. and J. LANGRIDGE (1963): Phenotypic stability of growth in the self-fertilized species, *Arabidopsis thaliana.* In: Statistical Genetics and Plant Breeding (W. D. Hanson and H. F. Robinson, eds.). NAS publ. 982, Wash. D.C.

HAIRSTON, N. G., D. W. TINKLE and H. M. WILBUR (1970): Natural selection and the parameters of population growth. J. Wildlife Man. 34, 681–690.

HALDANE, J. B. S. (1946): The interaction of natur and nurture. Ann. Eugenics 13, 197–205.
HALDANE, J. B. S. (1948): The theory of a cline. J. Genet. 48, 277–284.
HALDANE, J. B. S. (1957): The cost of natural selection. J. Genet. 55, 511–524.
HALKKA, O., L. HALKKA, M. RAATIKAINEN and R. HOVINEN (1973): The genetics basis of balanced polymorphism in *Philaenus* (Homoptera). Hereditas 74, 69–80.
HANSON, W. D. (1966): Effects of partial isolation (distance), migration and different fitness requirements among environmental pockets upon steady state gene frequencies. Biometrics 22, 453–468.
HARDWICK, R. C. and J. T. WOOD (1972): Regression methods for studying genotype-environment interactions. Heredity 28, 209–221.
HARLAN, H. V. and M. L. MARTINI (1938): The effect of natural selection in a mixture of barley varieties. J. Agric. Res. 57, 189–199.
HARPER, J. L. (1964): The nature and consequence of interference amongst plants. Proc. 11th Int. Congr. Genet. The Hague 2, 465–481.
HARPER, J. L. (1967): A darwinian approach to plant ecology. J. Ecol. 55, 242–270.
HARPER, J. L. (1968): The regulation of numbers and mass in plant populations. In: Population Biology and Evolution (R. C. Lewontin, ed.). Syracuse Univ. Press 139–158.
HASKELL, G. (1961): Seedling morphology in applied genetics and plant breeding. Bot. Rev. 27, 382–421.
HEBERT, P. D. N., R. D. WARD and J. B. GIBSON (1972): Natural selection for enzyme variants among parthenogenetic *Daphnia magna*. Genet. Res. 19, 173–176.
HESLOP-HARRISON, J. (1964): Forty years of genecology. Adv. in Bot. Res. 2, 159–247.
HIORNS, R. W. and G. A. HARRISON (1970): Sampling for the detection of natural selection by age group genetic differences. Hum. Biol. 42, 53–64.
HUBBS, C. L. (1961): Isolating mechanisms in the speciation of fishes. Symp. Vertebrate Speciation. Univ. Texas Publ. 5–23.
HIRAIZUMI, Y. (1961): Negative correlation between rate of development and female fertility in *Drosophila melanogaster*. Genetics 46, 615–624.
HURD, L. E., M. V. TELLINGER, I. L. WOLF and S. J. MCNAUGHTON (1971): Stability and diversity at three tropic levels in terrestrial successional ecosystems. Science 173, 1134–1136.
HUTCHINSON, G. E. (1958): Concluding remarks. In: Cold Spring Harb. Symp. Quant. Biol. 22, 415–427.
HUTCHINSON, G. E. (1965): The Ecological Theater and the Evolutionary Play. Yale Univ. Press, New Haven.
HUXLEY, J. (1940): Towards the new systematic. In: The New Systematics (J. Huxley, ed.). Oxford, 1–46.
ISTOCK, C. A. (1970): Natural selection in ecologically and genetically defined populations. Behav. Sci. 15, 101–115.
JAIN, S. K. and A. D. BRADSHAW (1966): Evolutionary divergence among adjacent plant populations I. The evidence and its theoretical analysis. Heredity 21, 407–441.
JAIN, S. K. and D. R. MARSHALL (1967): Population studies in predominantly self-pollinating species X. Variation in natural populations of *Avena fatua* and *A. barbata*. Am. Nat. 101, 19–33.
JAIN, S. K. and P. L. WORKMAN (1967): Generalized F-statistics and the theory of inbreeding and selection. Nature 214, 674–680.
JAMESSON, D. L. (1971): Estimation of relative viability and fecundity of color polymorphisms in Anurans. Evolution 25, 180–194.
JENSEN, N. F. (1952): Intra-varietal diversification in oat breeding. Agron. J. 44, 30–34.
JOLLY, A. (1972): The evolution of primate behavior. MacMillan, New York.
JINKS, J. L. (1967): Extrachromosomale Vererbung. G. Fischer Verlag, Stuttgart.
JONES, D. A. (1962): Selective eating of the acyanogenic form of the plant *Lotus corniculatus* L. by various animals. Natur 193, 1109.
JONES, D. A. (1966): On the polymorphism of cyanogenesis in *Lotus corniculatus* L. Selection by animals. Can. J. Gen. Cyt. 8, 351–368.

JONES, D. A. (1968): On the polymorphism of cyanogenesis in *Lotus corniculatus* L. II. The interaction with *Trifolium repens* L. Heredity 23, 453–455.
JONES, D. A. (1970): On the polymorphism of cyanogenesis in *Lotus corniculatus* L. III. Some aspects of selection. Heredity 25, 633–641.
JOWETT, D. (1964): Population studies on lead-tolerant *Agrostis tenuis*. Evolution 18, 70–80.
KARLIN, S. and M. W. FELDMAN (1969): Linkage and selection: new equilibrium properties of the two-locus symmetric viability model. Proc. Nat. Acad. Sci. USA. 62, 70–74.
KEMPTHORNE, O. (1957): An introduction to Genetic Statistics. Wiley and Sons, New York.
KEMPTHORNE, O. and E. POLLACK (1970): Concepts of fitness in Mendelian populations. Genetics 64, 125–145.
KETTLEWELL, H. B. D. and R. J. BERRY (1961): The study of a cline. *Amathes glareosa* Esp. and its melanic *f. edda* Staud (Lep.) in Shetland. Heredity 16, 403–414.
KETTLEWELL, H. B. D. and R. J. BERRY (1969): Gene flow in a cline. *Amathes glareosa* Esp. and its melanic *f. edda* Staud. (Lep.) in England. Heredity 24, 1–14.
KETTLEWELL, H. B. D., C. J. CADBURY and G. C. PHILLIPS (1969): Differences in behaviour dominance and survival within a cline. *Amathes glareosa* Esp. (Lep.) and its melanic *f. edda* Staud. in Shetland. Heredity 24, 15–26.
KHAN, M. S. I. (1969): The process of evolution of heavy metal tolerance in *Agrostis tenuis* and other grasses. M. Sc. Thesis, Univ. of Wales (cit. after BRADSHAW, 1971).
KIMURA, M. (1968): Evolutionary rate at the molecular level. Nature 217, 624–626.
KIRITANI, K. (1970): Studies on the adult polymorphism in the southern green stink bug, *Nezara viridula (Hem., Het., Pentatomidae)*. Res. Pop. Ecol. 12, 19–34.
KLIR, G. J. (ed.) 1972): Trends in general systems theory. John Wiley.
KOEHN, R. K. (1968): The component of selection in the maintenance of a serum esterase polymorphism. Proc. 12th Int. Congr. Genet. 1, 227.
KOEHN, R. K. (1971): Biochemical polymorphisms: A population strategy. Rapp. P.-v. Réun. Cons. perm. int. Explor. Mer. 161, 147–153.
KOEHN, R. K. and J. B. MITTON (1972): Population genetics of marine Pelecypods I. Ecological heterogeneity and evolutionary strategy at an enzyme locus. Am. Nat. 106, 47–49.
KOJIMA, K. (1959): Role of epistasis and overdominance in stability of equilibria with selection. Proc. Nat. Acad. Sci. USA. 45, 984–989.
KOJIMA, K. and S. L. HUANG (1972): Effects of population density on the frequency dependent selection in the esterase-6 locus of *Drosophila melanogaster*. Evolution 26, 313–321.
KOJIMA, K. and R. C. LEWONTIN (1970): Evolutionary significance of linkage and epistasis. In: Mathematical topics in population genetics (K. Kojima, ed.), p. 337–366. Springer.
KOSSWIG, C. (1964): Bemerkungen zur Geschichte und zur Ökologie der Ichthyofauna Kleinasiens, besonders seines abflußlosen Zentralbeckens. Zool. Anz. 172, 1–15.
KREBS, C. J., M. S. GAINES, B. L. KELLER, J. H. MYERS and R. H. TAMARIN (1973): Population cycles in small rodents. Science 179, 35–41.
KUGLER, H. (1970): Blütenökologie. Fischer, Stuttgart.
KUMLER, M. L. (1969): Two edaphic races of *Senecio silvaticus*. Bot. Gaz. 130, 187–191.
KURIJAN, J. G. (1971): Logical structure of adaptive systems I. Microevolution, conditioning and their decision problems. Theor. Biol. 32, 299–330.
KÖHLER, D. (1960): Die Vererbung des Blühtermins bei *Cannabis sativa*. Z. Pflanzenz. 42, 339–355.
LAKOVAARA, S. and A. SAURA (1971): Genetic variation in natural populations of *Drosophila obscura*. Genetics 69, 377–384.
LANG, A. (1942): Beiträge zur Genetik des Photoperiodismus I. Faktorenanalyse des Kurztagcharakters von *Nicotiana tabacum* ‹Maryland Mammut›. Z. Indukt. Abstamm. Vererbungsl. 80, 214–219.
LANGLET, O. (1936): Studier över tallens fysiologiska variabilitet och dess samband med klimatet. Medd. Statens Skogsf. Anst. 29, 219–420.
LANGLET, O. (1959): Norrlandstallens praktiska och systematiska avgränsning. Sv. Skogsv. För. Tidskr. 425–436.
LANGLET, O. (1971): Two hundred years of genecology. Taxon 20, 653–722.

LANGRIDGE, J. (1962): A genetic and molecular basis for heterosis in *Arabidopsis* and *Drosophila*. Am. Nat. 96, 5–27.
LATTER, B. D. H. (1960): Natural selection for an intermediate optimum. Aust. J. Biol. Sci. 13, 30–35.
LEDIG, F. T. and J. H. FRYER (1971): The serotinous cone habit in *Pinus rigida* as related to selection and introgression. Paper IUFRO Congr. Quant. Genet., Gainesville.
LEFÈBVRE, C. (1970): Self-fertility in maritime and zinc-mine populations of *Armeria maritima* (Mill.) Willd. Evolution 24, 571–577.
LERNER, I. M. (1954): Genetic Homeostasis. John Wiley, New York.
LERNER, I. M. (1963): Ecological genetics: Synthesis. Proc. 11th. Int. Congr. Genet. The Hague 2, 488–494.
LESLIE, P. H. (1945): On the use of matrices in certain population mathematics. Biometrika 33, 183–212.
LESSMANN, D. (1971): Ein Beitrag zur Verbreitung und Lebensweise von *Megastimus spermotrophus* Wachtl und *Megastimus bipunctatus* Swederos. Diss. Forstl. Fak. Univ. Göttingen.
LEVENE, H. (1953): Genetic equilibrium when more than one ecological niche is available. Am. Nat. 87, 331–333.
LEVIN, S. A. (1972): A mathematical analysis of the genetic feedback mechanism. Am. Nat. 106, 145–164.
LEVINS, R. (1961): Mendelian species as adaptive systems. General Systems 6, 33–39.
LEVINS, R. (1962): Theory of fitness in a heterogeneous environment I. Fitness set and adaptive function. Am. Nat. 96, 361–373.
LEVINS, R. (1963): Theory of fitness in a heterogeneous environment II. Developmental flexibility and niche selection. Am. Nat. 97, 75–90.
LEVINS, R. (1965): Theory of fitness in a heterogeneous environment IV. The adaptive significance of gene flow. Evolution 18, 635–638.
LEVINS, B. (1967): Evolutionary consequences of flexibility. In: Population Biology and Evolution (R. C. Lewontin, ed.), p. 67–70. Syracuse Univ. Press.
LEVINS, R. (1968): Evolution in Changing Environments. Monogr. Pop. Biol. 2. Princeton Univ. Press, Princeton N.J.
LEVINS, R. and R. H. MACARTHUR (1966): The maintenance of genetic polymorphism in a spatially heterogeneous environment: variation of a theme by Howard Levene. Am. Nat. 100, 585–589.
LEWONTIN, R. C. (1967): Introduction. In: Population Biology and Evolution (R. C. Lewontin, ed.), p. 1–4. Syracuse Univ. Press.
LEWONTIN, R. C. (1969): The meaning of stability. In: Diversity and stability in ecological systems. Brookhaven Nat. Lab. 22, 13–24.
LEWONTIN, R. C. (1971): The effect of linkage on the mean fitness of a population. Proc. Nat. Acad. Sci. USA. 68, 984–986.
LEWONTIN, R. C. and J. L. HUBBY (1966): A molecular approach to the study of genic heterozygosity in natural populations II. Amount of variation and degree of heterozygosity in natural populations of *Drosophila pseudoobscura*. Genetics 54, 595–609.
LEWONTIN, R. C. and M. J. D. WHITE (1960): Interaction between inversion polymorphisms of two chromosome pairs in the grasshopper *Moraba scurra*. Evolution 14, 116–129.
LOMNICKI, A. (1971): Animal population regulation by the genetic feedback mechanism: a critique of the theoretical model. Am. Nat. 105, 413–421.
LONNQUIST, J. H. (1972): Area improvement in corn. Stencilized mimeogr. Univ. Wisc.
LOTKA, A. J. (1925): Elements of Physical Biology. The Williams & Wilkins Co., Baltimore.
LOUCKS, O. L. (1970): Evolution of diversity, efficiency and community stability. Am. Zool. 10, 17–25.
LUDWIG, W. (1950): Zur Theorie der Konkurrenz. Die Annidation (Einnieschung) als fünfter Evolutionsfaktor. Neue Ergebnisse in Probleme der Zoologie (Klatt-Festschrift), S. 516–537.
MACARTHUR, R. H. (1972): Geographical Ecology – Patterns in the Distribution of Species. Harper & Row.

MacArthur, R. H. and E. O. Wilson (1967): The theory of island biogeography. Monogr. Pop. Biol. 1. Princeton Univ. Press, Princeton, N.J.
Maijala, K. (1970): Need and methods of gene conservation in animal breeding. Ann Génét. Sél. anim. 2, 403–415.
Major, J. (1969): Historical development of the ecosystem concept. In: The Ecosystem Concept in Natural Resource Management (G. M. van Dyne, ed.). Acad. Press, New York and London.
Mather, K. (1955): Polymorphism as an outcome of disruptive selection. Evolution 9, 52–61.
Mather, K. and B. J. Harrison (1949): The manifold effect of selection (part I and II). Heredity 3, 1–52; 131–162.
Matthews, T. C. (1971): Genetic changes in a population of boreal chorus frogs *(Pseudacris triseriata)* polymorphic for color. Am. Midl. Nat. 85, 208–221.
Maynard Smith, J. (1966): Sympatric speciation. Nature 195, 60–62.
Maynard Smith, J. (1971): Genetic polymorphism in a varied environment. Am. Nat. 104, 487–490.
Mayr, E. (1963): Animal Species and Evolution. Harvard Univ. Press. Deutsche Übers. (1967): Artbegriff und Evolution. Verlag P. Parey, Hamburg und Berlin.
McBride, G. (1958): The environment and animal breeding problems. Anim. Br. Abstr. 26, 349.
McNaughton, S. J. (1970): Fitness sets for *Typha*. Am. Nat. 104, 337–342.
McNaughton, S. J. (1972): Enzymic thermal adaptation: the evolution of homeostasis in plants. Am. Nat. 106, 165–172.
McNeilly, T. (1968): Evolution in closely adjacent plant populations III. *Agrostis tenuis* on a small copper mine. Heredity 23, 99–108.
McNelly, T. and A. D. Bradshaw (1968): Evolutionary processes in populations of copper tolerant *Agrostis tenuis*. Evolution 22, 108–118.
McNeilly, T. and J. Antonovics (1968): Evolution in closely adjacent plant populations IV. Barriers to gene flow.
Mesarovic, M. D. (ed.) (1968): Systems Theory and Biology. Springer, Heidelberg and New York.
Moran, P. A. P. (1963): Balanced polymorphisms with unlinked loci. Austr. J. Biol. Sci. 16, 1–6.
Moran, P. A. P. (1964): On the nonexistence of adaptive topographies. Ann. Hum. Genet. 27, 383–393.
Morgenstern, E. K. (1969): Genetic variation in seedlings of *Picea mariana* (Mill.) B.S.P. I. Correlation with ecological factors. II. Variation patterns. Silvae Genetica 18, 151–161; 161–167.
Morgenstern, E. K. (1972): Preliminary estimates of inbreeding in natural populations of black spruce *(Picea mariana)*. Can. J. Gen. Cyt. 14, 443–446.
Murty, B. R., V. Arunachalam and O. P. Jain (1970): Factor analysis in relation to breeding system. Genetica 41, 179–189.
Murty, B. R., V. Arunachalam, P. C. Doloi and J. Ram (1972): Effects of disruptive selection for flowering time in *Brassica campestris* var. brown sarson. Heredity 28, 287–295.
Namvar, K. (1971): Versuche über den Aufbau einer genetischen Isolierungsbarriere durch disruptive Auslese bei *Drosophila melanogaster*. Diss. Forstl. Fak. Univ. Göttingen.
N.A.S. (1972): National Academy of Science, Committee on Genetic Vulnerability of Major Crops. Working group report. Wash. D.C.
O'Donald, P. (1972a): Sexual selection by variations in fitness at breeding time. Nature 237, 349–371.
O'Donald, P. (1972b): Natural selection of reproductive rates and breeding times and its effects on sexual selection. Am. Nat. 106, 368–377.
Odum, E. P. (1969): The strategy of ecosystem development. Science 164, 262–270.
Odum, E. P. (1971): Fundamentals of Ecology. Saunders Co.
Ohno, S. (1970): Evolution by Gene Duplication. Springer, Heidelberg und New York.
Ohno, S., U. Wolf and N. B. Atkin (1968): Evolution from fish to mammals by gene duplication. Hereditas 59, 169–187.

OHNO, S., J. MURAMATO, T. KLEIN and N. B. ATKIN (1969): Diploid-tetroploid relationship in clupeoid and salmonid fish. In: Chromosomes Today 2 (C. D. Darlington and K. R. Lewis, eds.), p. 137–147. Oliver & Boyd, Edinburgh.
OWEN, D. F. and S. A. BENGTSON (1972): Polymorphism in the land snail *Cepaea hortensis* in in Iceland. Oikos 23, 218–225.
PATERNIANI, E. (1969): Selection for reproductive isolation between two populations of maize, *Zea mays* L. Evolution 23, 534–548.
PATTEN, B. C. (ed.) (1971): Systems Analysis and Simulation in Ecology. Acad. Press, New York and London.
PERSON, C. (1967): Genetic aspects of parasitism. Can. J. Bot. 45, 1193–1204.
PIANKA, E. R. (1966): Latitudinal gradients in species diversity: a review of concepts. Am. Nat. 100, 33–46.
PIANKA, E. R. (1970): On r- and K-selection. Am. Nat. 104, 592–597.
PIANKA, E. R. (1972): r and K selection or b and d selection. Am. Nat. 106, 581–588.
PIMENTEL, D. (1961): Animal population regulation by the genetic feed-back mechanism. Am. Nat. 95, 65–79.
PIMENTEL, D. and F. A. STONE (1968): Evolution and population ecology of parasite-host systems. Canad. Entomol. 100, 655–662.
POWELL, J. R. (1971): Genetic polymorphisms in varied environments. Science 174, 1035–1036.
POWERS, D. A. (1972): Hemoglobin adaptation for fast and slow water habitats in sympatric catostomid fishes. Science 177, 360–362.
PRICE, G. R. and C. A. B. SMITH (1972): Fisher's malthusian parameter, and reproductive value. Ann. Hum. Genet. 36, 1–7.
PROUT, T. (1965): The estimation of fitness from genotypic frequencies. Evolution 19, 546–551.
ROBERTSON, F. W. and E. REEVE (1952): Studies on quantitative inheritance I. The effect of selection of wing and thorax. J. Genet. 50, 414–447.
ROBERTSON, F. W. and E. REEVE (1953): Studies on quantitative inheritance II. Analysis of a strain of *Drosophila melanogaster* selected for long wings. J. Genet. 51, 276–316.
ROBERTSON, A. (1956): The effect of selection against extreme deviants based on deviation or on homozygosis. J. Genet. 54, 236–248.
ROUGHGARDEN, J. (1971): Density dependent natural selection. Ecology 52, 453–468.
ROUGHGARDEN, J. (1972): Evolution of niche width. Am. Nat. 106, 683–718.
SAKAI, K. I. (1961): Competitive ability in plants: its inheritance and some related problems. Symp. Soc. Expl. Biol. 15, 245–263.
SAVILE, D. B. O. (1972): Arctic adaptations in plants. Monogr. 6. Can. Dept. Agr.
SCHARLOO, W. (1971): Reproductive isolation by disruptive selection: did it occur? Am. Nat. 105, 83–86.
SCHOENER, T. and G. GORMAN (1968): Some niche differences in three lesser Antillean lizards of the genus *Anolis*. Ecology 49, 819–830.
SCHOPF, T. J. M. and J. L. GOOCH (1971): Gene frequencies in a marine ectoproct: A line in natural populations related to sea temperature. Evolution 25, 286–289.
SCHUTZ, W. M., C. A. BRIM and S. A. USANIS (1968): Inter-genotypic competition in plant populations I. Feedback systems with stable equilibria in populations of autogamous homozygous lines. Crop. Sci. 8, 61–66.
SCHUTZ, W. M. and S. A. USANIS (1969): Intergenotypic competition in plant populations II. Maintenance of allelic polymorphism with frequency dependent selection and mixed selfing and random mating. Genetics 61, 875–891.
SCHWERDTFEGER, F. (1963): Ökologie der Tiere I. Autökologie. Parey, Hamburg und Berlin.
SCHWERDTFEGER, F. (1968): Ökologie der Tiere II. Demökologie. Parey, Hamburg und Berlin.
SHANNON, C. E. and W. WEAVER (1949): A mathematical theory of communication. Univ. of Ill. Urbana.
SHEPPARD, P. M. (1961): Some contributions to population genetics resulting from the study of the Lepidoptera. Adv. Genet. 10, 165–216.

SIMMONDS, N. W. (1962): Variability in crop plants, its use and conservation. Biol. Rev. Cambr. Phil. Soc. 37, 422–465.
SIMPSON, G. G. (1953): The major features of evolution. Columbia Univ. Press, New York.
SIMPSON, G. G. (1969): The first three billion years of community evolution. In: Diversity and Stability in Ecological Systems. Brookhaven Nat. Lab. 22, 162–177.
SLOBODKIN, L. B. (1967): Toward a predictive theory of evolution. In: Population Biology and Evolution (R. C. Lewontin, ed.), p. 187–205. Syracuse Univ. Press.
SMITH, H. H. (ed.) (1972): Evolution of genetic systems. Brookhaven Symp. Biol. 23.
SNAYDON, R. W. (1961): Competitive ability of natural populations of *Trifolium repens* and its relation to differential response to soil factors. Heredity 16, 522–534.
SNAYDON, R. W. (1962): The growth and competitive ability of contrasting natural populations of *Trifolium repens* L. on calcareous and acid soils. J. Ecol. 50, 439–447.
SNAYDON, R. W. (1970): Population differentiation on a mosaic environment I. The response of *Anthoxanthum odoratum* populations to soils. Evolution 24, 257–269.
SNAYDON, R. W. (1971): An analysis of competition between plants of *Trifolium repens* L. populations collected from contrasting soils. J. Appl. Ecol. 8, 687–697.
SNAYDON, R. W. and A. D. BRADSHAW (1961): Differential response to calcium within the species *Festuca ovina* L. New Phytologist 60, 219–234.
SNAYDORN, R. W. and A. D. BRADSHAW (1962a): The performance and survival of contrasting natural populations of white clover when planted into an upland *Festuca/Agrostis* sward. J. Brit. Grassland Soc. 17, 113–118.
SNAYDON, R. W. and A. D. BRADSHAW (1962b): Differences between natural populations of *Trifolium repens* L. in response to mineral nutrients. J. Expl. Bot. 13, 422–434.
SNAYDON, R. W. and M. S. DAVIES (1972): Rapid population differentiation in a mosaic environment II. Morphological variation in *Anthoxathum odoratum*. Evolution 26: 390–405.
SOMERO, G. N. and P. W. HOCHACHKA (1971): Biochemical adaptation to the environment. Am. Zool. 11, 159–167.
SOULÉ, M. (1971): The variation problem: the gene flow – variation hypothesis. Taxon 20, 37–50.
SOULÉ, M. (1972): Phenetics of natural populations III. Variation in insular populations of a lizard. Am. Nat. 106, 429–440.
SPERLICH, D. (1973): Populationsgenetik. Fischer, Stuttgart.
SQUILLACE, A. E. (1971): Racial patterns for monoterpens in cortical oleoresin of slash pine. Paper IUFRO Congr. Quant. Genet., Gainesville.
STAHL, F. W. (1969): Mechanismen der Vererbung. G. Fischer Verlag, Stuttgart.
STEBBINS, G. L. (1970): Adaptive radiation in Angiospersm I. Pollination mechanisms. Ann. Rev. Ecol. Syst. 1, 307–326.
STEBBINS, G. L. (1971): Adaptive radiation of reproductive characteristics in angiospersm II. Seeds and seedlings. Ann. Rev. Ecol. Syst. 2, 237–260.
STERN, K. (1961): Über den Erfolg einer über drei Generationen geführten Auslese auf frühes Blühen bei *Betula verrucosa*. Silvae Genetica 10, 53–64.
STERN, K. (1964): Herkunftsversuche für Zwecke der Forstpflanzenzüchtung – erläutert am Beispiel zweier Modellversuche. Der Züchter 34, 181–219.
STERN, K. (1969): Einige Beiträge genetischer Forschung zum Problem der Konkurrenz in Pflanzenbeständen. Allg. Forst- u. Jagdztg. 140, 253–262.
SWANSON, C. P., T. MERZ und W. J. YOUNG (1970): Zytogenetik. G. Fischer Verlag, Stuttgart.
SYLVÉN, N. (1937): The influence of climatic conditions on type composition. Imp. Bur. Plt. Genet. Herb. Bull. 21, 38.
TANSLEY, A. G. (1935): The use and abuse of vegetational concepts and terms. Ecology 16, 284–307.
THODAY, J. M. (1963): Effects of selection for genetic diversity. Proc. 11th Int. Congr. Genet. The Hague 3, 533–540.
THODAY, J. M. and J. B. GIBSON (1970): The probability of isolation by disruptive selection. Am. Nat. 104, 219–230.

TIGERSTEDT, P. M. A. (1969): Experiments on selection for developmental rate in *Drosophila melanogaster*. Ann. Acad. Sci. Fenn. Ser. A 148.
TIMOFEEF-RESSOVSKY, N. W. (1940): Zur Analyse des Polymorphismus bei *Adalia bipunctata*. Biol. Zentralbl. 60, 130–137.
TURESSON, G. (1922): The genotypic response of plant species to the habitat. Hereditas 3, 211–350.
TURESSON, G. (1923): The scope and import of genecology. Hereditas 4, 171–176.
TURNER, J. R. G. (1970): Changes in mean fitness under natural selection. In: Mathematical topics in population genetics (K. Kojima, ed.), p. 32–78. Springer, Heidelberg and New York.
TURNER, J. R. G. (1971): Wright's adaptive surface and some general rules for equilibria in complex polymorphisms. Am. Nat. 105, 267–278.
TURNER, J. R. G.: (1972): Selection and stability in the complex polymorphism of *Moraba scurra*. Evolution 26, 334–343.
VANDERMEER, J. H. (1970): The community matrix and the number of species in a community. Am. Nat. 104, 73–83.
VAN DER PIJL, L. (1970): Principles of dispersal in higher plants. Springer, Heidelberg and New York.
VAN DER PLANK, J. E. (1968): Disease Resistance in Plants. Acad. Press, New York.
VAN DER TOORN, J. (1971): Investigations on the ecological differentiation of *Phragmites communis* Trin. in the Netherlands. Hydrobiologia 12, 97–106.
VAN DYNE, G. M. (1969): The Ecosystem Concept in Natural Resource Management. Acad. Press, New York and London.
VOLTERRA, V. (1926): Variations and fluctuations in the number of individuals living together. Translation from Italian in: R. N. Chapman (1931). Animal Ecology. McGraw-Hill.
WADDINGTON, C. H. (1953): Genetic assimilation of an acquired character. Evolution 7, 118–126.
WADDINGTON, C. H. (1957): The Strategy of the Genes. Allen and Unwin, London.
WADDINGTON, C. H. (1967): The paradigm for the evolutionary process. In: Population Biology and Evolution (R. C. Lewontin, ed.), p. 37–45. Syracuse Univ. Press.
WARBURTON, F. E. (1967): A model of natural selection based on a theory of guessing games. J. theor. Biol. 16, 78–96.
WATKINS, R. and L. P. S. SPANGELO (1968): Components of genetic variance in the cultivated strawberry. Genetics 59, 93–103.
WATSON, I. A. and N. H. LUIG (1968): The ecology and genetics of host-pathogen relationships in wheat rust in Australia. In: Proc. 3rd Int. Wheat Genet. Symp. (K. W. Finlay and K. W. Shepherd, eds.), p. 227–238. Butterworth Co., Australia.
WATT, K. E. F. (ed.) (1966): Systems Analysis in Ecology. Acad. Press, New York and London.
WHITTAKER, R. H. (1970): Communities and Ecosystems. Collier-Macmillan, Toronto.
WICKLER, W. (1968): Mimikry. Kindler, München.
WILKINS, N. P. (1972): Biochemical genetics of the Atlantic salmon *Salmo salar* L. I. A review of recent studies. II. The significance of recent studies and their application in population identification. J. Fish Biol. 4, 487–504; 505–577.
WILLIAMS, W. (1964): Genetical Principles and Plant Breeding. Blackwell, Oxford.
WILLIAMS, M. B. (1970): Deducing consequences of evolution: a mathematical model. J. theor. Biol. 29, 343–385.
WILLIAMSON, G. B. and C. E. NELSON (1972): Fitness set analysis of mimetic adaptive strategies. Am. Nat. 106, 525–537.
WILLS, C. (1973): In defense of naive pan-selectionism. Am. Nat. 107, 23–34.
WILLS, C. and L. NICHOLS (1971): Single gene heterosis in Drosophila revealed by inbreeding. Nature 233, 123–125.
WILLS, C. and L. NICHOLS (1972): How genetic background masks single gene heterosis in *Drosophila*. Proc. Nat. Acad. Sci. USA. 69, 323–325.
WOODWORTH, C. M., E. R. LONG and R. W. JUGENHEIMER (1952): Fifty generations of selection for protein and oil in corn. Agron. J. 44, 60–65.

WRICKE, G. (1962): Über eine Methode zur Erfassung der ökologischen Streubreite in Feldversuchen. Z. Pflanzenz. 47, 92–96.
WRICKE, G. (1965): Die Erfassung der Wechselwirkung zwischen Genotyp und Umwelt bei quantitativen Eigenschaften. Z. Pflanzenz. 53, 266–343.
WRICKE, G. (1972): Populationsgenetik. Sammlung Göschen, W. de Gruyter, Berlin.
WRIGHT, S. (1931): Evolution in Mendelian populations. Genetics 16, 97–159.
WRIGHT, S. (1970): Random drift and the shifting balance theory of evolution. In: Mathematical Topics in Population Genetics (K. Kojima, ed.), p. 1–31. Springer, Heidelberg and New York.
YARBROUGH, K. and K. I. KOJIMA (1967): The mode of selection at the polymorphic esterase-6 locus in cage populations of *Drosophila melanogaster*. Genetics 57, 667–686.

Autorenverzeichnis

Allard 16, 76, 77, 82, 83, 96, 97, 129, 131, 141, 167, 173
Allen 43, 44
Altukhov 108, 188
Anderson 92
Antonovics 112, 127
Arunachalam 80, 83, 104, 129
Atkin 190
Atsatt 11
Ayala 121, 131, 146

Baker 111, 161, 162
Bali 94
Band 96
Barber 91
Bengtson 119
Bennet 167, 184
Bergmann 14
Berry 99, 128
Bishop, A. 31
Bishop, J. A. 126
Bodmer 42, 79, 102
Borlaug 174, 178
Boughey 143
Bradshaw 29, 30, 49, 112, 122, 127, 160, 162, 165
Bremer 177
Brewbaker 113
Briggs 124
Brim 139, 140
Brown 83
Browning 174
Bryant 119, 131
Bulmer 102, 113
Burrows 89, 90

Cadbury 128
Cain 119
Camin 121
Carlson 12
Cavalli-Sforza 102
Charlesworth 44, 88
Chitty 87, 89
Clarke 85, 87, 102, 103, 119, 123
Clegg 129
Cockerham 89, 90
Cohen, D. 137
Cohen, J. E. 93, 139

Conrad 24
Cooch 84, 85
Cooke 84, 85
Coulman 5, 6
Crawford-Sidebotham 126
Creed 128
Crosby 128
Crow 131
Currey 119

Daday 123, 124, 125, 126
Darlington 12, 14, 109
Darnell 23
Davies 122
Deevey 45, 53
De Ligny 188, 190, 191
Dessureaux 127
De Wit 141, 149
Dingle 94
Dobzhansky 50, 75, 95, 104, 113, 121, 160, 165
Doloi 104
Dowdeswell 125, 128
Dunbar 20

Eberhart 178, 181
Eckroat 123
Ennik 148
Epling 94
Erlich 121

Faegri 25, 32
Falconer 116, 170
Feldman 83
Felsenstein 79
Fenner 154, 155
Finlay 180
Fisher 39, 40, 41, 42, 47, 56, 99, 100, 113, 115, 116, 120, 123
Flor 156
Ford V, 15, 75, 78, 87, 128, 172
Foulds 125
Frankel 167, 184
Franklin 78
Fredrickson 185
Fretwell 93
Frey 174
Frydenberg 191
Fryer 27, 98

Gadgil 54, 55
Gaines 87, 88, 89
Gershenson 96
Gibler 174, 178
Gibson 77, 102, 103
Giesel 44, 88
Gill 145
Goel 50, 136, 137
Gómez-Pompa 21
Gooch 102
Gorman 137
Grant 25
Griffing 169
Grime 125
Guevara 21

Hairston 52, 53, 54, 55
Haldane 56, 99, 100, 101, 123, 130, 134, 182
Halkka, L. 172
Halkka, O. 172
Hanshe 77, 173
Hanson 99
Hardwick 182
Harlan 174
Harper 141, 144, 146, 147, 149, 151
Harrison, B. J. 170
Harrison, G. A. 93
Haskell 128
Hebert 77
Heslop-Harrison 159
Hiorns 93
Hiraizumi 151
Hochachka 28, 70
Hovinen 172
Hsu 185
Huang 91
Hubbs 188, 189
Hubby 131
Hurd 24
Hutchinson 8, 22
Huxley 10, 118

Istock 109

Jain, O. P. 104, 129
Jain, S. K. 49, 160, 162
Jamesson 95
Jensen 174
Jinks 12
Jolly 31
Jones 126
Jost 185
Jowett 127
Jugenheimer 170

Kahler 129, 131, 141
Karlin 83
Keller 87, 88, 89
Kempthorne 42, 49
Kettlewell 99, 128
Khan 29, 30, 117
Kimura 130, 131
King 92
Kiritani 95
Klein 190
Klir 2
Koehn 70, 101, 190
Köhler 177
Kojima 77, 80, 90, 91
Korn 126
Kosswig 188
Krebs 87, 88, 89
Kugler 25, 32
Kumler 122
Kurijan 111

Lakovaara 130
Lang 177
Langlet 10, 25, 60
Langridge 70, 169
Latter 168
Ledig 27, 98
Lefèbvre 127
Lerner 104, 111, 112, 113, 156
Leslie 44
Lessmann 93
Levene 72, 102
Levin 153
Levins 5, 11, 57, 71, 105, 109, 112, 136, 137, 139, 146, 161, 162, 170, 171, 178, 182
Lewis 94
Lewontin V, 18, 78, 80, 81, 82, 83, 131
Lomnicki 153
Long 170
Lonnquist 176
Lotka 148
Loucks 21
Ludwig 151
Luig 157

MacArthur 11, 23, 50, 51, 52, 53, 136, 139
Maijala 187
Maitra 50, 136, 137
Major 1
Marshall 162
Martini 174
Mather 102, 104, 116, 170, 171
Matthews 95
Maynard Smith 171

Mayr 10, 87, 128, 160, 171
McBride 179
McNaughton 24, 28, 67, 69
McNeilly 98, 127
McWhinter 128
Mertz 12
Mesarovic 2
Mitton 101
Møller 191
Montroll 50, 136, 137
Moran 77, 83
Morgenstern 26, 119
Muramato 190
Murty 104, 129
Myers 87, 88, 89

Naevdal 191
N. A. S. 174
Namvar 104
Nelson 73, 74
Nichols 132

O'Donald 44
Odum 22, 183
Ohno 190
Owen, A. R. G. 80, 83
Owen, D. F. 119
Owens 43, 44

Paterniani 83
Pattee 24
Patten 2
Person 156
Phillips 128
Pianka 20, 52, 53
Pimentel 152, 153, 154
Pollack 42, 49
Powell 107, 108, 121
Powers 26
Price 44, 45
Prout 43, 49, 89

Raatikainen 172
Ram 104
Reeve 170
Reice 5, 6
Robertson, A. 168
Robertson, F. W. 170
Rougharden 137, 138, 139
Russell 178, 181

Sakai 50, 146
Saura 130
Savile 29

Scharloo 127
Schoener 137
Schopf 102
Schutz 139, 140
Schwerdtfeger 21
Shannon 16
Sheppard 102, 103, 172
Sick 191
Simmonds 173
Simpson 18, 19, 168
Slobodkin 109
Smith, C. A. B. 44, 45
Smith, H. H. 109
Snaydon 122
Solbrig 54, 55
Somero 28, 70
Soulé 121
Spangelo 117
Sperlich 12, 24, 35, 47, 76, 96, 107, 130
Squillace 105, 106
Stahl 12
Stebbins 32, 34, 111
Stern 26, 51, 113, 163, 164
Stone 154
Strong 11
Swanson 12
Sylvén 122

Tamarin 87, 88, 89
Tansley 1, 5, 109
Tellinger 24
Thoday 102, 103, 104, 171
Tigerstedt 102, 103, 104, 150, 151, 174
Timofeef-Ressovsky 95
Tinkle 52, 53, 54, 55
Tsuchiya 185
Tummala 5, 6
Turesson 1, 10, 118, 159
Turner 39, 49, 80, 81, 82, 83, 112, 127

Usanis 139, 140

Vandermeer 139
Van der Pijl 25, 32, 33, 34
Van der Plank 157
Van der Toorn 122
Van Dyne 2
Vázquez-Yanes 21
Volterra 148

Waddington 113, 129, 168, 172, 177
Walters 124
Warburton 16
Ward 77

Watkins 117
Watson 157
Watt 2
Weaver 16
Wehrhahn 82
White 80, 81, 82, 83
Wickler 73
Wilbur 52, 53, 54, 55
Wilkins 190
Wilkinson 180
Williams, M. B. 111
Williams, W. 70
Williamson 73, 74

Wills 132, 133
Wilson 11, 23, 50, 51, 52, 53
Wolf, I. L. 24
Wolf, U. 190
Wood 182
Woodworth 170
Workman 49, 96, 97
Wricke 38, 41, 181
Wright 38, 40, 41, 42, 46, 50, 56, 80, 117

Yarbrough 90, 91
Young, S. S. 89
Young, W. J. 12

Stichwortverzeichnis

A

Abies balsamea 27
Acer 22
Adalia bipunctata 95
Adaptive Bedeutung von Isoenzymen 130–133
Adaptive Funktion A 58
Adaptives System 4–5
Ageratum 161
Agrostis 165
Agrostis tenuis 30, 127, 161
– *stolonifera* 161
Akklimatisierung 28
Allometrisches Wachstum 147
Allopatrische Artenbildung 171
Allozyme 131
Altersspezifische Auslese 91
Amathes glareosa var. ›edda‹ 100–101, 128
– *glareosa var.* ›typica‹ 100
Annidation 151
Anolis roquet 137
Anopheles 154
Anpassung an Mikronischen 122–123
Anser caerulescens 84
Anteil heterozygoter Loci je Individuum 107–108
Anteil polymorpher Genloci in einer Population 107–108, 130
Anthoxanthum 165
– *odoratum* 122–123, 127, 161
Anzahl funktionaler Loci 130
Apostatische Selektion 172
Arabidopsis 70
– *thaliana* 169
Armeria maritima 127
Artenbildung 171
Artendiversität 139
Artenstrategie 161–162
Artenstrategie der Fische 190
Asexueller Vermehrung 184
Assortative Paarung 83–85
α-Auslese 139
Auslese an Multilocus-Einheiten 129
Avena barbata 131, 162
– *fatua* 162, 166

B

Berberis 156
Betula 22

Betula japonica 26, 163
– *maximowicziana* 26, 163
– *pendula* 113–115
Biochemischer Polymorphismus 129–133
Biston betularia 75, 103
Blattflächenindex 144
Blütenökologie 32–34
Bohr-Effekt 26
Brassica 129
Breeding-System 14

C

Carrying capacity 51
Carya 22
Catostomus 26
– *clarkii* 70
Cepaea 119
– *hortensis* 119
Cervus elaphus 93
Cichliden 189
Clethrionomys gapperi 87
– *rutilu* 87
Community Matrix 136
Computer-Simulationen 128
Cryptomeria japonica 184

D

Daphina magna 77
Das reziproke Ertragsgesetz 147
DDT-resistente Insekten 117
Demographie der Populationen 146
Diapause bei Insekten 93
Dichte-abhängige Auslese 50, 85–89
Disruptive oder diversifizierende Auslese 102 bis 105, 113, 170–171
Divergenz–Konvergenz–Selektion 176
Diversitätsmaß 21
Drosophila 24, 56, 75, 91, 96, 130–131, 134–135, 148, 170, 177
– *melanogaster* 91, 96, 103, 111, 150–151, 175
– *obscura* 130
– *pseudoobscura* 132, 165
– *willistoni* 107–108, 121

E

Emigration 98
Epistase 77–83

Eukalyptusarten 91
Eupatorium 161
Exponentielles Wachstum 141–142

F

Feinkörnige Umwelt 56–60, 95
Festuca ovina 122, 144
– *rubra* 144
Fitness 35
– des Genotyps 38–46
Fitnessmenge F 57
Flechten 154
Flächeneffekt 119
Flucht aus der ökologischen Kontrolle 143
Fragaria 117
Fundamentales Theorem der Auslese 47–50, 113
Fugitive Art 55
Funktional selektierte Polymorphe 132

G

Gadus morhua 190
Gen-für-Gen-Beziehung im Wart-Parasit-System 156, 157
Genbanken 184, 187
Genetisch adaptive Strategien 56–75, 109
Genetische Assimilation 177
– Belastung 130
– Feedback 152–153
– Flexibilität 104, 111
– Homöostase 112
– Koadaptation 170
– Polymorphismen 75–109
– Uniformität 156
– Variation von Unterpopulationen 122
– Verwundbarkeit 174
Genetisches System 12, 24
Gengradienten 165
Genmaterial der Tiere 187
Genökologie 25, 118, 159
Genotyp-Umwelt Interaktion 178–179
Genpool 185
Genresourcen 166–167
Gerichtete Auslese 102, 169
Goldfisch 189
Grobkörnige Umwelt 61–66, 97–98
Großräumig-klinale Variation 123–125
Gründereffekt 87

H

HALDANES Dilemma 130–131
Häufigkeitsklin 100
Häufigkeits-abhängige Auslese 89–91
Helminthosporium maydis 176

Herbivoren-Pflanzen-System 152
Heritabilität 164
Homo sapiens 76
Hordeum vulgare 131
Horizontale Resistenz 157
Hyalella azteca 5

I

Immigration 98
Individuelle Hetrozygotie 130
– Pufferung 173
Industriemelanismus 103
Innate capacity of increase 51
Innerartkonkurrenz 135
Intensität der Selektion 164
Interaktionssysteme von Allelen 78
Inzipiente Arten 171
Isoenzyme 129
Isozym-Polymorphismen 28

K

K-Auslese 50–55
K-Strategie 146
Kanalisierende Auslese 113, 168
Karpfen 189
Klimaxarten 115, 146
Klin 10, 118
Klinale Variation 118
Koadaptierte Genpools 128
Koevolution 134
– von Wirt und Parasit 154
Kombinierte genetische Resistenz 157
Kompetition–Parasitismus–Kommensalismus–Gemeinsamkeit 154
Konkurrenz 89, 134–135
Konkurrenzeffekte 140
– komplementäre 140
– neutrale 140
– unterkompensierte 140
– überkompensierte 140
– *feedback* 140
Konkurrenzkoeffizienten 138, 148
Kooperation 149
Kopplung 77–83
Kopplungsgleichgewicht 79
Kopplungsklin 164
Kosten der natürlichen Selektion 130–131
Kurzzeit-Anpassung 111, 117

L

Langzeit-Anpassung 111, 117
Larus argentatus 45–46
Letalgene 132
Linum usitatissimum 149, 156, 173

Logistische Funktion 52
Logistische Wachstumskurve 145
Lokale Population 160
Lolium perenne 148
LOTKA-VOLTERRA Gleichung 50, 85, 148
Lotus corniculatus 123–126

M

Mainola jurtina 128
Majorgene 172
Majorgen für Resistenz 156
MALTHUSischer Parameter 40, 142–144
Maße für die Nischenbreite 137
Maximale mittlere Fitness 46
Maximale Zuwachsrate 143
Megastimus spermotrophus 93–94
Meiotisches System 14
Melampsora lini 156
Melitaea aurinia 87
Mendelpopulation 160
Microtus agrestis 87
– *ochrogaster* 87–88
– *pennsylvanicus* 87–88
Migrations-Matrix 102
Mikronische 123
Mimetische Lepidopteren 73
Mittlerer Effekt der Gensubstitution 39, 41
Mittlerer Exzeß des Allels 39, 41
Mittlerer selektiver Wert 50
Modell der adaptiven Oberfläche 80–83
Modell der Innerartkonkurrenz 139–141
Modifikationssystem für Dominanz 103
Modiolus demissus 101
Mollienesia mexicana 189
Monoklonale Kulturen 184
Monokultur 185
Monte-Carlo-Studien 127
Moraba scurra 80–83
Morph-Ratio-Kline 119–121
Morphoklin 99–102
Mosaikartige Umwelt 72
Musca domestica 154
Muskulärthermostabilität 188
Mytilus edulis 101
Myxomatose-Virus 154–155

N

Nachbareffekt 160
Nachbarschaftsstabilität 19
Nasonia vitripennis 154
Natrix 121
Neodarwinsche Evolutionstheorie 130
Neutralgene 132
Nezara viridula 95

Nicht-darwinsche Evolutionstheorie 130–131
Nicht-vorhersagbare Umweltdifferenzen 178
Nicotiana tabacum 177
Nischendiversität 72–73
Nischenüberlappung 138
Normalisierende Auslese 113, 168

O

Oktanol-Dehydrogenase-Locus 132
Ökologische Fitness 110
Ökologische Nische 8–9
Ökologische Stabilität 18, 180
Ökosystem 1
Ökotyp 1, 10, 118
Ökovalenz 181–182
Oncorhynchus keta 108
Opportunistische Arten 179
Orestias 189
Oryctolagus cuniculus 154
Ovis d. dalli 45–46

P

Paarungssystem 14
Pantosteus 26
Paramecium 145
Parapatrische Artenbildung 171
Partula 119
›Patches‹ der Umwelt 74
Pennisetum 129
Peromyscus maniculatus 87
Phaseolus lunatus 96–97
Philaenus 172
Phänotypische Stabilität 169
Phragmites communis 122
Picea abies 177
– *mariana* 26
Pinus caribaea 106–107
– *contorta* 158, 186
– *eliottii* 106–107
– *radiata* 186
– *rigida*
– *silvestris* 60, 166
Pionierarten 114
Poikilotherme 188
Polytypische Arten 10
Population als adaptives System 109–111
Population entlang eines Klins 172
Populationspufferung 173
Populus 144
Präadaptation 117–118
Prädikative Evolutionsmodelle 109
Primärproduktion 144
Primaten 31–32
Provenienzforschung 159

Pseudacris triseriata 95
Pseudotsuga menziesii 43, 93–94, 186
Punkt des optimalen Ertrages 147

R
r-Auslese 50–55
r-Strategie 146
Ramschzüchtung 172–173
Raten der DNA-Evolution 130–131
Regressionskoeffizient eines Klins 164
Regulierendes System 4
Rekombinationsrate 79
Reproduktive Isolierung von Populationen 127–128
Reziproke Adaptation 152–153
Rhabdocline pseudotsugae 186

S
Saisonale Isolierung 112
Salix 144
Salmo salar americanus 190
– *salar salar* 190
– *trutta* 190
Salvelinus fontinalis 123
Saturation level 51
Schwellencharakter 177
Schwermetall Anpassung 30
– Kontamination von Böden 98
– Toleranz 112
Segmental-Heterozygotie 173
Segregations-Bürde 133
Selbstregulierende Konkurrenzmodelle 140–141
Selektions-Erfolg 164
– Koeffizient 35–38
– Plateau 116, 170
Senecio silvaticus 122
Shifting balance 98
Sichelzellenanämie 75–76
Solidago 55
Sorghum 129
Stabilisierende Auslese 102, 168
Stadienspezifische Auslese 91
Stickstoffanpassung 29
Substitutionsbelastung 130
Sukzessionelle Ökosysteme 22–23
Supergene 78, 172
Sylvilagus bachmani 155
– *brasiliensis* 154, 155
Sympatrische Artbildung 102, 171, 189
– differenzierung 161

T
Talictrum 156
Taraxacum officinale 54
Teleologische Systeme 3
Tetraploidisierung 190
Trachurus mediterraneus 188
Tragfähigkeit der Umwelt 51, 145
Transiente Polymorphismen 105–107
Tricetus 96
Trifolium repens 122–126, 148
Typha 28, 67–69

U
Überdominanz für Fitness 75–77
Ulmus 22
Umwelt
– feinkörnig 11, 56–60, 95
– grobkörnig 11, 61–66, 97–98
Umweltheterogenität 95–105
Umwelttasche 98
Umwelttoleranz 71
Unkrautartige Arten 146
Uta stansburiana 121

V
VERHULST-PEARL Gleichung 145
Verlust des Selbstunverträglichkeits-Systems 112
Vertikale Resistenz 157
Verwirklichte Zuwachsrate 143
Viel-Linien-Sorten 174
Vieldimensionaler Fitnessraum 135
Vorhersagbare Umweltveränderungen 178

W
Wechselwirkung zwischen Wirt und Parasit 186
Wirt-Parasiten Integration 154
Wirt-Parasiten Systeme 151–157

Z
Zahnkarpfen 188
Zea mais 70
Zellthermostabilität 188
Zusammenbruch des genetischen adaptiven Systems 113–116
Zwei-Wege-Selektion 169–170
Zwischenartkonkurrenz 135